JN213841

ロボットによる
工場自動化教本

最適な自動化ラインの設計から立ち上げまで

村山省己 Seiki Murayama 著

日刊工業新聞社

はじめに

いま、日本のモノづくり力が危機に瀕しています。

日本は、明治維新以降、製鉄、造船、家電、半導体、自動車などの分野で世界を代表するメイドイン・ジャパンで、グローバルな企業間競争の熾烈さの中で戦ってきました。海外から学んだ技術に新たな技術を積み上げ、脈々とたゆまぬ努力で産業振興を成し遂げ、モノづくりを原動力として世界を牽引してきました。

しかし、1990年代以降の日本経済の長期低迷によって、製造現場では賃金の伸び悩み、若年労働者の減少、デジタル化の遅れ、生産性の低下など、様々な課題への対応が遅れ、モノづくり力の低落に歯止めがかかりません。人口減少、労働環境、IoT対応などへの投資が十分とは言えず、我が国の成長力を高める生産性向上の復活に見通しが見えないのが現状です。

一方で、このような状況の中でも、我が国のモノづくり力は依然として世界で高い評価を受けています。自動車に代表されるように、開発設計と生産技術が両輪となり高品質で高機能な製品を生み出し、製造技術や設備技術によってさらに製品の付加価値を高め、日本のモノづくりの根底を支えているからです。日本のモノづくり力は企業のグローバル化にとって不可欠であり、我が国が未来永劫、世界に貢献していくためには、先人たちが培った技術を広く深く浸透させ、新たなビジネスモデルを構築していかなければなりません。

本書は、メイドイン・ジャパンの競争力強化を目的に、製品の品質を高め、より効率的な生産性の高い工場のあるべき姿を明確にし、これを実現するためのモノづくり力の底上げを主眼に制作しております。

モノづくり力を上げるためには、工場の改善によって手作業からの脱皮を図り、少ない人員で連続した自動化が可能な未来型工場への生産革命が必要です。そのためには、工場の自動化によって労働生産性を高めていくことが求められます。

少子高齢化にともなって人口構成が徐々に変化しており、モノづくりの現場では若者層の製造業離れから人手不足が加速しています。人手不足によって工場を縮小または廃業せざるを得ないところまで切迫しています。このような状況から脱出するには、生産工場をロボットの活用によって自動化へ転換することが急務です。近未来のあるべき工場の青写真を描き、実現に向け推し進めていくことが、モノづくり力の強化に何よりも必要です。

「ロボット化、自動化」を進めるために必要なことを学び、実務経験を積み重ねて技術力を習得し、さらに高い次元で工場の自動化を進めていく人材が求められています。「生産性向上」が言葉だけに終わらないように、労働生産性を飛躍的に上げていくための的確な手を打たなければなりません。

本書は、ロボットを活用した生産設備や生産ラインの「自動化レイアウト設計」に必要な、実践的な方法を豊富な事例をもとに解説しています。製品開発から生産技術開発をはじめ、工程設計からレイアウト設計、設備設計、投資計画、量産立ち上げ、効果検証まで生産技術の全てのプロセスにおいて、労働生産性を上げるモノづくり技術の実践的なノウハウを集約しています。

本書は、前著『国内・海外生産の品質安定化を実現するグローバル自動化ラインの基礎知識（加工・組立ライン編）』に手を加え、モノづくりのプロセス全般に渡って即戦力となる技術を取りまとめた教本として製作しています。自社工場の自動化計画から自動化ラインの立ち上げまで、生産性を高め成果に結びつけられる自動化について解説しています。工場でご活躍の諸賢をはじめ、これからの活躍が期待される工科系大学や専門校・高校の学生諸子にとって、モノづくりの教科書としてお役に立てば幸いです。

2025年3月

村山省己

ロボットによる工場自動化教本
最適な自動化ラインの設計から立ち上げまで

目次

第3章 自動化の前にやるべき改善と自動化レイアウト設計の進め方

第4章 自動化レベルを上げる技術課題の解決法

第 5 章

ロボットによる自動化レイアウト設計の最適化

第 6 章

設備設計条件の決定方法と自動化の進め方

コラム

第1章

自動化を実現するための課題と対策

長州ファイブ（長州五傑）の井上聞多（井上馨）、遠藤謹助、山尾庸三、伊藤俊輔（伊藤博文）、野村弥吉（井上勝）がイギリスに渡航したのは1863年です。世界と対等に向かい合うためには、西洋流の近代資本主義を構築することが唯一の手段であると学びました。160年以上も昔のことです。

日本はその後、貿易立国を目指し、文明開化を推し進め、明治維新の大変革に乗り出したのです。近代国家の建設には製鉄が必要であり、機械を外国から輸入するのではなく国内で製造する必要があると考えました。官営の長崎製鉄所を作ったのが1868（明治元）年です。それ以降、数々の近代的変革を成し遂げてきたからこそ、今日の日本があると言っても過言ではないでしょう。

第４次産業革命が始まってから、すでに10年の歳月が流れています。21世紀初頭に世界一の生産性を誇っていた日本が遅れを取ってしまっていることは周知の事実。グローバルに世界を駆け抜けてきた企業は、これからどこに向かえばよいのか、何が必要なのかをもう一度問い直し、足元を固める必要があります。モノづくり立国である我が国が、再び世界のリーダーになるために、成すべきことを考え実現していかなければなりません。国内、世界で品質の高い、高機能な製品を安価に供給するためには、我が国のものづくり技術の質を飛躍的に高めていかなければなりません。本章では、我が国のモノづくりの課題とあるべき姿について説明します。

1-1 労働生産性低下の要因と対策

➤労働生産性を評価する方法

我が国の労働生産性は主要先進国の中で最も低いと言われています。国際的には為替レートの関係があり単純比較はできませんが、この二十年間で労働生産性が低下傾向にあり、歯止めがかかっていないことは否定できません。

図1.1.1は、「労働生産性」を表す計算式です。作業者一人が一時間でどれだけの生産を行ったかを表す指標です。企業によって捉え方や管理指標は異なるかもしれませんが、作業人員と作業時間が労働生産性を左右することに違いありません。労働生産性を上げるためには、少ない人員で短時間で生産できるよう作業を見直す必要があります。このように、労働生産性を指標で捉え、作業のスリム化を積極的に進めていくことが労働生産性の向上につながります。さらに改善し効果を確認することが工場運営にとって重要であることがわかります。

➤労働生産性を上げる3つの柱

作業の自動化を計画し進めていく際に、必要な3つの柱を**図1.1.2**に示します。

1つ目は、工場や作業のスリム化です。ムダな作業やムダな動き、ムラのある作業やムリした作業を洗い出し、誰でも同じ作業で作業時間のバラつきがない作業に見直す作業改善です。ムダな作業をロボットで自動化しないようスリム化するためにも必要な改善です。

2つ目は、自社で設備や治工具、金型を内作し、自動化に必要な技術力を身に付けることです。改善の治具やマテハンからロボットを活用した自動化装置を設計製作できる自前化技術の向上です。

3つ目は、自動化に必要な設備稼働情報や品質データを収集するリモートモニタリングのシステムを取り入れることです。品質信頼性を高め、設備を止めず、安定した生産を継続するためには、トラブルの状況を把握し迅速な対応が求められます。データは自動化にとって不可欠です。自動化を進めていくた自動化のスキルを高め、自社の生産技術力の底上げを図ることが必要です。

図1.1.1　労働生産性の低下要因

①単体機の並列置き　…　**低稼働、仕掛り増、モノの停滞**
②主体作業の人依存　…　**手作業体制、作業の非効率**
③管理業務の後追い　…　**スリム化・デジタル化の遅れ**

$$労働生産性 = \frac{生産数量}{作業人員 \times 作業時間}$$

工場の自動化の遅れが、労働生産性低下の原因となる

●労働生産性は一人時間当たりの生産量で見るとわかりやすくなります

図1.1.2　自動化を進めるために必要な３つの柱

①**徹底した作業改善**によって**作業のスリム化**を図る！
②**自動化技術の習得**によって**自前化技術を向上**させる！
③**IoT 活用**によってリモートモニタリング**で安定した生産！**

自動化ラインの計画～立ち上げが可能な生産技術力！

（P）計画～立ち上げの設計
（D）安定的に継続的な生産
（C）費用対効果・生産性評価

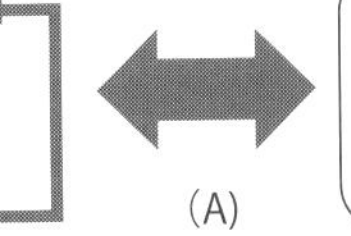

自動化に向け
PDCA を回す

●作業を改善してスリム化しておくことでムダな自動化を防ぎます

1-2 付加価値生産性と自動化

自動化の成否を判断する方法

自動化ラインの投資計画を立て、製品別に原価計算で試算した数値を実績と対比すれば結果は明らかになります。しかし、生産ラインには多くの製品が混流しているため、原価計算だけでは自動化ラインの成否を判断するのは難があります。**図1.2.1**に示すように、発生費用の労務費と設備費（償却費）の合算と、売上から材料費を差し引いた付加価値との比率で生産性を評価する付加価値生産性で評価するとわかりやすいでしょう。どれだけの資金（労務費、償却費、経費の合計）を投入し、どれだけの付加価値（売上から材料費を差し引く）を生み出したかを表す比率です。この試算は、製品別、ライン別、作業区分別などを対象に増減傾向をモニタリングすることで実態を評価できます。売り上げや材料費が同じであっても、手作業を安価な自動化設備による生産に置きかえることで労務費を下げ、総発生費用を抑え、付加価値生産性を向上することができます。

自動化に必要なロボット化・IoT化

付加価値生産性を考えることで、少人化のためにどれだけの設備投資ができるか試算できます。正しく試算するためには、自動化の対象となる生産設備や生産ラインの付加価値生産性を算出しておく必要があります。少なくとも、現状の付加価値生産性よりも大きな効果が出るように、安価な設備でできる自動化計画を考えます。具現化するには、**図1.2.2**のように、生産工場をロボット化とIoT化に変革していくことです。

今、まさに世界の潮流となっている第4次産業革命です。工場の自動化革命は、自動化に必要なシステムの研究や生産技術の開発なくして実現はできません。自社の製造技術に自動化システムによる少人化計画および投資計画を立て、計画的に推進してくことが付加価値生産性向上の基本です。

図1.2.1　ロボットを活用した自動化を付加価値生産性で評価

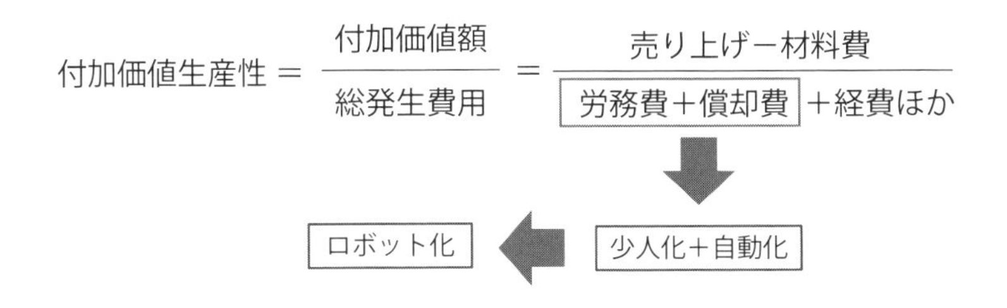

● 付加価値生産性を上げるためには安価な自動化設備で労務費を下げます

図1.2.2　第４次産業革命に対応した自動化投資

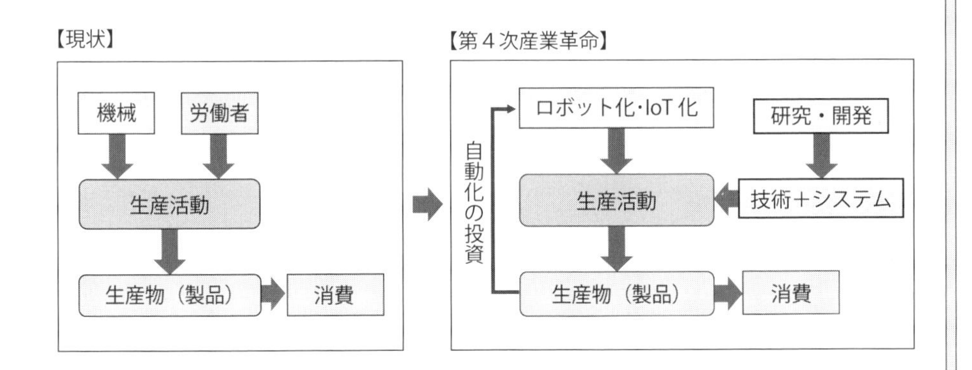

● ロボットで自動化、IoTで統計管理の実現に向けた研究･開発を進めます

1-3 自動化に必要な生産準備プロセス

➤製品開発から量産までの主要プロセス

自動化ラインの構築にあたって、製品開発、生産技術と設備設計の連携はきわめて重要です。市場ニーズや顧客からの要求に対応した製品開発の良否は、売上や収益を左右します。**図1.3.1**で示すように、製品開発を含む製品企画は、市場調査から量産開始までのプロセスを検討し製品開発を行います。また、生産技術は、製品設計DRから製造課題を抽出し、生産技術開発によって解決策を工程計画に反映させ、さらに具現化するために設備仕様書に落とし込みます。

設備設計は、工程計画や設備仕様書にもとづき自動化設備を設計製作し、量産化に対応します。このように、製品開発から量産準備、生産立ち上げのプロセスにおいて、設計開発、生産技術、設備設計のそれぞれが決められた役割果たすことが、自動化ラインの成否を決めると言っても過言ではありません。

➤コンカレントエンジニアリングの重要性

企画段階で新製品の該当する環境規制や技術動向から開発製品の適応性や需要動向を予測し、競合他社に対する優位性を評価し事業性を判断するのは、担当部門同士の連携なくして実現できません。**図1.3.2**は、既存のプロセスとコンカレントのプロセスの比較図です。シーケンシャル（順次動作）のプロセスは、部門間の横連携が取りにくく量産開始までに時間を要し、開発製品が陳腐化します。各担当部門の連携を強化し、製品開発から量産開始まで短期間での実現が可能なコンカレント（協働の同時並行）のプロセスに変換することが、新製品の開発に特に重要です。コンカレントエンジニアリングのあるべき姿は、プロセスの同時進行、協働化による開発期間の短縮、開発の効率化です。製品の企画構想から製品設計、評価、生産準備の工程を並行して進めていくことは、設計品質を向上させ、工程での品質の作り込みに貢献します。自動化ラインの構築には必要不可欠の取り組みです。

図 1.3.1　開発から量産開始までの主要プロセス

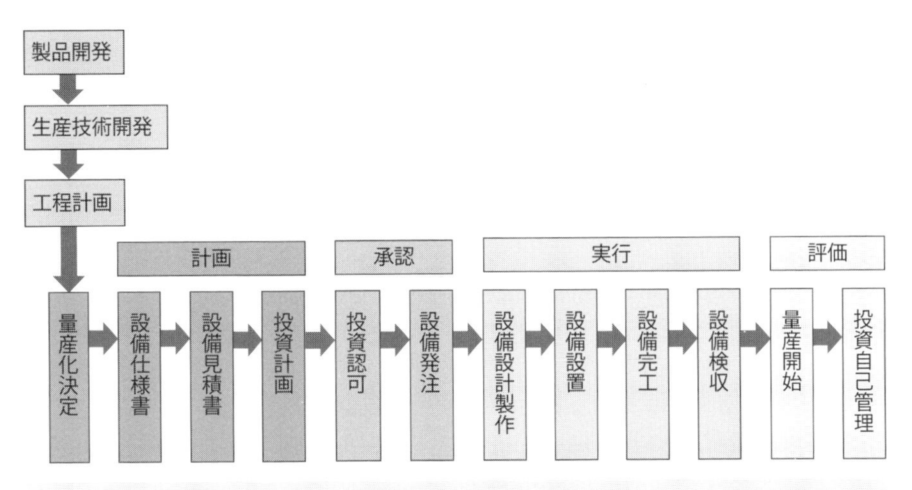

● 製品開発から量産立ち上げまでプロセスを連携して活動します

図 1.3.2　コンカレントプロセスとシリアルプロセスの違い

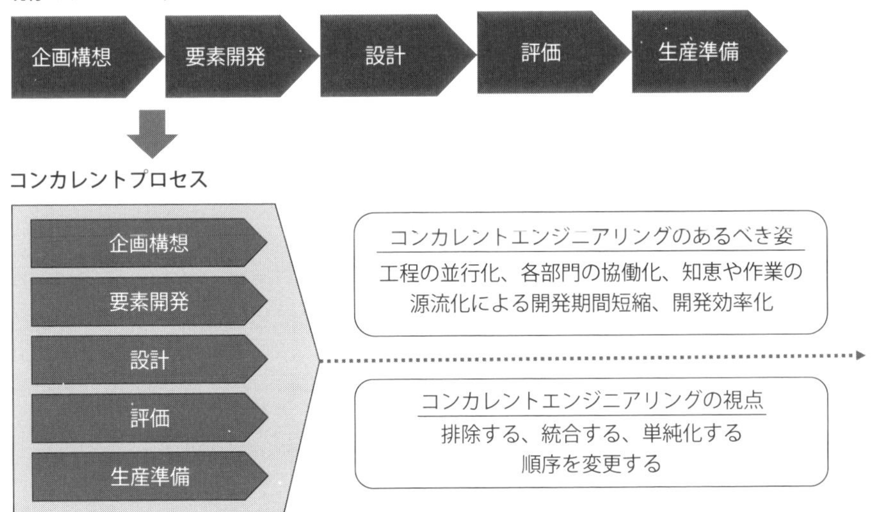

● プロセスはシーケンシャルなバトン渡しから同時並行に転換します

1-4 自動化に必要な設備対策

➤稼働率と可動率の指標管理

多くの工場では、設備や生産ラインの状態を把握するために稼働率を集計し管理しています。手作業をロボットに置き換え自動化した機械では、ロボットやロボット周辺機器のトラブルで停止してしまうことが多々あります。トラブルによって作業が中断した時間を挽回するため残業で対応することになります。停止時間には、ロボットのトラブルだけではなく、段取り替えや部品待ちなどによって機械が停止した時間もすべて含まれます。**図1.4.1**に示すように、稼動率は残業時間を含む作業時間の合計から機械停止時間を差し引き、勤務時間である定時稼働時間を割った数値で表されます。したがって、(段取り＋頻発停止＋部品待ち）の機械停止時間が残業時間より少ない場合、稼動率は100％を超過してしまい、あたかも機械が順調に動いている錯覚を与えることになります。

このように、稼働率を見ているだけでは手配管理上のミスや機械停止の不具合の要因はわかりません。一方、可動率（稼働率と区別するため「べきどうりつ」と読む）は、作業時間から（段取り＋頻発停止＋部品待ち）の機械停止時間を差し引いて計算しますので、100％を超えることはなく、機械の停止を表化し、問題点を明らかにできます。

➤機械停止の調査と対策

表1.4.1は、機械停止の主要因です。機械停止には、設備に関わる頻発停止やドカ停故障、部品待ちなどの異常トラブルと、清掃・点検・生産準備などの付帯作業停止があります。さらに、生産の切り替え時に発生する治具や金型、工具などの段取り替えの作業があります。異常トラブルは、継続的に改善を行い撲滅しなければなりません。付帯作業停止は、できる限り自動運転の前後に行うことで低減できます。段取り作業も回数を減らし、1回当たりの段取り時間を見直すことで作業時間を低減できます。機械停止の原因を究明し、繰り返し対策を行い、再発を防止することが機械停止を撲滅する秘訣です。

図1.4.1　稼働率・可動率の計算式

$$稼働率 = \frac{(作業時間＋残業時間)－(段取り＋頻発停止＋部品待ち)}{定時稼働時間}$$

$$可働率 = \frac{(作業時間)－(段取り＋頻発停止＋部品待ち)}{働かしたい時間}$$

● 稼働率と同時に可動率を分析し改善によって機械停止を撲滅します

表1.4.1　機械停止の分類と主要因

<table>
<tr><td>頻発停止</td><td rowspan="6">異常トラブル</td><td rowspan="14">停止時間</td></tr>
<tr><td>ドカ停故障</td></tr>
<tr><td>部品待ち</td></tr>
<tr><td>不良品対策</td></tr>
<tr><td>歩留ロス</td></tr>
<tr><td>設備ロス</td></tr>
<tr><td>生産準備</td><td rowspan="7">付帯作業停止</td></tr>
<tr><td>生産終了処理</td></tr>
<tr><td>終了時清掃</td></tr>
<tr><td>定期検査・測定</td></tr>
<tr><td>部品供給入れ替え</td></tr>
<tr><td>刃具・電極交換</td></tr>
<tr><td>清掃（切粉・スパッター）</td></tr>
<tr><td colspan="2">段取り作業</td></tr>
<tr><td colspan="3">自動時間</td></tr>
</table>

● 可動率向上は、設備トラブル、作業停止、段取り作業を徹底対策します

1-5 自動化に必要な品質対策

品質保証と全数自動計測管理

NC工作機械の機能や性能は格段に向上し、高い品質での生産が可能となりました。しかし、NC工作機械で高精度の加工はできても材料や工具、治具、切粉などの影響で、安定した品質を維持できるとはかぎりません。そのため、加工後の検査は不可欠ですが、多くの企業では手作業に頼っているのが実情です。

図1.5.1は、国内外の多くの工場で見かけるNC工作機械による加工工程のレイアウトです。グローバル化に伴う現地化の生産設備も国内と同様に、作業者によるワークの脱着から次工程搬送は手作業です。検査は、重要度から全数検査、ロットごとの検査、抜き取り検査に区分され、検査ツールも三次元測定機、マイクロメータや表面粗さ計などの計測機器、検査治具など様々です。いずれも完成品検査のため、気が付いたら不良品が多発していることもあります。対策としては、IoTを活用して加工直後の全数を自動で検査し、品質データを統計的に処理してグラフ化、見える化する品質管理が必要となります。

グローバル生産の再構築と品質の安定化

1990年代以降、円高の進行によってグローバル化が進みました。安い労働力を活用した生産拠点の海外移転が加速し、地産地消の考え方が広まりました。一方で、国内産業の空洞化が進み、モノづくり力の低下を招いてしまいました。さらに、2019年からの新型コロナウイルス感染症拡大によって、海外生産拠点の閉鎖や一時的な生産・流通の停止に陥りました。特に、パンデミックによって海外拠点で引き起こされた混乱は、安定した生産と品質の確保に大きな影響を与えました。サプライチェーンの分断で、安定した品質での供給が困難な状態になったのです。

図1.5.2は、国内外生産拠点のリスク管理の観点から見た、サプライチェーン再構築の新たな考え方です。特定の国に頼った部品供給体制を見直し、国内マザー工場とASEAN諸国によるグローバル生産拠点の再構築を図る計画です。

図 1.5.1　NC 工作機械と品質保証の方法

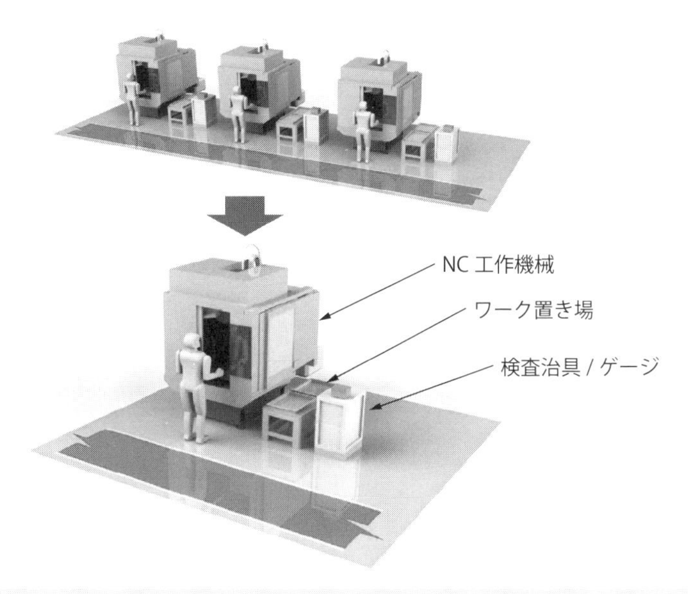

● 人手に頼っている信頼性が低い検査作業こそ自動化に置き換えよう

図 1.5.2　強靭なサプライチェーンの構築の考え方

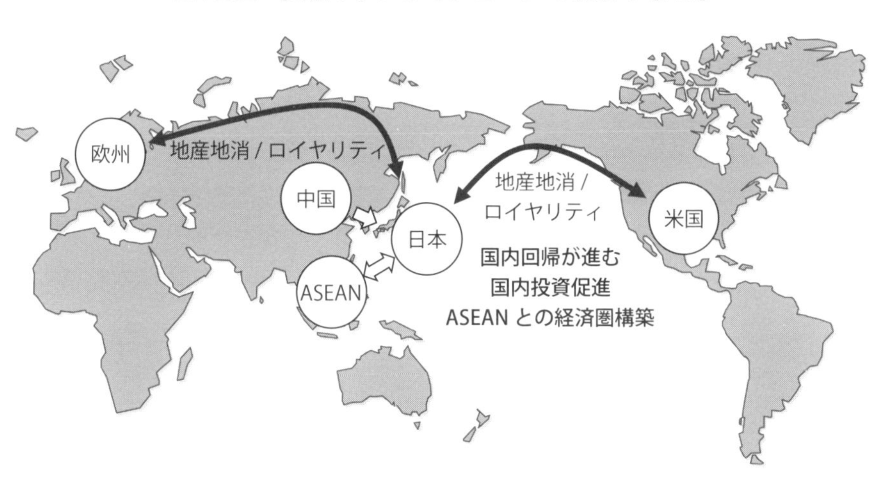

● サプライチェーンの寸断で完成品が作れなくなることを教訓にしよう

1-6 自動化に必要な安全対策

➤自動化設備の安全対策の課題

海外拠点での生産に必要な設備は国内メーカーから調達し、現地搬入するのが基本です。現地の安全規格や安全基準に対応した設備設計が求められます。安全基準は、機械安全の国際規格の体系から「ISO：機械系」「IEC：電気系」に大別され、設計のための一般原則「(ISO12100/JISB9700) リスクアセスメント及びリスク低減」に準拠しています。「A：基本安全規格」、「B：グループ安全規格」、「C：製品安全規格」です。A規格は機械共通の安全要求事項としてインタロック、非常停止、安全距離などを規定、B規格は個々の機械設備の安全要求事項を具体的に規定、C規格は工作機械、産業用ロボット、鍛圧機械、無人搬送車、輸送機器などが階層的に規定されています。欧州ではCEマーキング、米国ではOSHA、中国ではCCCマーク制度など、国別に安全規格が定められています。**図1.6.1**は、生産拠点のメーカーに設備設計製作を任せた例です。設備仕様が不統一で、安全対策のみならず製品品質に悪影響を及ぼしているのが現実です。計測機器や機器を統一化し、グローバルな標準化で安全や品質を確保する必要があります。

➤設備の安全対策と標準仕様の統一化

グローバルに生産設備を供給する場合は、安全に関する国際規格にのっとり設備設計を行う必要があります。国内で設備を設計して海外拠点へ設置する場合は、国別の安全規格や法令を調査し、これに準拠し設備設計を行わなければなりません。**図1.6.2**は、基本構造や使用機器に関する設備仕様を統一した標準化設備をもとに、国・地域別の安全規格・法令に準拠した設備を設計する方法です。国内のマザー工場で設備仕様を統一し、安全規格に準拠した設計製作を行います。生産ラインのグローバル化の対応は、国内設備の標準化を図ったうえで、国際規格と仕向け国別の安全規格を調査し、それらに適応させる設備設計製作を個別に行うことが解決策となります。

図1.6.1　相手国のメーカーに設備の設計を任せた場合

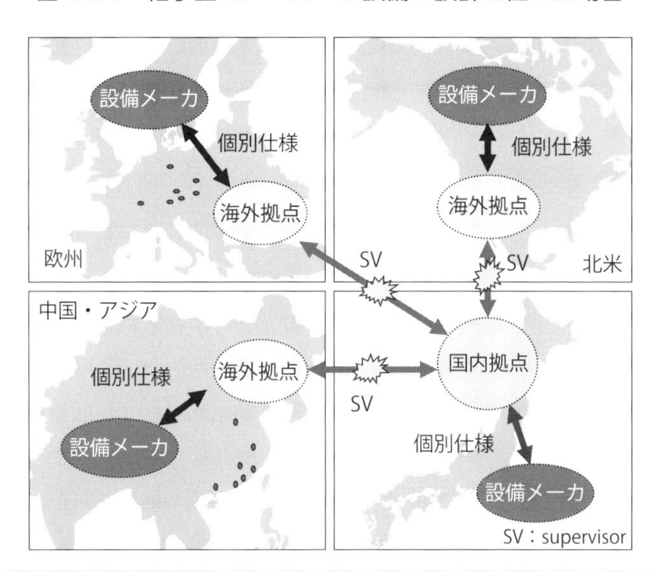

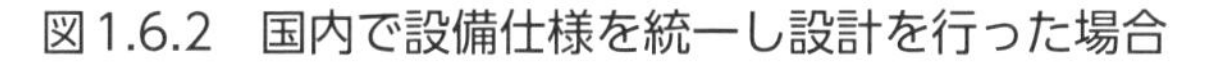
● 現地生産の生産設備調達の現地メーカーへの依存体質を見直します

図1.6.2　国内で設備仕様を統一し設計を行った場合

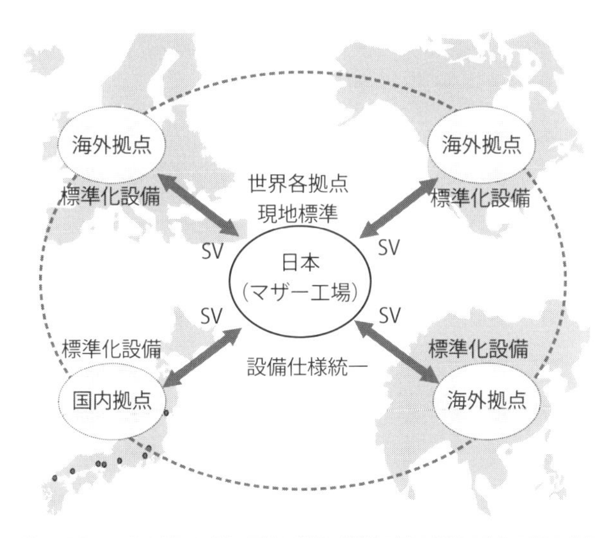

● 現地生産の生産設備をマザー工場で統一、真のグローバル化を目指します

1-7 製品開発部門がやるべきこと

➤製品開発の販売戦略を立てる

製品開発部署は、生産技術や設備開発の部署と連携し、工程設計の完成度を上げるための役割と責任分担を明確にしなければなりません。それぞれの部署と連携し協働作業によって同時並行で進めていくことが、短期間で完成度の高い製品開発につながります。他社製品を調査したうえでビジネスの可否や販売市場（シェア）を検討し、製品開発の是非を判断するために売上、収益目標の基本方針と合わせて製品、顧客、地域の戦略を立てなければなりません。

1）製品戦略：製品の現状と開発製品のターゲットを決める戦略

2）顧客戦略：販売先および販売先に対する目的を明確にする戦略

3）地域戦略：販売地域と生産拠点のそれぞれを明確にする戦略

図1.7.1は、「コンカレントエンジニアリング」による業務変革の方法です。製品開発部署はマスタープランを立て、関係各部署の担当者の役割と責任開発目標を決め、達成に向けて開発から量産までの工程プロセスを企画します。

➤生産工程のプロセスを取りまとめる

製品開発のアウトプットは、開発期間短縮、開発の効率化、設計品質の向上、コストダウン、商品力アップの計画などです。製品開発から量産立ち上げは各部門の協力なくしてできません。各工程を取りまとめ、各部門の課題を表化し共有化し、課題解決を同時並行することが製品開発部署に求められます。

図1.7.2は、設計FMEAを主体とした役割の関連図です。製品開発部署は、製品を量産するにあたって、製品の品質やコストに関する設計・製造上の技術課題を設計FMEAの結果をもとに評価し、関係部署に展開します。そして、関係部署の対策を生産ラインに反映させ、安定した品質で目標原価の達成に向けて生産工程のプロセスを取りまとめる役割を担います。

図1.7.1　コンカレントエンジニアリング変革の革新着眼

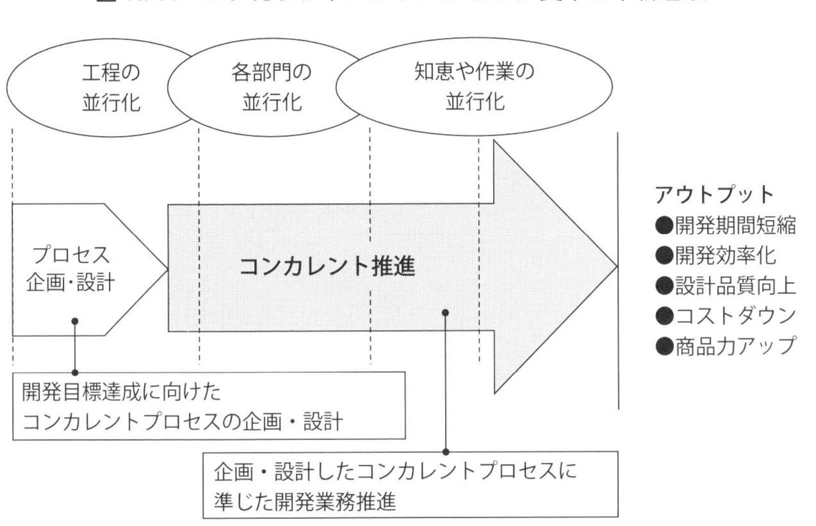

● 製品開発から量産開始まで担当部門と連携し並行して進めます

図1.7.2　設計FMEAを軸とした工程プロセスの関連図

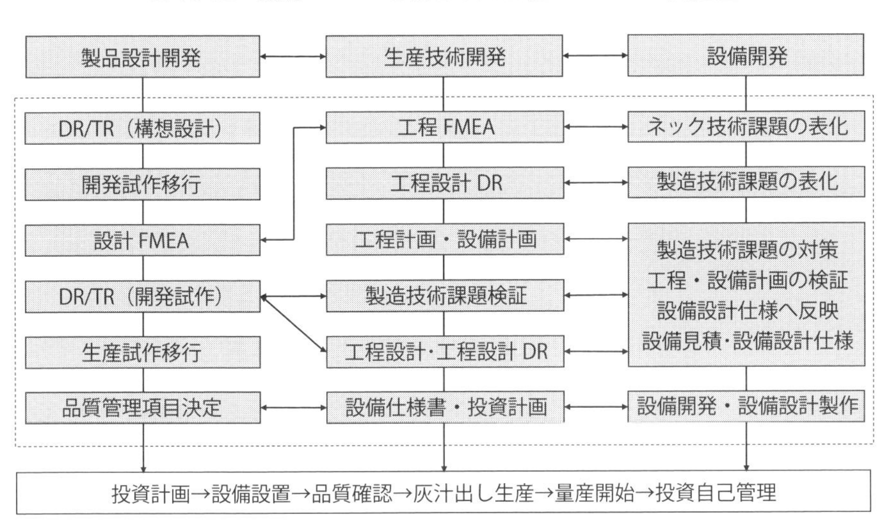

● 製品開発、生産技術開発、設備開発は課題解決のために連携を取ります

1-8 生産技術部門がやるべきこと

➤工程計画を立て工程を設計する

製品開発した製品の生産準備にあたって、製造方法を確立する必要があります。特に自動化の場合は、製品の性能・品質を確保するために製造プロセスと製造条件を決めなければなりません。作業内容や自動化の方法、品質管理の方法などを検討し、各工程の役割をはっきりさせ、製品品質を確保する計画を立てます。これが「工程設計」です。工程設計は、製造工程で発生する可能性のある潜在的故障や品質不具合を抽出し、工程計画を立て設備仕様に反映させるプロセスです。工程設計DR（工程設計審査会）で、工程設計で計画した製造条件について、対策の不備や漏れを洗い出し不具合の有無を検証し対策します。

図1.8.1に生産技術部門の業務範囲を示しています。これは、国際標準化機構（ISO）発行のISO9000品質マネジメントシステムにもとづいています。生産技術部門は、安定した品質で効率的に生産するための技術課題を事前に抽出し、検証することで工法を確立し、設備の仕様に反映させることが主な業務です。

➤工程設計を取りまとめ、設備仕様に反映する

図1.8.2は、生産技術の業務プロセスを示した図です。工程設計DRは、工程の製造条件を確定したあと、設備仕様を決定する段階で開催します。関係部署の責任者が集まり、工程設計審査が開催されます。審査によって指摘された不具合については計画の修正、再審査を行います。特に、難易度の高い工法に対する課題の対応計画や、新しい技術を用いた製造プロセスにおける工程条件の設定に関する問題などについて議論し、品質の安定的確保を目指します。さらに、製品試作段階での問題点と対策内容、工程ごとの品質管理方法、設備や治工具の仕様と費用、作業内容、作業時間などについて確認を行います。問題点があれば是正し、再審査を受けることになります。

図1.8.1　生産技術部門の役割

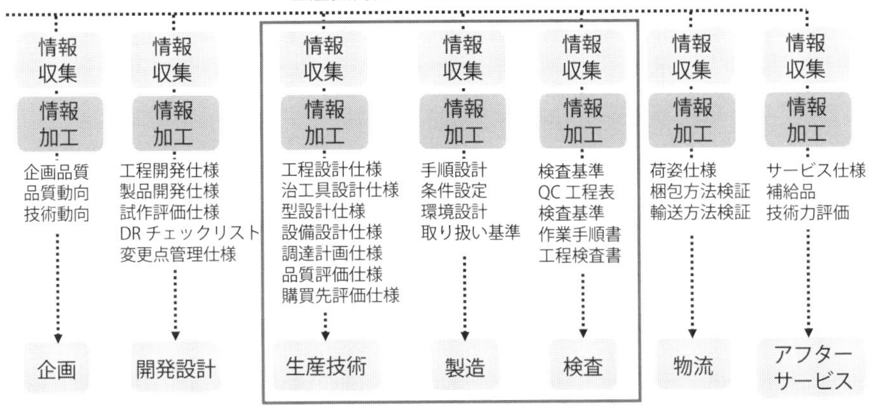

品質情報：ニーズ / 期待 / 使用目的 / 用途 / 期待効果など
共通項目：品質コスト / 品質システム / 事前・事後活動管理 / 検査員教育など

● 生産技術は製造上の課題やネック技術を解決し設備仕様に反映します

図1.8.2　生産技術部門の業務プロセス

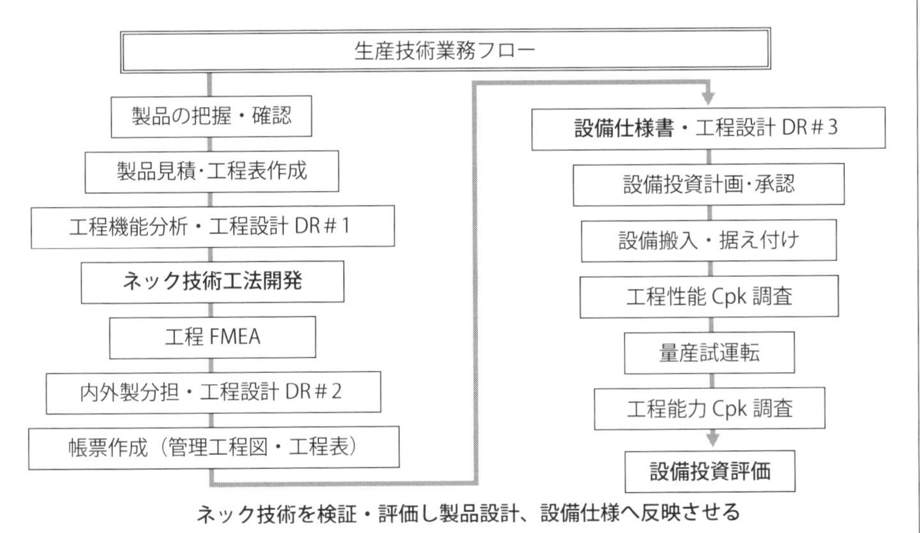

● プロセスの良否を確認する工程設計DRを設けチェックします

1-9 設備設計部門がやるべきこと

➤設備仕様を設備設計に反映し具現化する

工程設計DRによって自動化ラインの仕様が決定し、生産技術が発行する設備製作購入仕様書をもとに設備設計に着手します。設備設計者は、設備設計製作進捗、設備の立ち上げフォロー、品質確保、設備故障対策など様々な対応が求められます。**図1.9.1**は設備設計部門の役割です。設備設計者は設計から立ち上げ、量産開始までの全プロセスに対して責任を持ちます。

設備設計のプロセスで特に重要な工程は、設備設計審査会です。設備設計図面が要求仕様にマッチングしているか、過去のトラブル対策を反映しているか、品質確保に問題はないかなどについて評価する場です。さらに、量産後の設備トラブル対策やMP情報が設備設計図面に反映されていることを確認し、再発防止を図ります。

➤完成度の高い自動化設備を設計する

設備設計の基準書を用意することが、設備設計の完成度を高めることにつながります。基準書とは、設備の機械構造、標準部品、制御機器、油空圧機器、安全対策などの基準を取り決めたものです。海外拠点の設備は現地の安全規格に準拠していなければなりません。国別の安全規格や企業の社内基準を設定し、トラブルを未然に防止します。

図1.9.2は、設備設計製作のフェーズゲートにおけるチェックポイントを示します。設備設計DRでは、製造条件が工法開発によって検証され設備仕様書に反映されていること、設備設計に設備仕様が反映されていること、などをチェックします。設備出荷時の立会いでは、設計通りに製作され仕様に不備がないことを確認し出荷判断を行います。設備設計者は、安定した品質で円滑に量産するためのあらゆるプロセスに対応しなければなりません。したがって、自動化の設計知識や品質・トラブル対策、安全対策など、専門性が高く幅広い知識が求められます。

図1.9.1　設備設計部門の役割

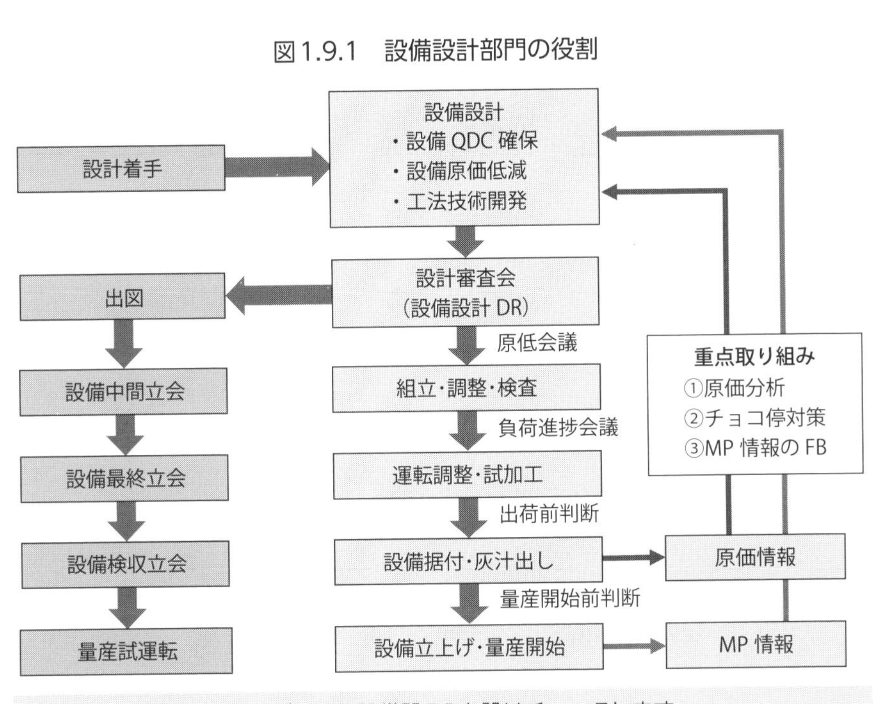

● 設備設計の完成度を上げるため設備設DRを設けチェックします

図1.9.2　設備設計製作の業務プロセス

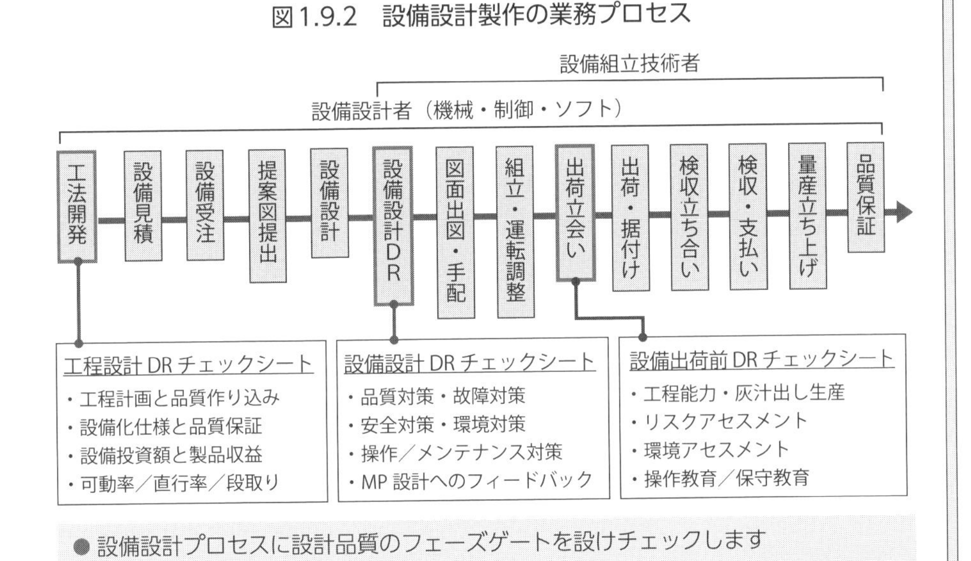

● 設備設計プロセスに設計品質のフェーズゲートを設けチェックします

1-10 自動化で失敗しない設備投資計画

➤FCFで試算し投資可否を検討する

自動化の設備投資で本当に効果が出るのか、不安で投資に踏み切れない企業にとって、FCF（フリーキャッシュフロー）で投資効果を試算することは意義があります。設備投資額の回収期間は投資効率と資金繰りからも、きわめて重要です。生産量が現状維持の合理化投資で自動化設備を導入した場合と、設備投資を行わない現状維持の場合のFCF累計額の試算を**図1.10.1**に示します。

未投資の場合は、材料費と労務費の上昇に伴いFCFは年々低下傾向です。投資した場合は、3年目からFCFがプラスに転じ、急速に収益が向上しており、投資効果が顕著です。設備投資を行い早期に投資額を回収することで、回収後の利益増大に貢献します。将来のCF（キャッシュフロー）からFCFを試算し、自動化投資の価値判断を行うことが、事業計画を立てる上できわめて重要です。

➤FCFで投資回収期間を約束する

設備投資は、投資回収期間や収益性の評価尺度を投資判断の目安として定量的に設定して行います。投資後は事業環境の変化に即応して収益性の向上を図るために、投資のPDCAサイクルを回し、適切な経営判断を行わなければなりません。**表1.10.1**に投資回収期間の試算表を示します。投資計画に使用する数値は信頼性が重要です。特に、販売数量、売上高、利益、設備投資額、人員、経費は数値の出典と根拠を明確にしておく必要があります。

投資回収期間は、設備完成時期（0年）と量産開始時期（1年目）を考慮して試算します。完成時期は設備費の支払い時期、量産開始時期は収入を得る時期であるため注意が必要です。税引後利益と減価償却費の合計が営業CF、投資額が投資CFです。営業CFと投資CFから累計FCFを算出し、PP（ペイバックピリオド：回収期間）を試算して投資の適正を評価します。

図1.10.1　投資－未投資の累積FCFの違い

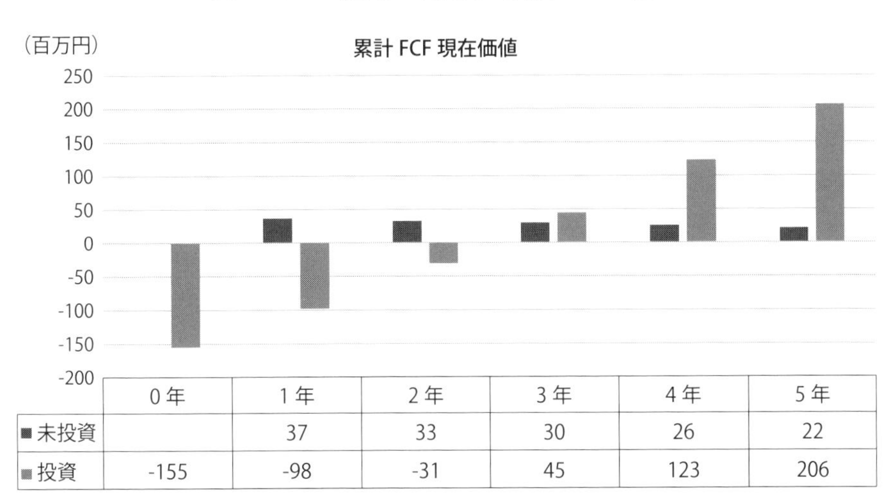

● 自動化の設備投資は、FCFで試算し自動化の是非を判断します

表1.10.1　投資回収期間の試算

No	項　目	単位	計算条件	定数	0年	1年	2年	3年	4年	5年
①	売上高	百万円/月				20	20	20	25	25
②	税引前利益	百万円/月				1.2	1.8	2.1	2.7	2.8
③	利益率	%	②/①			6.0	9.0	10.5	10.8	11.2
④	税引前利益	百万円/年	②×12か月			14.6	22.1	25.7	32.1	33.6
⑤	税金	百万円/年	実効税率（%）	38		5.6	8.4	9.8	12.2	12.8
⑥	税引後利益	百万円/年	④－⑤			9.1	13.7	15.9	19.9	20.8
⑦	減価償却費	百万円/年	償却率（8年）	0.125		19.4	19.4	19.4	19.4	19.4
⑧	営業CF	百万円/年	⑥＋⑦			28.5	33.1	35.3	39.3	40.2
⑨	投資CF	百万円/年	出金をマイナス		−155					
⑩	FCF	百万円/年	⑧＋⑨		−155	28.5	33.1	35.3	39.3	40.2
⑫	累計FCF 現在価値	百万円/年			−155	−126.5	−93.5	−58.2	−18.9	21.3

● 自動化の設備投資額を量産開始後、何年で回収できるか約束します

Column 1

段取り時間を短縮する方法

治具や金型を使っていろいろな部品を生産する場合、生産する部品に合った治具や金型に交換する必要があります。治具や金型に限らず、溶接や加工、組立など、装置や機械で使用する補材の交換や入れ替え、補充などの作業を段取り替えといいます。段取り替えは、機械を止めて（機械によっては安全のために電源を遮断して）作業を行います。機械は停止状態になり、生産はできません。稼働率にも大きな影響を与えます。したがって、段取り替えの時間（段取り時間）を短くして新たな部品を生産する必要があります。

段取り時間を少しでも短くするための改善が必要になります。改善といっても、段取り時間を短くする方法は、治具や金型の交換作業を早く行うだけではありません。段取り作業が簡単にできるように、治具や金型の取り付け方法にも工夫が必要です。治具や金型を設計する際に、簡単に素早く、場合によっては自動で交換できるように考えておくことが、段取り時間を短くすることにつながります。

下図は、プレス金型やダイカスト金型の交換作業を調査して作業を見直し、段取り作業を短時間でできるように改善した事例です。一つ一つの作業をよく観察して、作業が必要か不必要かを検討します。必要な作業は簡単にできる方法に改善することで段取り時間を減らしていきます。

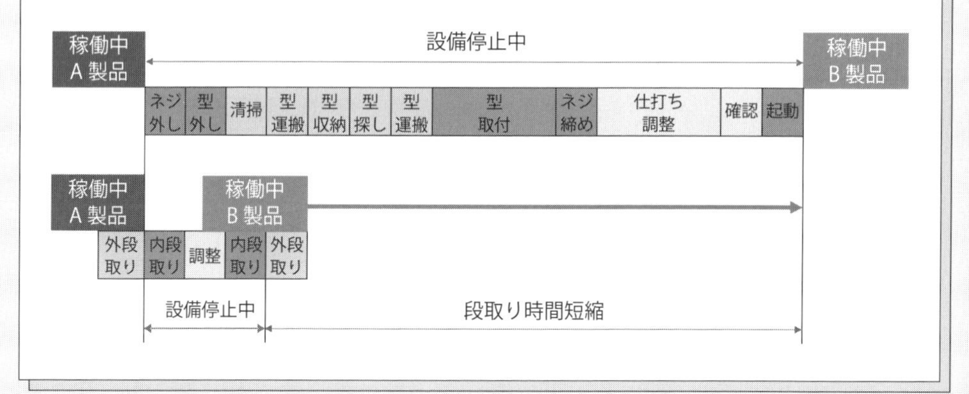

第 2 章

工程設計から量産までにやるべきこと

「自動化を進めてくれ！」と言われても、実際にはなかなか進めにくいものです。何のために自動化するのか理解しているものの、何をどうすれば自動化できるのかわからない、という課題を多くの企業が抱えています。「『ロボットを導入して今の作業を自動化してくれ！』と言われて、作業はロボットに代替したが、ロボットに作業させるための前準備の仕事が増えてしまい、結果的に少人化できなかった」、といった声も聞こえてきます。

ロボットを有効に活用し効果を出すためには、代替する作業とその前後の作業も含めてロボットに仕事を任せる仕掛けが必要です。たとえば、組立作業は部品を取って、着けて、取り出す、といった一連の作業になりますが、ロボットで置きかえる場合は部品を取る前に部品を定位置、定姿勢に整列しないと自動化できません。すなわち、ロボットで作業を自動化する場合、ロボットが連続稼働できるようなお膳立てが必要になります。これを検討するのが、「自動化レイアウト設計」です。連続稼働するためには、安定した品質で継続した自動運転ができるようにロボットの作業環境を整え、上手くロボットを活用することが必要です。

本章では、工程設計、投資計画、量産開始の各プロセスにおいて、自動化レイアウト設計を検討するうえで必要な自動化ライン構築の考え方と実践的な取り組みについて説明します。

2-1 自工程完結型設備の考え方

➤「品質不良」を流出させない製造工程

自動化ラインには安定した品質で人手を介さず連続した生産が求められます。**図2.1.1**は、一般的な製造工程の生産ラインです。生産ラインの最終工程に検査工程を設けた場合、工程内の「品質不良」や不具合に気づかず、しばしば完成後に不良品が発見されることがあります。不良品は仕損費として廃却されます。

品質不良の多くは、材料、機械、作業者、方法などのバラつきによって発生するため、品質不良はなかなかゼロにはなりません。しかし、良品のみを次工程へ流すことで不良品の流出を防止できます。OK品は次工程へ流し、NG品は次工程に流さないといった考え方にもとづき、各工程で検査を行いOK品とNG品の判定と区分けを行う仕掛けを設備設計に組み込んでおくと解決できます。工程ごとに品質検査を行うことで不良品を多量に流出させない方法です。

➤「自工程完結型設備」の設備仕様

図2.1.2は、工程ごとに計測器を組み込み、全数検査の品質管理ができる「自工程完結型設備」を並置した生産ラインです。それぞれの工程で検査を行います。OK品は次工程へ自動で排出し、NG品の発生時には設備を止め、アラートで作業者に知らせる設備です。作業者は、NG品の発生原因を調査し、対策を施し、NG品をNG品BOXやNG品専用コンベアで機外に排出します。一連の手順に従った対策を終えると、アラートを解除し設備を再起動できます。このようなシステムを設備仕様に組み込むことでNG品の次工程への流出を防げます。

自動化ラインには、NG品の流出を防止するため、工程ごとの全数検査と不良品発生時の即時対策を条件とする仕掛けが不可欠です。多工程からなる自動化ラインでは検査ポイントも多く、不良品が多発することが予想されます。したがって、自動化ラインの設計においては、品質を最優先に工程ごとに品質管理の仕掛けを組み込んでおく必要があります。

図 2.1.1　設備を並置しただけの製造工程

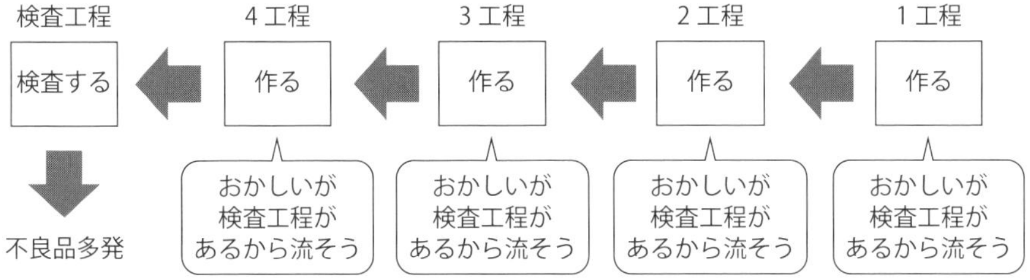

検査工程
検査する
不良品多発
4 工程
作る
おかしいが
検査工程が
あるから流そう
3 工程
作る
おかしいが
検査工程が
あるから流そう
2 工程
作る
おかしいが
検査工程が
あるから流そう
1 工程
作る
おかしいが
検査工程が
あるから流そう

● 不良品発生時、工程の特定、原因究明、対策までに時間がかかります

図 2.1.2　自工程完結型の設備造りの方法

検査工程
異常がない
ことを
確認する
不良品防止
4 工程
作る＆
検査する
不良がでたら
止めて対策
3 工程
作る＆
検査する
不良がでたら
止めて対策
2 工程
作る＆
検査する
不良がでたら
止めて対策
1 工程
作る＆
検査する
不良がでたら
止めて対策
完成品排出
（直交型ロボット）
NG 品排出
（コンベア）
検査工程
（インデックス）
組立工程
（インデックス）
部品供給
（パーツフィーダ）
NG 品
OK 品

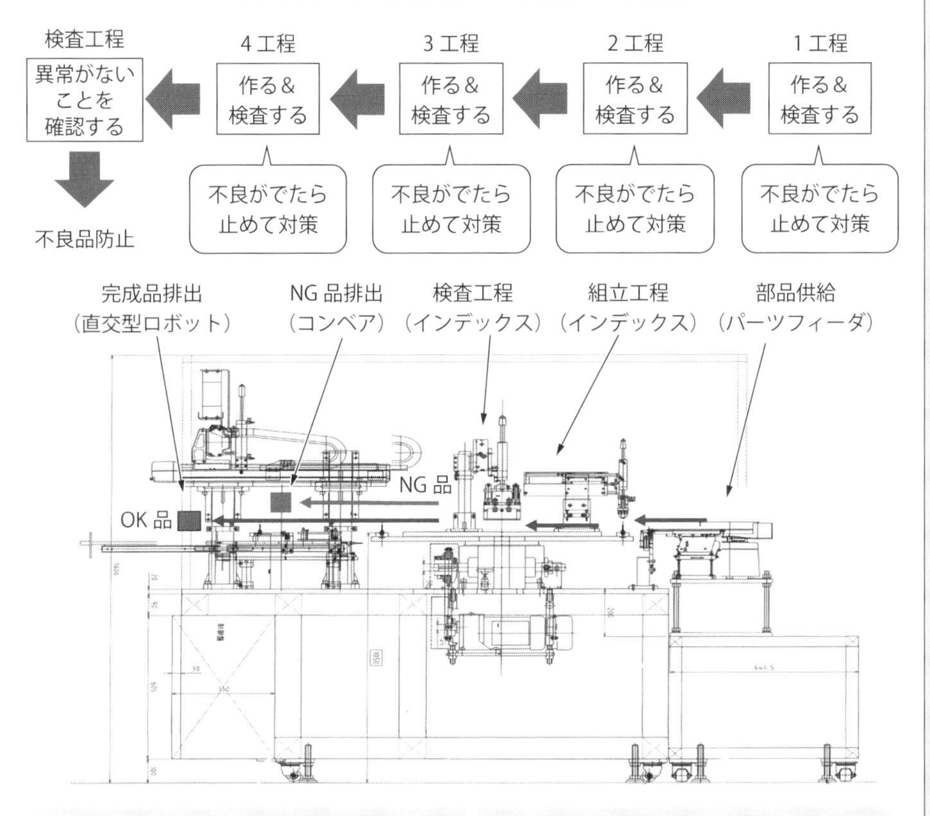

● 不良品が発生した場合の原因究明や対策が短時間で対応できます

2-2 自工程完結型設備の設計仕様

➤自工程完結型の設備設計事例

高機能、高付加価値の製品にとって品質は最優先であり、安定した品質には自動化が不可欠です。自動化ラインを設計する際のポイントは、自工程完結型設備の具現化を目的とした工程設計と設備設計です。工程設計では、不良品を受け取らない、作らない、流さないといった不良品の発生源対策と流出防止対策を設備仕様に組み込みます。一方、設備設計では、設備仕様に落とし込まれた検査システムを具体的に設備設計で図面化し、自動化ラインを作ります。

図2.2.1は、油圧プレスによる圧入工程の自工程完結型設備の例です。圧入時の圧入荷重と圧入高さをロードセルとストロークセンサーで測定し、あらかじめ設定したしきい値と比較してOK/NGの判定を自動で行う計測システムを組み込んでいます。判定結果にもとづいて、OK品は治具から取り出し次工程へ排出し、NG品の発生時にはサイクル停止でアラートを発報します。作業者はNG品の発生原因を調査し、再発防止の対策後に自動運転を再開できます。このように自工程完結型設備は、不良品流出防止の対策を組み込むことで実現できます。

➤自工程完結型設備によるライン設計

自工程完結型設備によって自動化ラインを設計する場合は、品質管理に限らず、組立工法、治具仕様、適正な自動化レイアウトなどのシステム化技術やロボットを活用した自動化技術、部品供給など装置の設計技術が重要です。

図2.2.2は、自工程完結型の工程を自動化ラインとして設計した例です。自動化ラインは、自工程完結型設備の各工程がレイアウト設計されることで成り立ちます。また、工程設計段階で各工程の自動化の課題を抽出し、対策を反映した設備仕様によって設備設計の条件が決まります。したがって、自動化ラインの構築は、部品供給から組立・検査までを自工程で完結する、自工程完結型設備を並置した生産ラインと言えます。

図2.2.1　自工程完結型の設備

●計測、判定、表示機能を持った品質管理システムを有しています

図2.2.2　自動化ラインのレイアウト設計

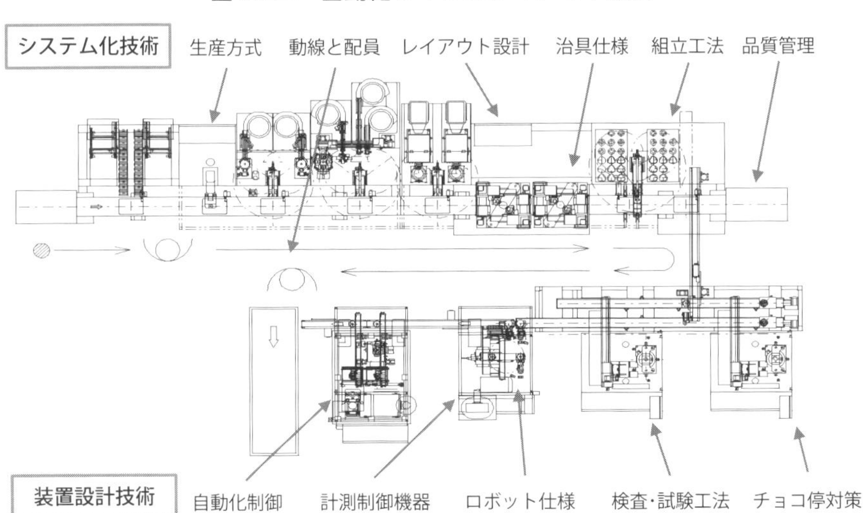

●自動化ラインは自工程完結型設備の並置でレイアウト設計します

2-3 不良品を流出させない設備設計

➤アラートを発報する「あんどん」

自動化設備や自動化ラインを有効に活用するためには、品質の安定と設備を止めないことが大切です。安定した品質を維持し、連続した生産を継続できる完成度の高い設備づくりが求められます。しかし、組立設備や組立ラインの多くは、製品や工程に合わせて、それに特化した設備を新規に設計製作します。したがって、立ち上げ時の頻発停止や品質トラブル、量産開始後の不具合の多発が生産性を下げる要因になっています。

図2.3.1は、自動化ラインに不可欠な「あんどん」の例です。生産ラインごとに設置し、品質不具合や設備トラブルが発生した場合、ランプの点滅やブザーで作業者に伝達し、迅速な対策を行う仕掛けです。停止理由を紐づけしておくことで即時対策が可能となり、設備停止時間を短縮できます。

➤データ収集に必要な「リモートモニタリング」

自動化ラインの稼働を妨げる停止要因を排除することで、稼働率を向上させることができます。工具交換、材料切れ、品質不良、チョコ停、段取り替え、機械点検など設備停止の要因は様々ですが、停止要因と停止時間を把握し対策を継続して行わなければ、安定した生産はできません。そのためには、生産の状態、設備の状態、品質の状態を常に監視できるデータの収集が必要です。これが、自動化に必要なデータによるモニタリングの考え方です。

図2.3.2にIoTを活用した「リモートモニタリング」のシステムを示します。生産ラインをLANでつなぎ、設備からのデータをPCに送信し、リアルタイムで確認できます。常時監視しなければならない生産情報、設備情報、品質情報のデータをそれぞれグラフ化し、モニタリングすることで、設備トラブルや品質不具合の見える化が可能になります。また、発生時にデータから原因を特定し、自動化ラインの停止時間を最小限に抑えられます。

図2.3.1　自動化に必要な「あんどん」

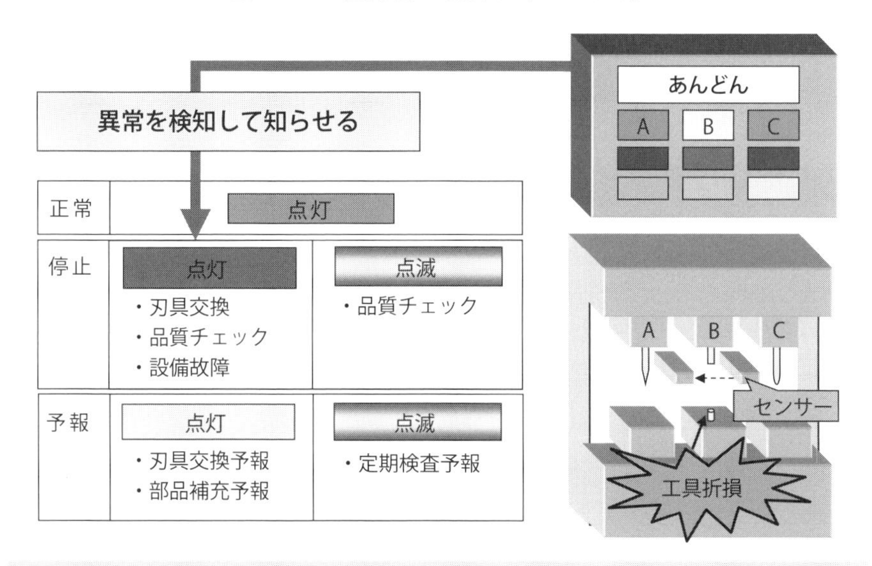

● 品質や設備の不具合を検出したら発報して知らせる仕組みを作ります

図2.3.2　自動化に必要なモニタリング

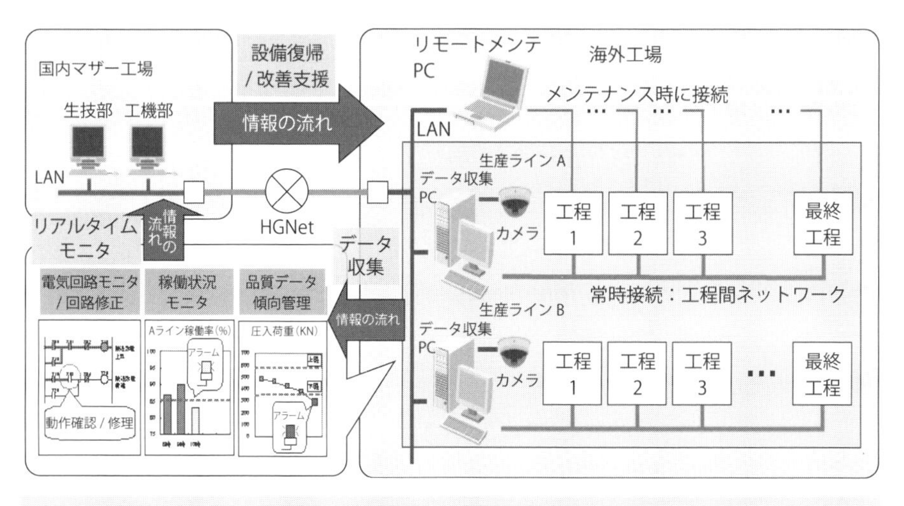

● 品質や設備の不具合原因を特定できるデータを集める仕組みを作ります

2-4 IoTシステムの導入と接続方法

➤IoT接続によるデータの収集方法

図2.4.1は、各工程をネットワークでつなぐIoTシステムの接続図です。IoTシステムは、設備に組み込まれたPLC（Programmable Logic Controller）を用いて計測機器からデータを収集するシステムです。対象部品にデータマトリックス、QRコードまたはバーコードで識別マークを印字し計測データと紐づけることで、工程ごとに品質の見える化が可能となります。識別マークは、製品名や工程名、ロット番号や製造番号など、他の製品と個々に識別を可能にするために印字されたコードです。PLCからの指令でLAN（ローカルエリアネットワーク）を介して、計測データをPCに保存します。計測機器のデータはアナログデータであるため、AD変換器を組み込んだ計測管理器でデジタルデータに変換しCSVファイルとして保存できます。CSVファイルをエクセルデータに変換し、統計データとして分析に活用できます。

このように、IoTを活用して生産設備の計測機器からのデータを情報収集し、リモートモニタリングを可能にするシステムは自動化ラインには必須です。

➤収集したセンシングデータの活用方法

自動化ラインの設計に組み込んでおかなければならないのが、IoTを活用した生産設備からのデータの収集です。センサーから取り出したデータを数値化し、状態を見える化したデータをセンシングデータと呼びます。センシングデータは、様々な部署で活用することができます。

図2.4.2にセンシングデータの活用を3階層に分類したIoTシステム体系を示します。集約されたセンシングデータはそれぞれの部署で必要とするデータに加工し活用できます。生産ラインでは設備状態の監視や品質の傾向管理、工場管理部署では生産状況や出荷状況、本社では受発注管理や在庫管理、原価管理などに活用します。

図2.4.1　IoTシステム接続図

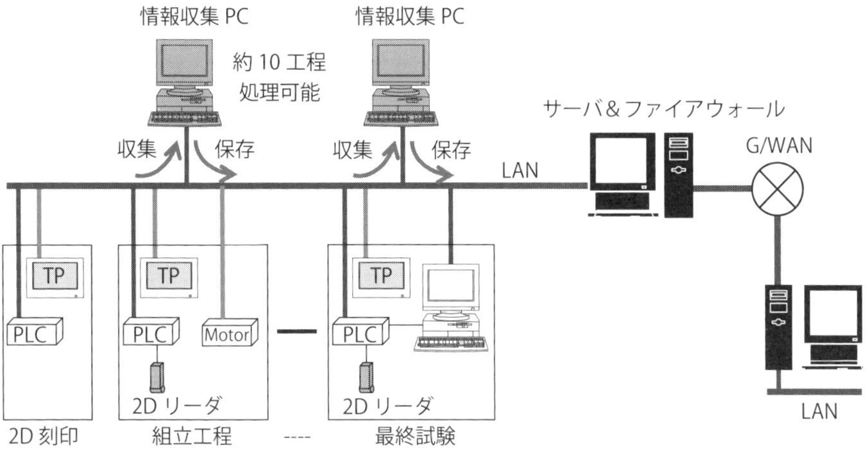

情報収集 PC
約10工程
処理可能
収集
保存
情報収集 PC
収集
保存
サーバ&ファイアウォール
G/WAN
LAN
TP
PLC
TP
PLC
Motor
2Dリーダ
TP
PLC
2Dリーダ
LAN
2D刻印
組立工程

最終試験

● 計測データを収集するIoTシステムを設備に組み込みます

図2.4.2　IoTシステム体系の3階層

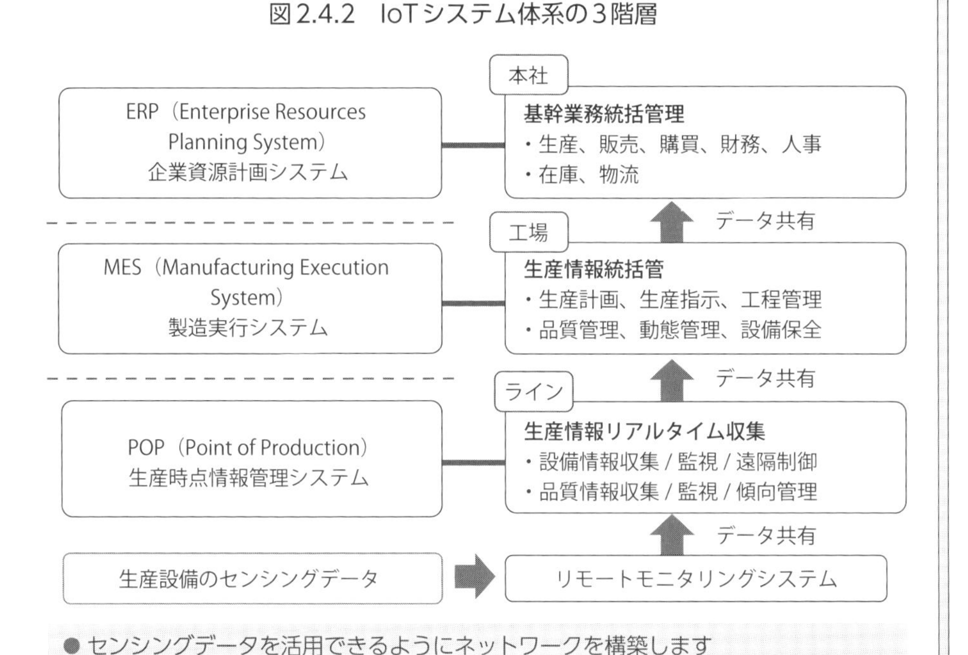

● センシングデータを活用できるようにネットワークを構築します

2-5 IoTシステムで収集したモニタリングデータの活用事例

➤品質異常と設備不具合のモニタリング

実際の現場で、設備からのセンシングデータを活用した事例を紹介します。図2.5.1は、品質の状態と設備の状態を表すモニタリングデータです。

「品質のバラつき」のグラフは、縦軸に機械加工の許容寸法、すなわち公差幅を、横軸に経過時間を取っています。グラフ中央のしきい値の上下にデータが出現しバラつきが発生しています。このデータから工程能力指数を計算できます。「設備稼働モニタリング」のグラフは、縦軸に設備停止時間（設備停止から稼働を再開するまでの時間)、横軸に一週間の経過時間を取っています。10秒前後が多く、頻発停止が多発していることがわかります。1000秒（16.6分）前後には設備停止が散発的に発生しています。段取り替え、品質不良の発生、材料待ちなど長時間の機械停止が要因として考えられ、早急な対策が必要です。

➤品質データをモニタリングしたした工程能力対策

図2.5.2は、一日の旋削加工の品質を全数検査したデータです。縦軸は公差幅を、横軸は一日の経過時間を示しています。データでは、始業時と昼休み後の加工開始時に上限側にデータが大きく振れ、その後落ち着いていることがわかります。また、昼休み後に公差幅が徐々に上昇し、その後安定しています。

このデータから、加工精度のばらつきの要因を二つに整理できます。加工開始直後に精度が変化していることから、コールドスタート時の機械温度と気温の変化に伴う熱の影響が加工精度に変化を与えていることがわかります。駆動部の温度変化に対しては駆動部の対策、外気温の変化に対しては温度補正の対策が適切と判断できます。そこで、送りねじの温度上昇を抑えるために早送り速度を見直し、さらに自動補正機能を追加することで、工程能力指数（CP値）を1.1から1.8に改善できました。このように、IoTを活用したデータのモニタリングは、稼働率や品質を向上するために有効だと言えます。

図 2.5.1　品質と設備状態のモニタリング事例

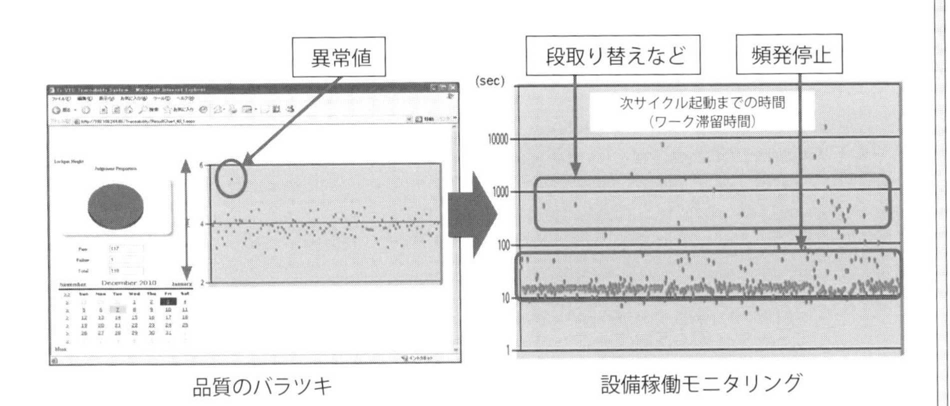

● 自動化設備には品質のバラつきと設備稼働をモニタリングする機能が必要です

図 2.5.2　旋削加工における外径加工精度のモニタリング事例

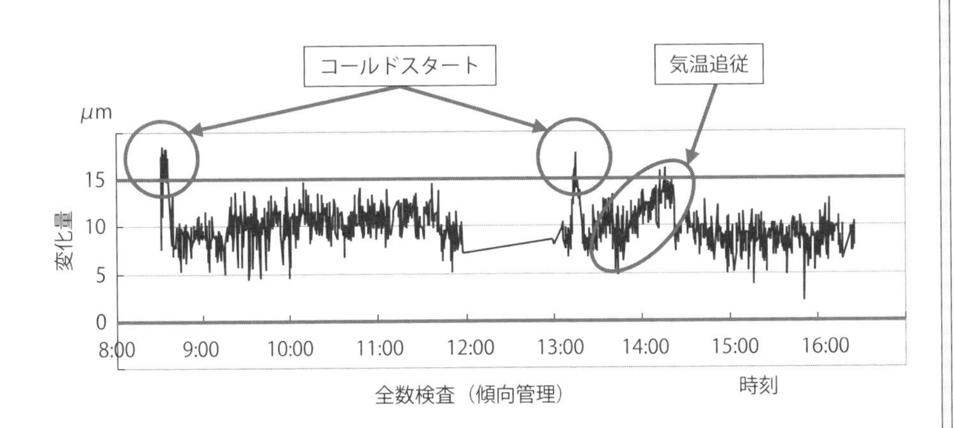

● 品質データの、時間による変化を確認できるモニタリング機能も必要です

2-6 工程設計のプロセスでやるべきこと(1)

➤「工程FMEA」で評価し設計へ反映

自動化ラインを設計する場合、頻発停止の対策は必須条件です。不良品を出さない設備設計を行うためには、工程設計時に設備仕様に反映しておかなければなりません。品質不良の発生に気が付かず放置すれば、不良品を大量に作ってしまいます。不良品の発生原因を調査し対策する場合、発生した不良がどの工程でどのように発生したか、原因を明確にしなければ手が打てません。

図2.6.1は、「工程FMEA」の表です。工程FMEAは、設計や製品の考えられる不具合の原因をあぶり出して、事前に対策することで品質信頼性を向上させる手法です。故障など不具合の影響について「厳しさ」「発生頻度」「検出」を点数で評価し「不具合影響度」を表します。製品の故障や災害の要因となる製品自体の破壊（故障モードと呼ばれる）を列挙して、故障モードに対する設計の不十分さを評価できます。故障モードは、変形・亀裂・破損・摩耗・腐食・きず・ゆるみ・がた・脱落・焼損・汚損・もれ・浸食・変質・短絡・雑音・固着などが原因として考えられます。これらの原因によって故障や災害が発生し、場合によっては製品の故障やユーザーの怪我を引き起こす重大な事故に発展するケースもあります。故障の多くは、製品設計における信頼性考察上の欠陥によるものであり、設計を進める過程での一般的な過誤によるものが多いとされています。潜在的な故障モードを仮定し、信頼性の弱点を指摘して対策することで故障の未然防止を図る手法が「FMEA手法」です。

表2.6.1は、懐中電灯の故障対策にFMEA手法を活用し、不具合影響度（評価値）を対策した事例です。対策は、製品設計または工程設計のそれぞれに反映する内容に分類できます。不具合が発生する可能性が高い工程は、不具合を検出するための品質管理値を設定し、検出可能な検査システムを設備仕様に組み込むことで、品質不良の発生源対策と品質不良品の流出防止を図ります。

図2.6.1　工程FMEAにおける不具合評価法

S：厳しさ (Severity) Point：1〜10 × O：発生頻度 (Occurrence) Point：1〜10 × D：検出 (Detection) Point：1〜10

不具合影響度：Point 1（低）〜Point 1 0（高い）

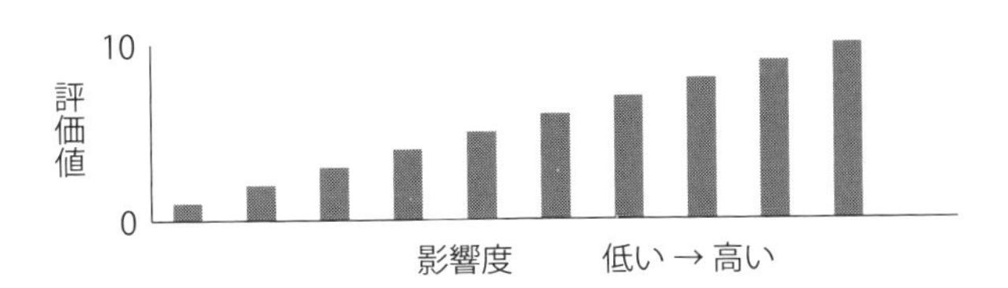

● 故障や災害を防止するためには「FMEA手法」を活用します

表2.6.1　懐中電灯を例にした工程FMEAの活用事例

構成品	故障モード	故障／災害（安全性）	現状（対策前）				対策内容	対策後				製品設計に反映	工程設計に反映
			重要度	発生頻度	検出難易度	評価値	（防止方策）	重要度	発生頻度	検出難易度	評価値		
リングキャップ	レンズ脱落	ネジ摩耗	1	2	1	2	表面処理を追加し摩耗対策する	1	1	1	1	○	
〃	断面変形	装着不良	2	2	1	4	検査工程に目視検査を追加しチェックする	1	1	1	1		○
絶縁体	脱落	点灯不能	2	3	1	6	寸法形状を脱落しない寸法に変更する	1	1	1	1	○	
電池	電池取付不良	点灯不良	2	4	1	8	電池の逆取り付け防止構造とする	1	1	1	1	○	
絶縁体	切損	消灯	2	1	1	2	組立工程に目視検査工程を追加する	1	1	1	1		○

● 「不具合影響度」の低減対策を製品設計と工程設計に反映します

2-7 工程設計のプロセスでやるべきこと(2)

➤「製造工程フロー」で作業分担を明確にする

製品の生産に関わる製造工程フローは工程計画を立てる上での出発点であり、製品に適合した最適な工程を設計するために必要なツールです。製品が完成するまでの工程を一つ一つ分解し、問題がないか確認するため、工程の流れや状態を可視化したものが「製造工程フロー」です。工程フローを作成する場合、製品の機能や性能の品質保証をどこでどのように行うか、品質を管理する工程を決めておく必要があります。検査工程や試験工程を製造工程フローに組み込み、品質保証を行うプロセスを設定します。

図2.7.1は、製造工程フローを示します。部品組付け後に検査工程、測定工程、試験工程を独立して設定し、全数検査を行う例です。組立工程では各工程で組立時の品質保証を行う必要があるため、機械と作業者の組立・検査の作業分担と作業内容を明確にしておく必要があります。

➤「QA表（品質保証管理表)」で品質不良の流出を防ぐ

各工程における測定内容と、測定方法や測定頻度、機械と作業者の役割分担を明確にしたものが「QA表（品質保証管理表)」です。生産工程では製品の性能や機能を保証するために、各工程で品質の管理値を決めて品質管理を行い、それぞれの工程で品質を保証しなければなりません。そのためには、各工程に不良品を作らない、流さないといった品質管理の方法を明確にし、設備仕様に反映させる必要があります。**表2.7.1**にQA表（品質保証管理表）を示します。品質管理値に対応した計測機器、計測方法、計測頻度を対象工程ごとに設定し決められた品質管理値を保証するために、設備仕様に反映させる仕組みです。

この仕組み化は、もっとも重要な設備仕様の基本です。製品図面をもとに工程設計でQA表を作成する場合、工程FMEAの不具合影響度に応じて品質不良対策を反映させることで、品質不良品の発生対策と流出防止を図ります。

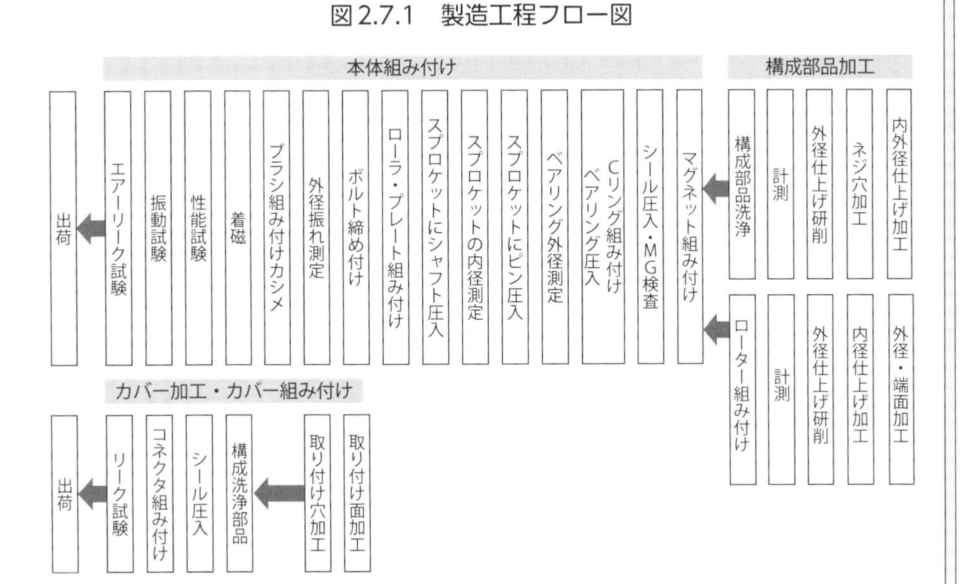

図2.7.1　製造工程フロー図

● 製造工程フロー図で工程全体のプロセスとモノの流れを示します

表2.7.1　QA表（品質保証管理表）

No.	品質特性	許容値	不良現象	分類		工程				発生防止（作らない）			次工程流出防止（流さない）			後工程流出防止（流さない）		
				過去トラ	重要故障モード	ハウジング加工	ピン組立	ハウジング組立	ボルト締付	品質確認	測定手段	確認頻度	品質確認	測定手段	確認頻度	品質確認	測定手段	確認頻度
1	M8ネジ穴	8-M8×1.25	ネジ穴(+)/(-)			■										ネジ穴有無	ギャップセンサー	全数
2	M6ネジ穴	8-M6×1.0深18	ネジ穴(+)/(-)			■										ネジ穴有無	ギャップセンサー	全数
3	油路穴	φ6.8貫通	未貫通	☆	☆	■										穴貫通確認	エアー圧	全数
4	ピン高さ	5.3±0.2	ピン高さ+/−				■						圧入高さ	高さゲージ	始業時			
5	ピン圧入荷重	0.8〜3KN	圧入荷重+/−				■						圧入荷重	ロードセル	全数			
6	ピン欠品	欠品無きこと	ピン欠品				■			ピン有無	センサー	全数						
7	ボルト異品	異品組み無きこと	ボルト異品					■					ボルト長さ	センサー	全数			
8	ボルト異品欠品	欠品無きこと	ボルト異品欠品					■					ボルト欠品	カウンター	全数			
9	M8ボルト組み	27.5±1Nm	トルク						■				トルク値	ナットランナー	全数			
10	ボルト締付順序	規定順序組み	順序違い						■				締付順序	設備プログラム	全数			
11	ボルト組み方法	仮締→本締	締付不良						■				トルク値	ナットランナー	全数			

■：機械装置、検出器で品質保証　　▲：目視、手感など人による品質保証

● 製品の品質保証は不良品を作らない、流さないための仕組みです

2-8 工程設計のプロセスでやるべきこと(3)

➤「レイアウト設計」と「サイクルタイム」で設備仕様を決める

管理工程図の作成後、設備概略構想を検討し、設備レイアウトを設計します。設備レイアウトは右から左、すなわち作業者の動線が反時計回りになることが基本です。「着々化」設備によるラインレイアウトの考え方を基本として、ワーク脱着を容易化し、作業者の動線を一方向にすることがポイントです。

図2.8.1に設備レイアウトの例を示します。「着々化」は、生産効率を最大限に高めた生産ラインとしては究極の生産方式です。作業者は、前工程から搬送されたワークを治具に取り付け、次工程に移動しながら起動スイッチをONすることで1工程3秒のサイクルタイムで工程間を移動します。さらに、ラインレイアウトをUの字に配置すれば材料投入のINと完成品のOUTが同じ位置となり、1周ごとに1個の生産を完了できます。10工程であれば30秒が「サイクルタイム」となります。設備は起動から作業完了、OK/NGの判定、払い出しまでを30秒未満のサイクルタイムで自動運転ができる設備仕様で設計すればよいことになります。

➤「自動化レベル」を設定し搬送システムを決める

生産ラインの自動化を計画する場合、設備と作業者の作業分担を明確にしたうえで手作業を可能な限り少なくし、「自動化レベル」を段階的に上げていくことが、投資効果を上げる秘訣です。**図2.8.2**は、マシニングセンタによる加工ラインの手作業の違いを表した図です。上段はワークの脱着を手作業で行っています。中段はワークの脱着をロボット化した自工程完結型設備、下段はコンベアなどで工程間搬送を自動化し生産ラインを全自動化した例です。

ワーク脱着を自動化する場合には、ワークの供給と排出が可能なストッカーと、加工後のワークの品質検査が必要です。不良品の発生時にはアラートの発報とともにNG品を自動で払い出します。不良品が連続した場合は機械を自動で停止させ不具合発生原因を究明し、対策後に自動運転を再開する機能が必要です。

図2.8.1　組立工程の着々化による自動化レイアウト設計

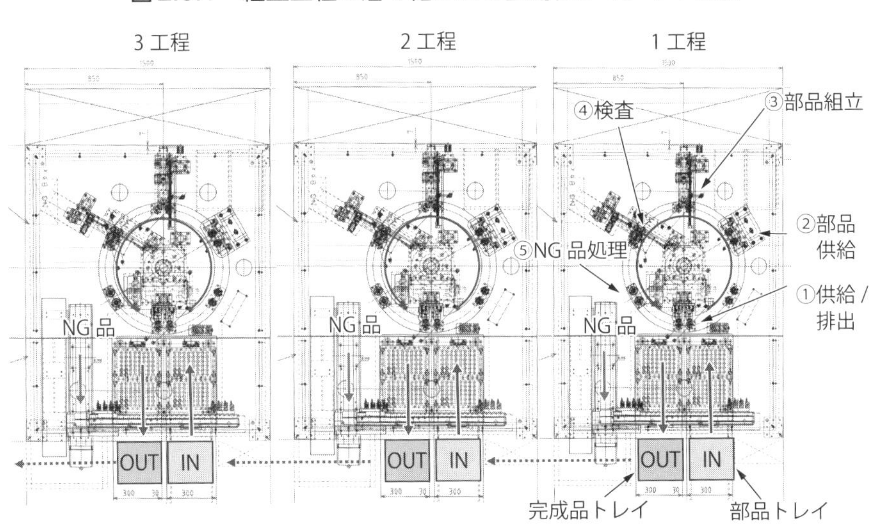

●自動化レイアウト設計は「着々化設備」を基本とします

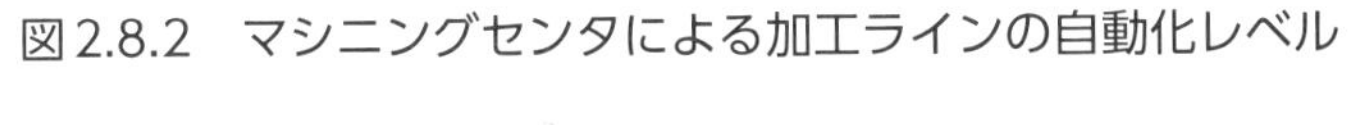

図2.8.2　マシニングセンタによる加工ラインの自動化レベル

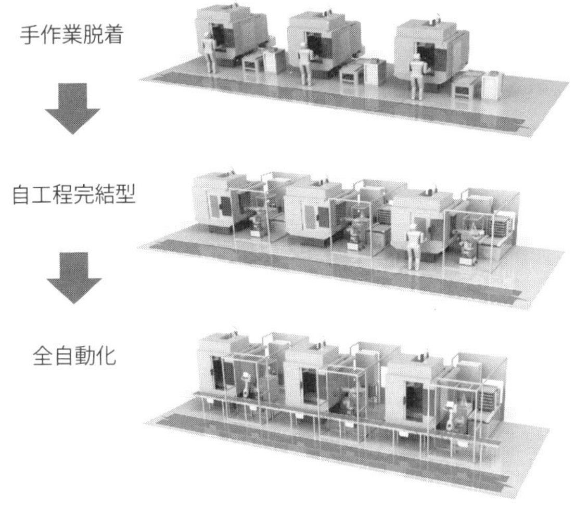

●段階を踏んで「自工程完結型ライン」「全自動化ライン」を目指します

2-9 投資計画のプロセスでやるべきこと(1)

➤「設備購入仕様書」を作成し設備見積額を取得する

品質保証の要となる「製造工程フロー」「QA表（品質保証管理表）」をもとに「レイアウト設計」「サイクルタイム」「自動化レベル」を検討し、「設備購入仕様書」を作成します。設備購入仕様書は、設備見積額算出の根拠であると同時に、製品品質を保証するための自動化ラインの設計仕様書といえます。また、設備発注側と設備設計製作側の契約書でもあります。**表2.9.1**は、設備購入仕様書の概要です。設備発注側は設備設計者が必要とする設備の設計条件を可能な限り詳細に記載します。設備設計製作側は、設備購入仕様書にもとづいて設備設計仕様の検討を行い、設備仕様書と設備見積書を提出します。

➤「品管管理値（加工精度）」と「精度保証」を設定する

工程または設備ごとに、品質管理に対して対策を打つことが自動化するうえで重要です。したがって設備購入仕様書は、要求品質である「品質管理値（加工精度)」と、品質を確保する「精度保証」の方法について明記しなければなりません。設備購入仕様書に記載されている品質管理値の条件をもとに保証可能な計測機器を選定し、計測の方法、機構や構造を検討したうえで設備設計します。

表2.9.2は、加工工程における「品質管理値（加工精度)」の要件と「精度保証」の例です。精度保証値は、製品の図面スペックを保証するための品質保証の指標として明確にしておかなければなりません。精度保証値は、工程能力指数（Cp：Process Capability）で表します。計測値の標準偏差をもとに（規格上限値－規格下限値)／(6×標準偏差）で計算します。公差幅がバラツキと同一の3σが基準であり、工程能力指数は1.0です。この場合、統計学的には良品率が99.7％となり1000個に3個が不良品となります。バラつきが小さくなると工程能力指数が大きくなり、工程能力は高くなります。工程内の品質不良の発生を抑制するには、工程能力指数は1.33以上が望ましいといえます。

表2.9.1　設備購入仕様書の概要

No.	項　目	詳　　細
1	対象部品	名称、部品番号、材料、硬度、重量、概略の大きさ（寸法）
2	加工箇所	略図、加工箇所の明示
3	加工寸法	位置、径、長さ、その他
4	主な前（後）工程	略図、加工工程、作業内容
5	加工基準	利用の位置明示、寸法、精度
6	加工条件	取り代、切削速度：m/min、送り：mm/rev、切込み：mm、 ドウェルタイム：min、電流値、電圧値、取付速度など
7	加工工程または 作業内容	各加工図または各ポジション、6項と同時記入可
8	加工精度	位置、倒れ、径、ピッチ、直角度、真円度、平面度、平行度、表面性状、ばらつき、性能、特性
9	サイクルタイム	動作の節で各動作ごとに計測し、合計時間を計測すること なお、手作業を有するものは、それを含むこと
10	見積り範囲	1）装置の設計費、製作費 2）現地輸送費、現地据付工事費、調整費 3）予備品代および安全柵などの付帯工事費 4）設備費と治具費を分割すること ＊見積書は費用項目別（ユニット別、作業別）に分けて提出のこと
11	検収条件	1）確認図、仕様書の総ての仕様を満足していること 2）立ち上げ時の不具合、指摘事項の対策がすべて打たれていること 3）メーカー立会時、（例）300サイクル以上稼動し頻発停止無きこと 4）検収立ち会い時、（例）2時間以上連続稼動し頻発停止無きこと

● 設備設計者が必要とする設計条件をもとに、設備仕様書を作成します

表2.9.2　設備購入仕様書に記載すべき品質管理値と精度保証

No.	項　目	詳　　細
1	加工精度	位置、倒れ、径、ピッチ、直角度、真円度、平面度、平行度、 表面性状、ばらつき、性能、特性、ほか
2	サイクルタイム	動作の節で各動作ごとに記入し、合計時間を記入すること なお、手作業を有するものはそれを含むこと
3	精度保証	当社生産技術部門が必要に応じ下記を指示する Cpk≧1.33（連続　（例）300個加工）（要求元が数を設定） Cpk≧1.33（20小グループ（ロット違い）以上（n =5×20）） なお、要求精度との関係でCpkで評価できない項目については、要求元（生産技術部門）と事前確認・調整し、合意を得ること

● 設備の検収条件として、品質保証に記載する工程能力指数を設定します

2-10 投資計画のプロセスでやるべきこと(2)

➤「設備見積依頼書」を作成し設備金額を決める

設備購入仕様書をもとに、設備設計製作メーカーから見積書を取得し発注先を決めます。設備の品質保証の観点から、設計から施工・立ち上げまで同一企業であることが最善です。設備仕様を十分に理解し、豊富な実務経験を持つ設備設計者が設計することで、自動化設備の完成度は高くなります。**表2.10.1**は、購買部門に見積取得を依頼する「設備見積依頼書」です。設備見積は、できる限り3社以上から入手し、設備購入仕様書に対する設計提案力、価格、納期などを比較検討し、精査します。検討結果をもとに、契約部署は公平な判断で発注先を決定します。

設備購入仕様書には社内基準の「設備設計製作基準書」を準備するとよいでしょう。これは、社内設備の標準化を進めるための使用機器や構成部品、操作盤などの電気制御基準、社内設備の安全基準などについて設計条件を規定した基準書です。自動化設備が専用機化する弊害を、標準化することで回避します。

➤「投資計画書」を上申し認可を受ける

設備設計製作メーカーから見積を取得した後、工程計画で設定した設備仕様や工程能力、生産能力などを確認します。さらに、設備価格をもとに投資効果を試算し、投資可否について検討します。**表2.10.2**は、「投資計画書」の準備資料です。製品開発の状況については、製品の市場規模や売上予測、競合他社と比較した製品の優位性、製品の事業化計画、開発スケジュールなどについて、責任部署である製品開発部門が取りまとめます。生産技術部門は、投資の必要性、製造技術課題と対応策、工程計画にもとづいた設備仕様や品質信頼性、生産性改善目標、投資効果、投資回収期間について検討します。

検討結果をもとに、生産技術部門は投資判断の伺い書として「投資計画書」を取りまとめ、経営会議などに上申し認可を受けます。投資計画書は、データの根拠と出所、責任部署を明確にした信頼性の高い計画書として提案しなければなりません。

表2.10.1　設備見積の依頼書

AM M3-X13-2(18.01)

見積依頼書（兼）価格決定報告書

契約部署	課　長	担　当	担　当
コード ABC3			

見積依頼書 ←

発行日 19 年 7 月 2 日
見積依頼 No. 19 BM007

要求部署	課　長	担　当	
コード EM13K 内線 3121			

物件名	数量	購入予定時期	仕様説明会希望日	見積希望納期
MOTOR-GEAR　ASSY ライン	1 式	2020年2月30日	年　月　日	19 年 7 月 11 日
			見積区分	発注　（予算）

計画年度	REF No	予算（k ¥）	引充部品	引充製品・工程	添付資料
2019		32,000	HEV-Motor		仕様書 No 仕様書　　部、カタログ　　部

No	見積希望依頼商社	希望メーカー	依頼日	見積期限	要求部署コメント
1	モーター技研（株）				見積先との事前打ち合わせ状況（指定メーカーの場合は理由を記載）
2	東京精密組立（株）				
3	（株）先端技術				
4					前注情報：　年、　数量　　台、　単価　　　k ¥

※仕様書については、見積依頼先部数の他に、契約部署控え分を必ず１部添付願います。希望商社は記載無くても可

● 設備見積は依頼者、取得者、決定者の三者によって決定します

表2.10.2　投資計画書として準備すべきドキュメント

No.	項　目	説　明　資　料
1	市場動向	市場規模、伸び、需給バランス、価格推移
2	事業計画	生産数量、受注高、売上高、損益、シェア、リスクと対応策
3	他社状況	製品比較、事業規模/時期、投資状況
4	製品/技術開発	技術動向、開発スケジュール、製品化/事業化計画
5	投資の必要性	現状の問題点と解決策、投資のタイミング
6	整合性	現有設備能力との整合性、既認可計画の約束事項との整合性
7	導入設備	台数、価格、納期、性能、実績、メーカーと選定理由、設置場所、レイアウト、工程フロー
8	改善内容	売価/原価の推移、品質/信頼性、製品/技術の優位性
9	投資効果	増産額、投資の利益、人員の増減、NPV、回収期間、生涯収益
10	資金計画	投資に充当する資金の捻出、補助金活用、フリーキャッシュフロー

● 投資計画は製品開発部署と生産技術部署の連携で取りまとめます

2-11 量産開始のプロセスでやるべきこと(1)

➤「設備信頼性評価チェックシート」をフェーズごとに作成する

設備の完成度を高めるためには、設備仕様の精査、確認図、中間検査、最終検査、検収検査、量産、初期流動管理のフェーズごとに信頼性を評価しなければなりません。設備仕様書と設備設計製作基準書にもとづき、設備設計製作が適切に行われていることを確認します。**表2.11.1**は、フェーズゲートごとに確認する「設備信頼性評価チェックシート」の例です。縦軸がフェーズゲート、横軸が評価すべき項目を示し、それぞれに該当するチェック内容を明記したものです。チェック内容は対象となる設備によって異なる項目が考えられますが、それぞれの生産工程において製品の品質信頼性を満足する設備か、安定した品質で継続した生産が可能かなど、自動化設備のあるべき基本項目について確認し、合否判定を行います。不合格の場合は、仕様書や基準書と照らし合わせて合格を得るまで対策、改善を行う必要があります。量産開始後のトラブルを撲滅するためには、設備設計製作メーカーと連携した取り組みが不可欠です。

➤「設備信頼性評価」で信頼性をチェックする

設備投資計画の認可を受けて自動化設備を設備設計製作メーカー（内作の場合は設備内作部門）に発注し、設備設計製作に着手します。設備設計製作の完成度は、量産開始後の可動率に大きく影響します。期待通りの生産性を上げるためには、設備設計の着手から量産立ち上げまで、設備設計製作のフェーズゲート管理を計画的に行い、フェーズごとに完成度のチェックを行う必要があります。

表2.11.2は、設備の信頼性評価の設備DR（審査）の計画を示した「設備信頼性評価」のチェックリストです。設備仕様書段階から量産試運転を経て初期流動管理までの全プロセスで、あらかじめフェーズゲートの時期を明確にし、後述するチェックシートのチェック項目で確認し、不具合については対策、改善を行います。発注前に受発注双方で計画を確認しておく必要があります。

表 2.11.1　設備信頼性評価チェックシート（一部抜粋）

設備チェックシート				A、B 項目：○＝社内基準および設備購入仕様書遵守 【設備設計製作技術基準、設備購入仕様書】 △＝提案可能、□＝メーカー標準採用 C 項目：△＝提案項目（設備 VA 提案書記入）、／＝該当なし D 項目：C の△項目に対し、○＝採用、×＝不採用	信頼性	品質	保全性	自主保全	操作性	省資源性	安全性	融通性	経済性	設計製作 A	汎用機 B	仕様書 DR1 ／	仕様確認 メーカ C	仕様確認 弊社 D	確認図 DR2 ／	中間検査 DR3 ／	最終検査 DR4 ／	検収検査 DR5 ／	量産 DR6 ／	初期流動 DR7 ／	備考
大分類	中分類	小分類																							
仕様書段階	ー	目標値の設定	A01	サイクルタイム（マシンサイクル、直行率）は工程の生産能力を満足できる値になっているか	○									○	○	□									
		保全性	A02	MP 情報をチェックしたか、また製造現場の意見を確認したか		○	○							○	○	□									
		操作性	A03	ストライクゾーンの構想は明確になっているか					○					ー	ー	□									
		省資源性	A04	ランニングコストの概算値は算出してあるか						○			○	○	○	□									
		融通性	A05	必要に応じて、プログラム変更が容易にできること								○		ー	ー	□									
		その他	A06	設備導入後の最終レイアウトはできているか										ー	ー	□									
			A07	カバーの構想が明確になっているか							○			ー	ー	□									
			A08	シーケンサーに情報収集用上位リンクモジュールが必要か			○							ー	ー	□									
設備の基本仕様（第 1 章）			101	設備の稼働に必要な諸官庁手続きはよいか							○			○	○	□	メ								
			102	供給電源は工場の仕様を満足しているか			○				○			○	○	□									
			103	稼働環境が考慮されているか	○	○								○	○	□									
			104	エアー供給圧力は 0.4MPa の仕様になっているか						○				○	△	□									
			105	蒸気供給圧力は 0.15MPa の仕様になっているか						○				○	△	□									
			106	冷却水について事前協議をしたか			○							○	○	□									
			107	供給電源は一種類になっているか			○							○	△	□									
			108	メインブレーカーは高感度･高速型漏電遮断器を選定しているか							○			○	△	□									
			109	メインブレーカーは設備の容量に見合ったものを選定しているか							○			○	○	□									
			110	資源はできるだけ種類を抑え、循環・再生できるようになっているか						○				○	○	□									
			111	資源の交換基準が明確になっているか						○				ー	ー	□									
			112	設備外に部品・切粉などで持ち出す資源量（切削油など）は極小か						○				○	△	□									
			113	電気（油圧等）回路は省エネ仕様となっているか（R1223 の 6-13 参照）						○				○	△	□									
			114	0.75kW 以上のインダクションモータは省エネ高効率の採用を検討したか						○			○	○	△	□									
			115	工程 FMEA の結果は設備購入仕様書に反映されているか		○								○	○	□									

● フェーズゲートごとに信頼性評価のチェック項目を設定します

表 2.11.2　設備信頼性評価のチェックリスト

ステップ		仕様書段階 DR1	仕様確認段階 ー	確認図 DR2	メーカー中間検査 DR3	メーカー最終検査 DR4	社内検収検査 DR5	量産試運転 DR6	初期流動管理 DR7	総合判断
確認年月日		年 月 日	年 月 日	年 月 日	年 月 日	年 月 日	年 月 日	年 月 日	年 月 日	年 月 日
設定チェック数			／							
該当しない数			／							
OK 数			／							
NG 数			／							
NG 項目フォロー状況	DR1フォロー	／	／	OK NG	OK NG	OK NG	OK NG	OK NG	OK NG	OK NG
	DR2フォロー	／	／	OK NG	OK NG	OK NG	OK NG	OK NG	OK NG	OK NG
	DR3フォロー	／	／	／	OK NG	OK NG	OK NG	OK NG	OK NG	OK NG
	DR4フォロー	／	／	／	／	OK NG	OK NG	OK NG	OK NG	OK NG
	DR5フォロー	／	／	／	／	／	OK NG	OK NG	OK NG	OK NG
	DR6フォロー	／	／	／	／	／	／	OK NG	OK NG	OK NG

● 設備仕様書作成から量産開始まで全プロセスで設備信頼性評価を行います

2-12 量産開始のプロセスでやるべきこと(2)

➤「設備設計DRチェックシート」を設備単位に作成する

設備設計は、設計者の経験や技量によって完成度が左右されます。設備購入仕様書の解釈の違いによって設計が異なる場合もあります。したがって、設備購入仕様書には、品質保証の目標値、保全性、安全性、操作性、省資源性、フレキシブル性などの設備設計条件を明確にしておく必要があります。同時に、設備購入仕様書にもとづき完成度を高めるチェック機能が不可欠です。

表2.12.1に「設備設計の項目別チェックシート」の抜粋例を示します。製品品質を確保し安定した生産ができる可動率の高い生産ラインを構築するためには、設備に使用する計測機器や制御装置の統一、品質不具合対策のFPの考え方、安全対策、基本構造などを基準化した自社の設備設計基準書を製作しておく必要があります。設備設計者には設備設計製作基準書にのっとり、設備仕様書に記載されている設備仕様を満足する設備設計の技量が求められます。

➤「設備設計DR」を開催し設備設計の完成度を評価する

「設備設計DR（設備設計審査会)」は、設備の信頼性評価として設備仕様に対して設計図面に不備がないか確認する場です。設備設計者は、設備仕様書にもとづき機構や構造を検討したうえで構想図、組立図、部品図を作成しますが、構想設計または基本設計の粗図段階で要求仕様と照らし合わせ確認する作業が設備設計DRです。設備設計DRは、設備設計者が主体となって設計メンバー、知見者や上長、関連部署の担当者に出席を要請し開催します。設備設計者は、設備購入仕様書や設備設計製作基準書にのっとり設計されていることを説明し、関係者の確認を取り付け、部門長の承認を受けます。**表2.12.2**は、「設備設計DRのチェックシート」です。保証しなければならない品質管理項目に対して設備設計図面に不備がないこと、サイクルタイムなどの要求事項を満たしていること、自動化の技術課題に対して事前検証を行っていること、段取りは計画時間内であること、前注機のMP情報を反映していることなどを確認します。

表2.12.1　設備設計の項目別チェックシート（一部抜粋）

	設備品質保証設計　着眼点：ポカミス防止・FP対策・品質確認・不具合品流出防止・操作性・メンテナンス性・安全性・環境					
	何の目的で	何を		どうする	どうやって	判定
1	異種品の混入防止	1-1	異なる部品が	取り付かない		
		1-2	異なる部品を	組み付けられない		
2	工程能力の確保	2-1	要求品質を	確保できる		
		2-2	判定機器の品質精度を	維持できる		
		2-3	異常処理を	明確にしている		
		2-4	サイクルタイムを	確保できる		
3	不具合品の流出防止	3-1	不具合品を	検知できる		
		3-2	不具合品を	流さない		
		3-3	FPのフェールセーフが	機能する		
4	段取り性の向上	4-1	段取り個所が	明確になっている		
		4-2	シングル段取りが	誰にでもできる		
		4-3	調整作業が	不要である		
		4-4	一発良品化が	可能である		
5	安全作業の確保	5-1	安全カバーのレイアウトが	決まっている		
		5-2	残圧解放が	できる		
		5-3	危険な操作を	やらせない		
		5-4	危険な個所を	作らない		
		5-5	誤操作を	起こさない		
6	操作・メンテナンスの向上	6-1	操作盤・制御盤の配置が	明確になっている		
		6-2	機器・ゲージが	ストライクゾーンにある		
		6-3	部品の供給が	容易である		
		6-4	ワークの着脱が	容易である		
		6-5	原位置復帰が	行える		
		6-6	操作・確認が	やりやすい・分かりやすい		
		6-7	清掃・日常点検が	容易である		
		6-8	給油・給水のメンテナンスが	簡単にできる		
7	省エネ対策の実施	7-1	公害発生の材料を	使用していない		
		7-2	省エネの工夫が	実施されている		
		7-3	有害物質を	発生させない		

● 要求仕様に対する設備設計の完成度評価のチェックシートを作成します

表2.12.2　設備設計DR（審査）のチェックシート

設備設計 DR（審査）チェックシート

審査重点内容：

受審者（設計者）：

□新設機□リピート機　□改造機　対象設備製造番号：

製造番号：	対象商品：	納入工場：
見積番号：	導入目的：	客先担当：Tel
設備名称：	設備納期：	担当者：
設備金額：	設備形態：試験機	

年　月　日

受審時

部長承認	課長	調査	担当

年　月　日

最終時

部長承認	課長	調査	担当

設備概要：

段取り箇所：

段取り時間：
・客先仕様：　min.
・予測時間：　min.

サイクルタイム（仕様）：　min.（ライン値：手作業含む）
サイクルタイム（計算）：　min.
品質管理項目：
Fig.

現行機（前注機）の不具合箇所・MP情報

不具合情報	対策実施内容	判定

工法開発・事前トライアル状況

アイテム	トライアル実施内容	判定

● 設備仕様書の要求仕様を満たしていることを設備設計DRで確認します

2-13 量産開始のプロセスでやるべきこと(3)

➤「工程能力評価」を量産と同一条件で行い評価する

設備設計製作された設備の良否は、設備購入仕様書どおりに決められた品質管理項目に対して品質を維持し、継続した生産ができる設備であるかどうかで決まります。許容値の範囲で品質精度のバラつき幅が小さければ、品質信頼性の高い設備といえます。品質信頼性を統計学的に処理し判定することが「工程能力評価」であり、「工程能力指数（Cp値）」で評価されます。

図2.13.1は、穴径の「工程能力指数（Cp値）」の例です。上限規格限界：10.15　下限規格限界：9.95　規格公差幅：±0.1の規格値に対するN＝30の穴径の加工精度の検証結果です。平均値は10.03、標準偏差は0.02、Cp値1.78、Cpk値1.49となり、信頼性の高い工程能力が確認できます。標準偏差、すなわちばらつきを小さくすることでCp値が改善されます。量産を開始する前に、Cp値から品質保証の度合い確認し、対策しておくことが重要です。自動車の重要保安部品は1.67以上が必須ですが、1.33以上は品質信頼性があると言えます。

➤「設備立会検査」を行い設備能力と工程能力を評価する

自動化設備の試運転調整において十分な灰汁出し運転を行い、「設備立会検査」で設備の不具合有無をチェックし連続自動運転が可能であることを確認します。さらに、工程能力指数（Cp値）で1.33以上であることを確認します。

図2.13.2は、「検収立会のチェックシート」の一部です。設備購入仕様書と設備設計製作基準書を基本に設備チェックシートで実機を確認し、不具合があれば改善・対策を実施します。設備の操作教育、安全教育、保守担当者への保守教育を終え、設備トラブルや課題が解決されたことを検収立会検査で確認し、設備設計製作メーカーから設備の引き渡しを受けます。引き渡しでは、設備と関連する作業手順や日常点検、段取り要領、品質検査方法などについてまとめた取り扱い説明書や教育の不備、チェック漏れが無いように最終確認を行います。

図 2.13.1　穴加工における穴径の工程能力指数（Cp 値）

10.006	10.072	10.019
10.016	10.032	10.039
10.018	10.029	10.041
10.010	10.045	10.018
10.053	10.029	10.046
10.034	10.024	10.028
10.037	10.012	10.052
10.029	10.029	10.012
10.038	10.066	10.019
10.041	10.087	10.033

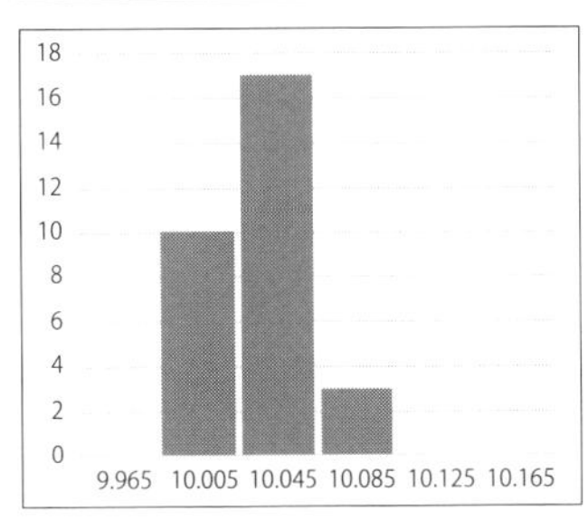

規格値

上限規格限界	SU	10.15
下限規格限界	SL	9.95
規格の平均値	M=(SU-SL)/2	10.05

統計量

項目	計算式	計算結果
平均値	Xbar=1/n*(x1+x2+x3……+xn)	10.03
標準偏差	s=SQRT(v)=SQRT(S/n-1)	0.02

工程能力指数

偏り	K=ABS(M-Xbar)/(SU-SL)/2	0.16

両側規格のある場合

工程能力指数	Cp=(SU-SL)/6 ＊SQRT(v)		1.78
	Cpk	0<K<1	1.49
		K≧1 の時	0.00

上限規格だけの場合

工程能力指数	Cp=(SU-Xbar)/3*SQRT(v)	2.07

下限規格だけの場合

工程能力指数	Cp=(Xbar-SL)/3*SQRT(v)	1.49

● 自動化設備で連続生産した品質を工程能力指数で評価します

図 2.13.2　検収立会のチェックシート

設備チェックシート			A、B 項目：○＝社内基準および設備購入仕様書遵守 【設備設計製作技術基準、設備購入仕様書】 △＝提案可能、□＝メーカー標準採用 C 項目：△＝提案項目（設備 VA 提案書記入）、 ／＝該当なし D 項目：C の△項目に対し、○＝採用、×＝不採用 D 項目：C の△項目に対し、○＝採用、×＝不採用		信頼性	品質	保全性	自主保全	操作性	省資源性	安全性	融通性	経済性
大分類	中分類	小分類											
品質	ー	管理面	B49	設備点検基準、要領は明確になっているか。		○	○	○					
			B50	段取り要領・手順は明確になっているか。		○							
			B51	設備点検用マスターは製作されているか。 また、点検頻度は明確になっているか。		○							
			B52	設備点検用マスターの検定方法は明確になっているか。		○							
			B53	標準見本、限度見本は設定しているか。		○							
			B54	品質を判定する計量器の検査、点検、校正の方法、 周期は明確になっているか。		○							
			B55	コンタミの管理方法は明確になっているか。		○							
			B56	不良率の目標はクリアーできているか。		○							
			B57	重点管理項目（保安特性、特殊特性などを含む）の 検査率の設定は妥当か。		○							
			B58	重点管理項目の記録（xR 管理図など）で安定性を 確認したか。		○							
			B59	特殊工程・画像処理などの検査信頼性は確保されているか。		○							
			B60	立上り品質問題の対策は完了しているか。		○							

● 立会検査は検査項目を決めたチェックリストで検査します

2-14 量産開始のプロセスでやるべきこと(4)

➤「リスクアセスメント評価表」で安全性の確認と対策を行う

自動化設備の安全性はもっとも重要であり、工場側へ生産ラインを引き渡す際には設備や作業の安全性を確認し、安全上の不具合があれば稼働前に対策しておかなければなりません。労働安全衛生法「第四章 労働者の危険又は健康障害を防止するための措置」の指針にのっとり、危険を防止するため必要な措置を講じます。**表2.14.1**は、「リスクアセスメント評価表」の例です。リスクとは危険源・危険状態の特定とその部位、危険の内容です。リスクは評価点数表に定められた点数で決められています。リスクの評価点の算出を行い、評価点6点以内の許容可能なリスクに低減するための安全対策を行う必要があります。

設備設計製作基準で安全対策を細かく指示できず、設備設計時に気がつかない場合があります。実機の運転調整時、双方で安全を確認し対策を実施します。

➤「設備投資後の自己管理」でFCFの回収状況を確認する

量産開始後、投資計画にもとづいて売上、利益回収が進められていれば問題ありませんが、計画通りに費用回収が進まないケースが散見されます。設備投資後、一定の期間ごとに投資計画に対しての実績を確認し、投資効果の評価ができていればよいのですが、できていない企業が多いようです。

図2.14.1は、FCFを累積で計算した「設備投資後の自己管理」のグラフです。0年目が設備投資期であり、翌1年目からFCFを計算し、それを年ごとに累積として表したグラフです。投資額が1億5500万円であり、投資後3年目に投資金額の回収を終える計画です。3年目以降は、客先からの原価低減要請でやや累積幅が縮小する計画ですが、PP（回収期間）以降の累計のFCFは、確実に増加しています。計画通りに進行しているかどうかをチェックし、未達の場合は原因究明と早急な対策が求められます。売り上げが未達なのか、利益が出ないのか、投資計画時の試算と比較して何が原因で、どのように対策すべきか、投資計画部署は原因と責任の所在を明確し、対策を実行します。

表2.14.1　リスクアセスメント評価表

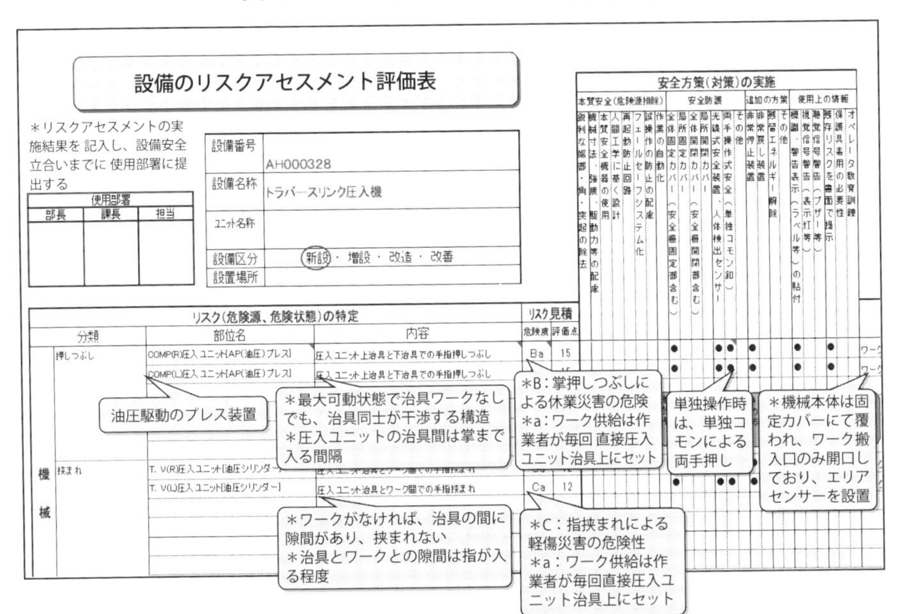

設備のリスクアセスメント評価表

＊リスクアセスメントの実施結果を記入し、設備安全立合いまでに使用部署に提出する

使用部署		
部長	課長	担当

設備番号	AH000328
設備名称	トラバ―スリンク圧入機
ﾕﾆｯﾄ名称	
設備区分	(新設)・増設・改造・改善
設置場所	

安全方策（対策）の実施
- 本質安全（危険源排除）：鋭利な端部・角・突起の除去／機械寸法、強度、駆動力等の配慮／本質安全機器の使用／人間工学に基く設計／再起動防止回路／フェールセーフシステム化／誤操作の防止の配慮／作業の自動化
- 安全防護：全体固定カバー（安全柵固定部含む）／局所固定カバー／全体開閉カバー（安全柵開閉部含む）／局所開閉カバー／光線式安全装置、人体検出センサー／両手操作式安全（単独コモン釦）／その他
- 追加の方策：非常停止装置／非常戻し装置／残留エネルギー解除／その他
- 使用上の情報：標識、警告表示（ラベル等）の貼付／視覚信号警告（表示灯等）／聴覚信号警告（ブザー等）／残存リスクを書面で提示／保護具着用の必要性／オペレータ教育訓練

リスク（危険源、危険状態）の特定				リスク見積	
分類		部位名	内容	危険度	評価点
機械	押しつぶし	COMP(R)圧入ユニット[AP(油圧)プレス]	圧入ユニット上治具と下治具での手指押しつぶし	Ba	15
		COMP(L)圧入ユニット[AP(油圧)プレス]	圧入ユニット上治具と下治具での手指押しつぶし	[illegible]	[illegible]
	挟まれ	T. V(R)圧入ユニット[油圧シリンダー]	[illegible]	[illegible]	[illegible]
		T. V(L)圧入ユニット[油圧シリンダー]	圧入ユニット治具とワーク間での手指挟まれ	Ca	12

● リスクアセスメントによって徹底して安全性を高めます

図2.14.1　設備投資後の自己管理

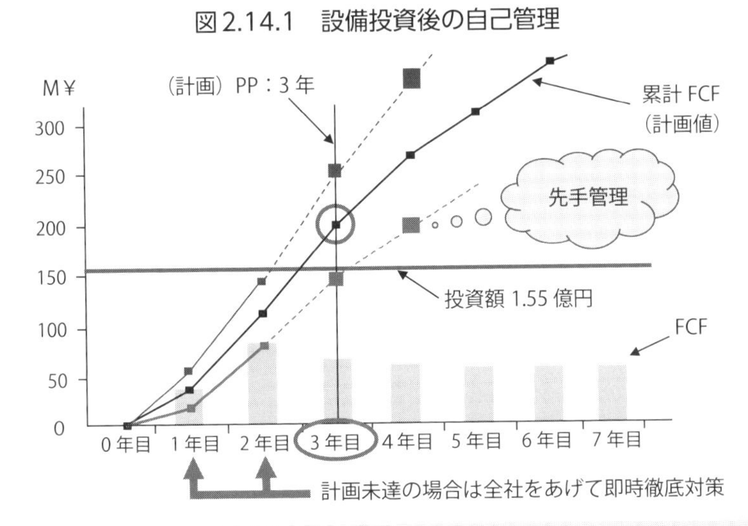

● 量産開始後は投資計画に対する投資効果を自己管理で確認します

Column 2

ロボットを最大限に活用する方法

ロボットを導入してみて、こんなはずではなかったと感じることがあります。せっかく導入したロボットが上手く動いてくれない、少ししか動かないといったケースが散見されます。複数台のロボットを入れてしまったが、1台でよかったという生産ラインもあります。複数台の天吊り走行のロボットで工程間搬送する自動化ラインでよく見かけられます。これは、初期検討が不充分でロボットの台数を安易に決めてしまったことが原因です。ロボットを設置すれば多様な製品に対応できるといった思い込みで、ロボット1台でも対応可能であるという基本を忘れていたのです。

下図は、並列した4台の自動化設備からなる生産ラインです。組立作業にロボットを活用し、自工程完結型で1サイクルを自動運転できる設備です。それぞれの設備に組み込まれているロボットは、ムダなく動くように工夫されています。設備前面にスイングタイプで正逆転を繰り返すインデックステーブルを取り付け、ロボットはインデックスが完了したら組立順序に合わせて部品を組付けます。ロボットにとっては、インデックスの時間だけが待機時間であり、作業効率を最大限に高めた自動化レイアウトになっています。このように、ロボットを有効に活用できるレイアウト設計や仕組みを、自動化計画の段階でよく検討しておくことが必要です。

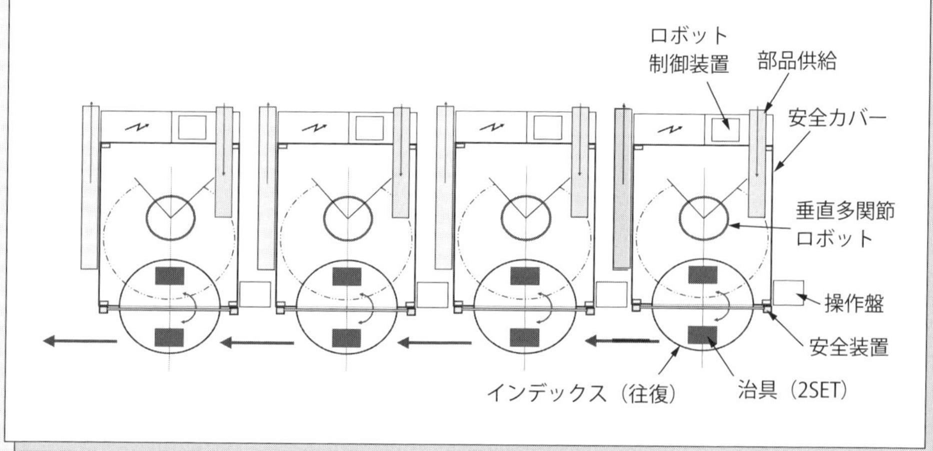

第3章

自動化の前にやるべき改善と自動化レイアウト設計の進め方

作業の代替にロボットを導入しても、効果が上がらないことがあります。ロボットの導入によって作業を自動化したが、ロボットを働かせるために仕事が増えてしまった、という場合もあるでしょう。ロボットで自動化する際に検討しなければならないのは、その作業が本当に必要かどうかです。

作業者が横並びで部品の組立を行っています。組立作業はそれぞれ異なります。1人につき1台のロボットを導入して、組立作業の自動化を検討しました。部品を取って、組立、置く作業の繰り返しですが、取って、置く作業が作業時間の半分以上を占めていました。取ったままで組立作業を行うと複数工程を1人で行えることがわかったのです。これによって、3人の作業を1台のロボットで自動化できることになりました。ロボットを導入する前に気がついてよかったと思います。

このように、工場の中には改善しなければならない作業、自動化したいが自動化できるかわからない作業が数多くあると思います。自動化計画を立てる機会に、作業のスリム化や自動化の課題について検討することは、ロボットの導入前にやっておくべき重要なポイントです。

本章では、自動化ラインのレイアウト設計を検討する前にやらなければならない工場の改善や技術課題の解決方法、自動化レイアウト設計に必要な自動化システムについて説明します。

3-1 生産方式の基本

➤儲かるための「原価低減」の考え方

工場や生産ラインの自動化の検討を進めていく場合、今の作業をロボットに置き換えて少人化を図りたいと、誰しもが考えています。しかし、それは必要な作業か、作業をより簡単にできないかという作業の見直しをせず、作業の代替として安易にロボットを導入するケースがあります。ムダな作業をロボット化するとムダな投資になります。儲かる自動化になりません。儲かる秘訣は労務費、材料費、経費の削減であり、「原価低減」です。**図3.1.1**は原価低減の考え方です。原価低減は、作業の見直しによる改善を行い、安価な設備で作業効率を上げることです。特に、作業の徹底したムダの排除は、労務費削減に直結します。ムダを排除したうえでロボットを活用し、自動化を進めることが儲かる秘訣です。

➤製造現場の「7つのムダ」とは

工場内に品物が大量に積まれ、フォークリフトがパレットに山積みされた品物を忙しく運搬し、山積みにされた品物を一つずつ移し替えています。作業者は機械の扉が開くまで機械の前で待っています。工場にとっては、一つ一つの作業は生産に必要な作業であり、その作業がないと生産がつながらないと思われていますが、待つ作業を無くすことはできないでしょうか。

工場で起こるムダな作業は3つに分類できます。だれでも気づくムダ、意識しないと気づかないムダ、実際に作業してみないとわからないムダです。**図3.1.2**は、工場の「7つのムダ」です。工場では日々、生産計画にもとづき、材料入荷から最終検査、梱包・出荷まで多くの工程を経て生産しています。各工程の前後には必ずと言ってよいほど仕掛品が積まれています。これらの在庫の発生原因は、作りすぎのムダであると言われています。ムダの発生要因として機械の故障、作業者不足、部品待ち、品質不良、段取り替えなど、生産を阻害するトラブルやその原因の調査や対応、対策などが上げられます。いずれも自動化する前に対策しておく必要があります。

図3.1.1　売上げを確保し原価低減

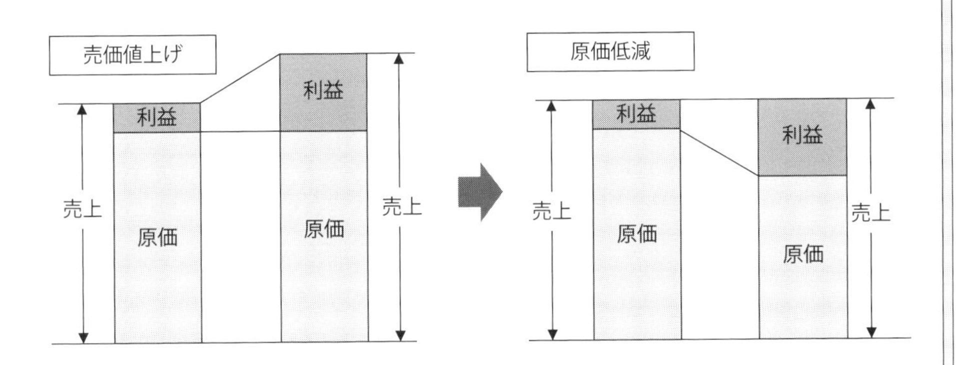

●利益を上げるためには売上増ではなく原価そのものの低減を図ります

図3.1.2　工場にある７つのムダ

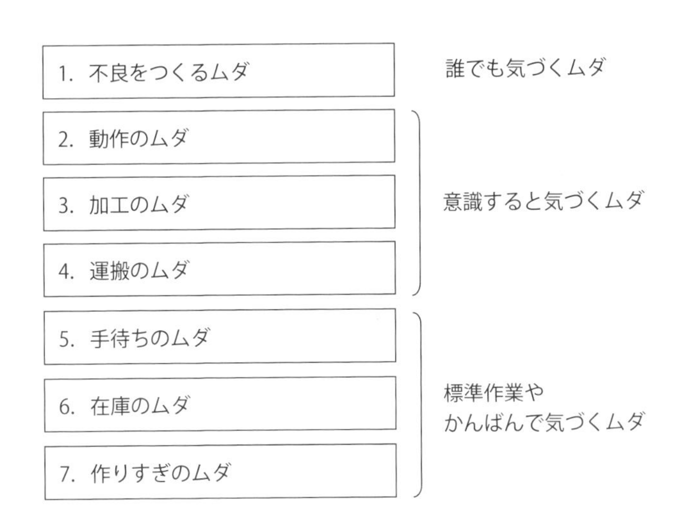

●工場の生産性を上げるためには、ムダを見つけ出し排除します

3-2 ジャストインタイムでモノを作る方法(1)

➤モノの流れを「乱流」から「整流」に変える

図3.2.1は、モノの流れの「乱流」と「整流」の違いを表しています。乱流の状態とは、溶接→機械加工→組立ラインの受け渡しにモノ、すなわち仕掛り在庫が溜まる状態を指します。これが乱流の状態です。溶接、機械加工、組立の各工程のタクトタイムが2：4：2の生産ラインでは仕掛り在庫を溜めないで流すことは至難のわざです。一方、整流の状態は、溶接、機械加工、組立の各工程が1：1：1のタクトタイムで個別に生産できます。したがって、工程間に仕掛り在庫を溜めずに生産できます。このような整流の場合、設備はフレキシブルな設備である必要はありません。安価な設備を準備することで整流化された生産ラインでは、多品種生産がタイムリーに可能となります。

➤「ロット生産」から「1個流し生産」に変える

モノの流れを整流化しただけでは工程間の仕掛り在庫を無くすことはできません。**図3.2.2**は、「ロット生産」と「1個流し生産」の違いを表した図です。ロット生産は、どこの工場でもよく見られる生産のパターンです。溶接工場、機械加工工場、組立工場と建屋が別々の工場も、一つの工場で部屋が分かれている工場でも、工程ごとに仕掛品を溜め、まとめてフォークリフトで運搬するロット生産は好都合です。しかし、工場全体の仕掛り在庫の量ははかりしれず、前述の7つのムダの元凶となっています。ムダを無くし、スリムな生産にするためには1個流しの生産に切り替える必要があります。これを実現するためには、溶接工程、加工工程、組立工程のタクトタイムが同じになるように見直し、前工程と次工程とをつなげるレイアウトに改善することです。この場合、製品に特化した安価でシンプルな工程間搬送で十分です。洗浄工程や塗装工程が必要な場合は、追加できるレイアウト設計を行います。粗材から完成まで1個流しの生産ができて仕掛を少なくすることが、JIT（ジャストインタイム）生産の基本です。

図3.2.1　モノの流れを乱流から整流化する

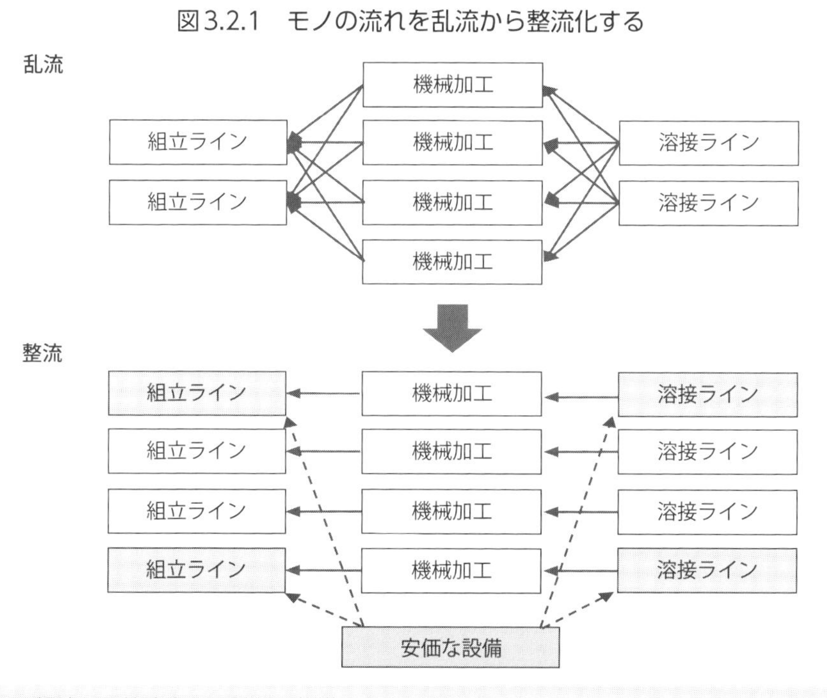

●１個流しの整流化で工程間に仕掛り在庫を溜めないライン作りを行います

図3.2.2　モノの流し方をロット生産から１個流し生産に

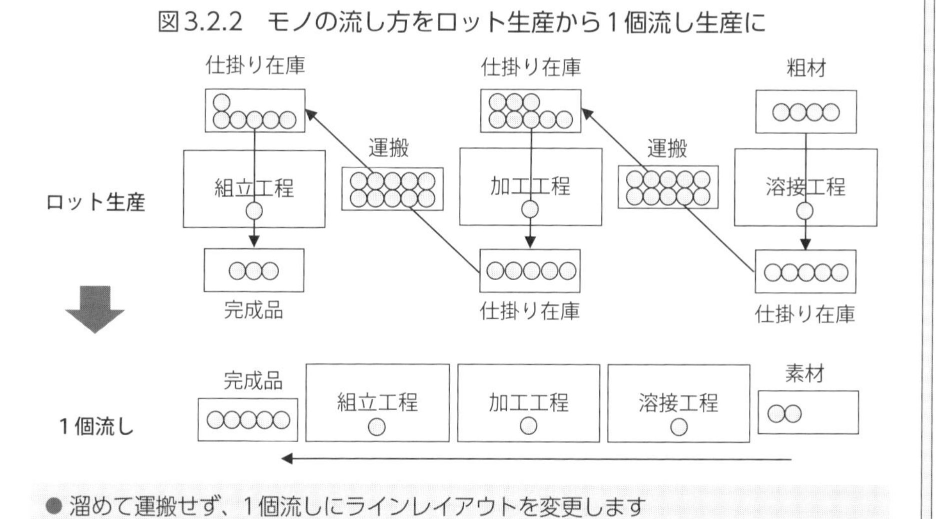

●溜めて運搬せず、１個流しにラインレイアウトを変更します

3-3 ジャストインタイムでモノを作る方法(2)

➤「仕掛り在庫」を少なくして「リードタイム」を短縮する

工程間の仕掛品が積み上がると、工場全体では「仕掛り在庫」が多くなります。材料置き場、洗浄機の前後、機械加工の部品置き場・検査待ち、外注メーカーからの納入部品、組立後の最終検査待ち、完成品置き場など、多くの在庫品が積まれているのは、材料の仕入れから完成までの「リードタイム」が長くなり、モノが停滞している状態です。**図3.3.1**は、仕掛り在庫の比較です。機械加工から組立まで、熱処理、メッキ、サブ組立の工程を外注に依頼した場合、運搬待ちで11日分の仕掛り在庫になり、リードタイムは11日です。内製化し、さらに1個流し生産にすることで、機械加工から組立までを1日分の仕掛り在庫に削減し、リードタイムを11分の1に短縮できます。自動車メーカーの組立ラインで、組立スピードに合わせて協力メーカーが工場内で生産、供給する「同期生産」がこの例です。内製化の設備投資を計画する場合、1個流しの生産が可能な安価な設備仕様で計画します。新品の設備の購入を見直し、中古機や遊休機を活用することも安価な設備にするために必要です。オーバーホールや設備改造によってリニューアルすることで設備費が削減できます。

➤「リードタイム」を短縮して「仕掛り在庫」を少なくする

材料を購入し完成品を納入するまでが、モノの流れの「リードタイム」です。資金面からみると、材料費の支払いを終えて製品を販売し、代金を回収するまでがリードタイムになります。**図3.3.2**は、材料調達から販売までの「資金回収期間」です。材料購入の買掛金を支払い、製品販売の売掛金を回収するまでの期間を示しています。この期間がリードタイムであり、「仕掛り在庫」として貯蔵されている期間です。仕掛り在庫は、工程ごとに原価が積み上げられ在庫金額となります。在庫金額は、材料費、加工費、経費などであり銀行からの借入金で賄っています。リードタイムが長ければ借入金は多くなります。リードタイムを短くすることで工場を筋肉質にし、財務体質を強くします。

図3.3.1　リードタイムを短縮して仕掛り在庫を少なくする方法

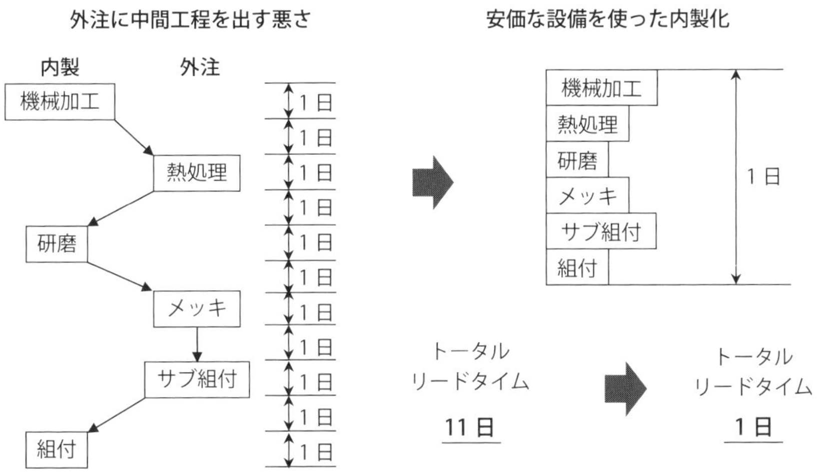

外注に中間工程を出す悪さ
安価な設備を使った内製化
内製
外注
機械加工
熱処理
研磨
メッキ
サブ組付
組付
1日
1日
1日
1日
1日
1日
1日
1日
1日
1日
1日
トータル
リードタイム
11日
機械加工
熱処理
研磨
メッキ
サブ組付
組付
1日
トータル
リードタイム
1日

● 工場内でのモノの流れを改善しリードタイムを削減します

図3.3.2　リードタイムと資金回収期間

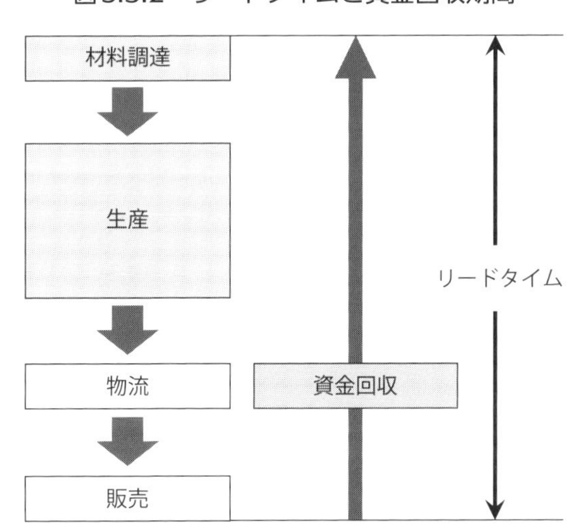

材料調達
生産
物流
販売
資金回収
リードタイム
生産のリードタイム ＝ 加工時間 ＋ 停滞時間

● 材料買掛金支払いから売掛金回収までのリードタイムを短縮します

3-4 自動化で品質を作り込む方法

➤「自工程の品質保証」で「自工程完結型生産ライン」にする

自動化ラインのレイアウト設計に「自工程の品質保証」の考え方にもとづいた「自工程完結型生産ライン」があります。**図3.4.1**は、工程ごとに検査を行い、不良品を流さないレイアウト設計です。自動化設備、自動化ラインともに「作ったら検査」のシステムを設備内に装備し、品質不良の発生時に設備を自動で停止させます。設備停止後は作業者に知らせ、不具合原因の対策を終えた後に生産を再開する作業手順で不良品の流出を防ぎます。品質不良発生時には原因を初期段階で対策することで不具合の多発、再発を防ぐシステムです。

品質OK品は、自動で機外に排出し次工程の定位置まで定姿勢で搬送します。また、OK品の搬送途中で品質NG品が混入することを防ぐ必要があります。NG品は、「NG品箱に入れる」、または設備後方へ「コンベアで排出する」といった対応を取ることで混入を防止できます。新たに設計製作する設備では、設備仕様書に品質検査と払い出し機能を装備することを明記します。市販の標準設備で検査装置を組み込むことが難しい場合は、図に示すように単独の検査装置を設計製作するか購入し、設備と連動させることで対策できます。

➤工程の「ばらつき」をなくし「サイクルタイムを平準化」する

自工程完結型設備で効率的な生産を行う場合、各工程のサイクルタイムの平準化が必須です。工程間のサイクルタイムの「ばらつき」は、最大時間がラインのタクトタイムになってしまいます。サイクルタイムがネックとなり生産数量を確保できません。各工程の「サイクルタイムを平準化」しておくことで、各工程に待ち時間が少なくなり作業効率の高い生産が可能です。**図3.4.2**は、サイクルタイムの平準化の考え方を示した図です。バラつきの平均値をサイクルタイムに設定し、手作業の見直しによる作業時間の短縮、動作分析による機械時間の短縮などによって工程間のばらつきを平準化します。

図3.4.1　自工程完結型生産ラインの考え方

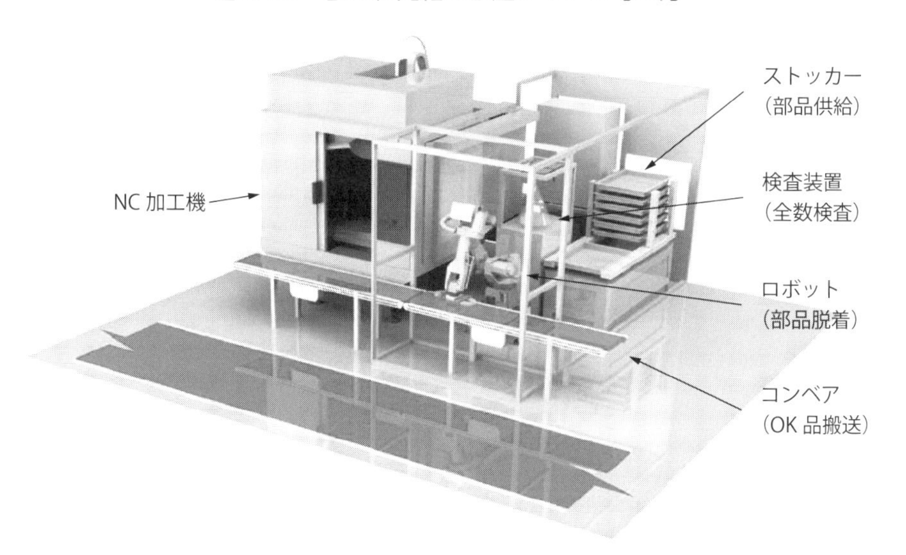

●生産ラインは右から左、一個流し生産で工程ごとに品質検査します

図3.4.2　サイクルタイム平準化の考え方

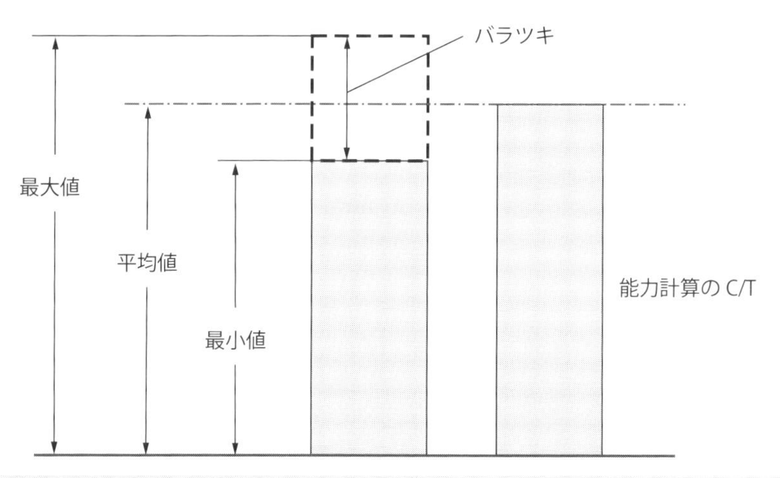

●自動化ラインは各工程のサイクルタイムのばらつきをなくします

3-5 自動化の前にやるべき工場の改善(1)

➤「作業改善」でボトルネックを改善する

図3.5.1はサイクルタイム短縮の説明図です。5工程からなる作業で、Aさんから Eさんまで5人の作業時間を調査したグラフです。作業者のサイクルタイムは各工程の作業開始から終了までの作業時間を表し、タクトタイムは稼働時間を要求生産数に対応する個当たりの生産時間を表します。

2工程のBさんのサイクルタイムはタクトタイムをオーバーしており、生産のボトルネックとなっています。一方で、Bさん以外は手待ち状態となっています。工程の作業時間が不均一で、作業効率が著しく悪くなっています。作業手順を見直しタクトタイムに合わせるように改善することで、作業を標準化できます。これが「作業改善」です。Eさんの作業をさらに改善することで、作業そのものを無くすことも可能です。作業改善における作業時間の短縮は、後工程の作業を前工程に移していくことで実現できます。

➤「段取り改善」で段取り時間を短縮する

多品種の生産に対応する場合、治具や金型などの段取り替えが発生します。加工機械であれば切削工具の入れ替え、溶接ロボットは溶接ワイヤーやトーチの交換、溶接ロボットは塗料やガンの交換などです。段取り替えしない生産が理想ですが、なかなか、無段取り化ができていないのが現実です。

図3.5.2は、金型の「段取り改善」による段取り時間短縮です。1個流しの生産方式に変更し、0ステップから5段階で順次、段階的な改善が必要です。0ステップでは、外段取り、内段取り、調整の各作業時間を調査します。1ステップでは、外段取り作業を段取り作業から除外します。2ステップでは、内段取り作業を簡素化し内段取り時間を短縮します。3ステップでは、調整作業のネック作業を対策し調整時間を短縮します。4ステップでは、外段取り作業を改善し外段取り時間の短縮を図ります。

図3.5.1　サイクルタイム短縮の方法

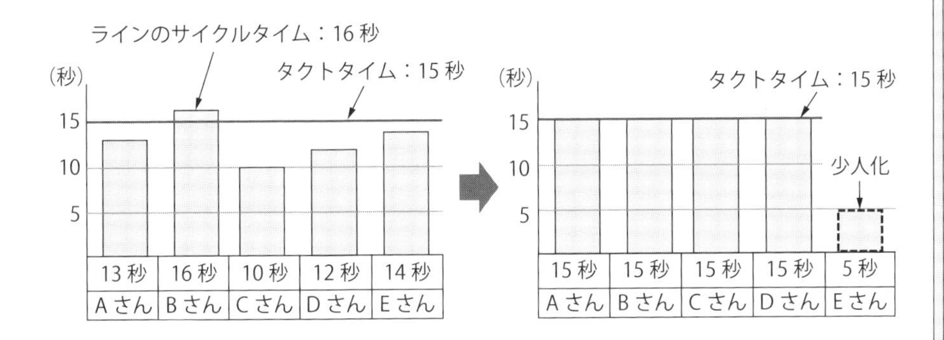

● サイクルタイムはタクトタイム内で作業を見直し平準化します

図3.5.2　金型の段取り時間短縮のステップ

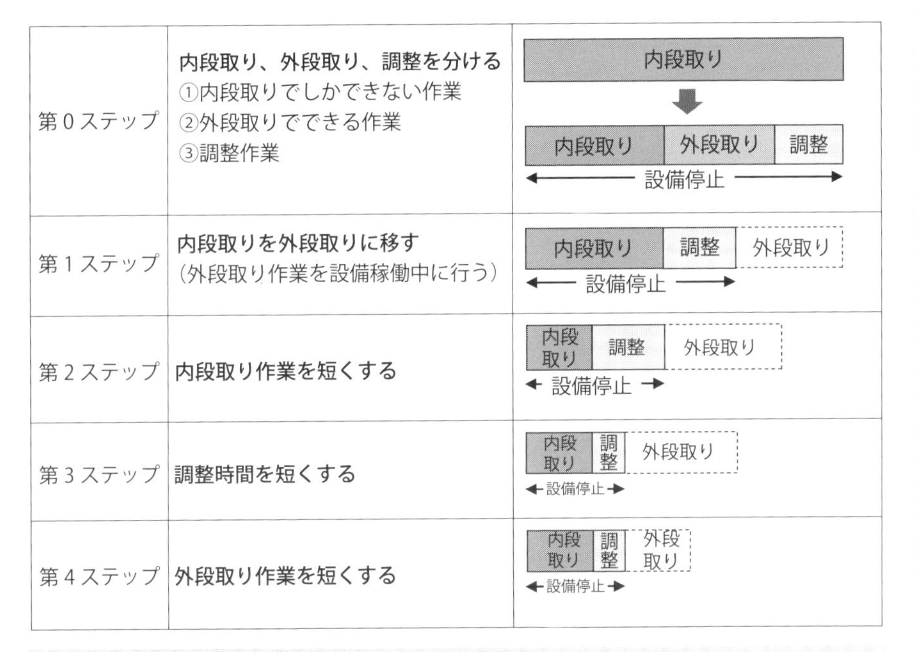

● 段取り改善はステップごとにポイントを決め段階的に短縮を図ります

3-6 自動化の前にやるべき工場の改善(2)

➤「設備改善」でリズミカルな作業に変える

自工程完結型設備における手作業は、①OK品として払い出されたワークを取る、②ワークを治具に取り付ける、③次工程に移動しながらタッチスイッチをONする、という3つの基本作業です。もっとも簡素化された、生産効率の高い着々化設備です。1工程当たりの①+②+③の作業時間合計は3秒が理想です。10工程からなるUの字ラインであれば30秒で1周します。すなわち30秒で1個の完成品ができます。これがサイクルタイムです。実現するには、1工程を3秒で作業できる設備に変える必要があります。これが「設備改善」です。

図3.6.1は、設備改善をしたレイアウトです。上図は平面図、下図は正面図です。モノの流れ方向は右から左へ、治具へのワーク取り付けは奥行と高さは同じ位置に、工程間の治具は同じ間隔に、設備幅や高さを揃えてリズミカルに作業できます。ストライクゾーンには点検に必要な圧力計や油面計、ゲージや制御バルブなどの機器を配置し、点検の容易化と点検時間の短縮を図ります。

➤「レイアウト改善」で高効率な生産ラインに変える

図3.6.2は、作業性を最大限まで高めた設備を用いてもっとも生産効率を上げる「レイアウト改善」の例です。Uの字ラインのレイアウトになっています。このラインは、①モノの流れは右から左で一個流し生産、②材料投入のINと完成品排出のOUTは同じ位置、③自工程完結型設備で品質保証、④サイクルタイムはタクトタイム内、といった特徴があります。特に、自動車部品をはじめとした量産品の生産として考えられたもっとも生産効率の高い生産ラインであり、多くの企業が取り入れて生産効率を高めています。2人作業で工程を分担することでサイクルタイムを短縮し、生産数量を倍増することも可能です。減産時には1人で生産、増産時は2人で生産します。また、設備を標準化し、さらに設備を生産種類に分けてレイアウトすることで、フレキシブルな生産が可能であり、製品の追加や機種変更に治具を変えるなど、設備改造によって対応できます。

図3.6.1　設備改善された着々化設備

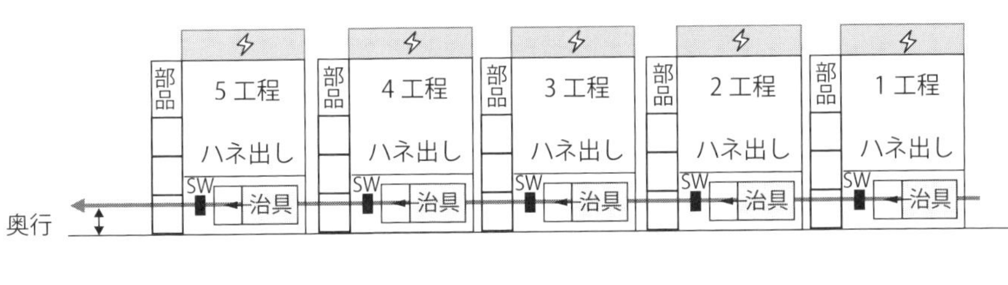

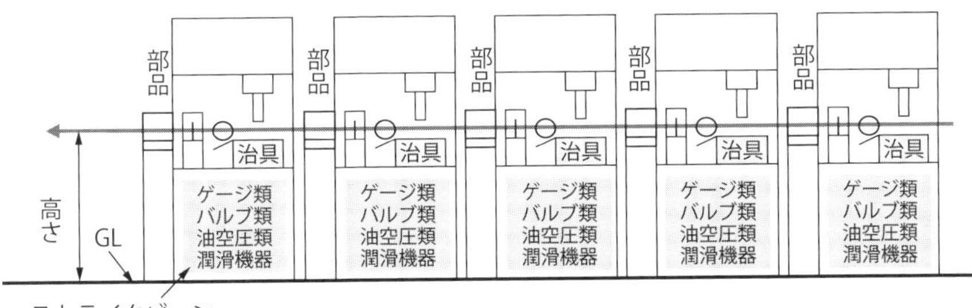

●右から左に1個流しで「取って、着けて、スイッチON」で生産できます

図3.6.2　Uの字ラインのレイアウト

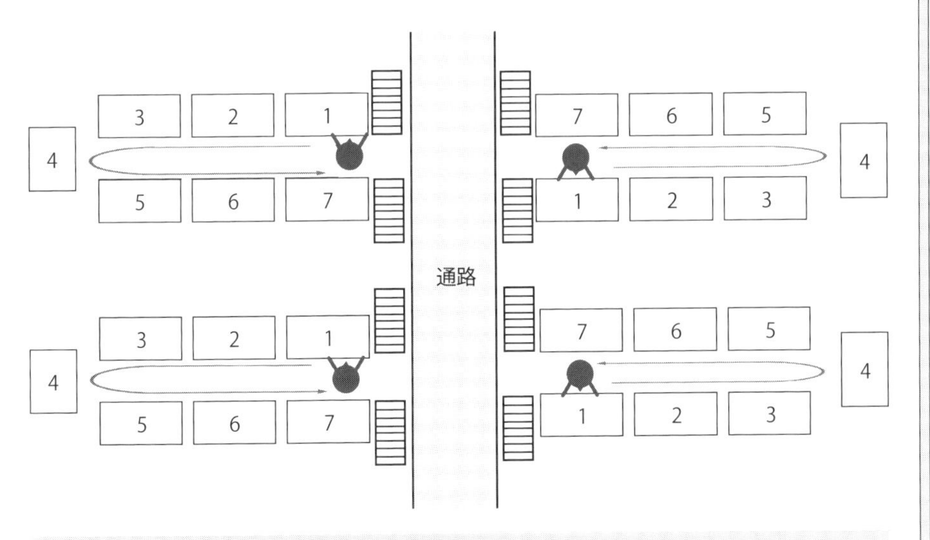

●先頭工程から出発して先頭工程に戻るラインレイアウトにします

3-7 自動化の前にやるべき工場の改善(3)

➤「ライン改善」で止まらないラインに変える

生産性を阻害しているもっとも大きな原因は、自動化設備の停止時間です。いかに自動化された少人化の設備であっても、決められた時間に決められた数の生産ができない設備では生産性を上げることはできません。設備停止によって多くの労力を発生させ、修理に時間を費やすばかりでなく生産が滞ります。生産性を上げるためには、「ライン改善」によって安定した品質で決められた数量を確実に生産できる、信頼性ある自動化設備に改善しなければなりません。**表3.7.1**は、生産性を阻害する設備の停止内容を抽出したものです。大きくは、頻発停止（チョコ停）や部品待ち、品質不具合など異常トラブルによる停止と、日常点検などの準備作業、清掃、刃具や消耗工具の交換準備、部品供給の入れ替えなどの付帯作業による停止が主な要因となります。治具や金型などの段取り替えも停止時間ですが、これらの停止時間を短縮していくことが自動化設備に求められます。

➤「生産性評価」で労働生産性を向上させる

自動化に不可欠な安定した品質の維持と設備不具合の対策を、IoTの活用によって改善できます。安定した生産を継続できることが基本ですが、さらに生産性を上げていくためには、各工程のサイクルタイムを短縮し生産量を伸ばします。サイクルタイム短縮の方法は、加工機と組立機ではアプローチが異なります。加工機は実加工以外の空時間を、組立機は動作のラップにより動作時間を、それぞれ短縮することに着目し実践します。サイクルタイムの短縮と自動化による少人化によって、労働生産性は飛躍的に向上します。

図3.7.1は、サイクルタイム短縮と「生産性評価」の図です。既存ラインと新ラインの比較で表しており、サイクルタイムを33.1秒から22.3秒へ短縮、人員は11名を7名に少人化したことによって生産能力が増加し、1時間における一人当たりの出来高が8.4個から20.8個に大幅に増えていることがわかります。労働生産性の向上は、2.5倍となり飛躍的な改善効果が期待できます。

表3.7.1　生産性を阻害する停止時間の内訳

項目	区分	
頻発停止	異常トラブル	停止時間
ドカ停故障		
部品待ち		
不良		
歩留まりロス		
設備ロス（ハンガー抜けなど）		
生産開始立上げ準備	付帯作業停止	
生産終了処理		
終了時清掃		
点検記録		
定期検査・測定		
部品供給入れ替え		
刃具・電極交換		
稼働中清掃（切粉・スパッター）		
段取り		
可動時間		

● 自動化ラインの生産性向上は設備停止の原因と対策を徹底します

図3.7.1　サイクルタイム短縮と生産性評価の方法

【サイクルタイム】短縮

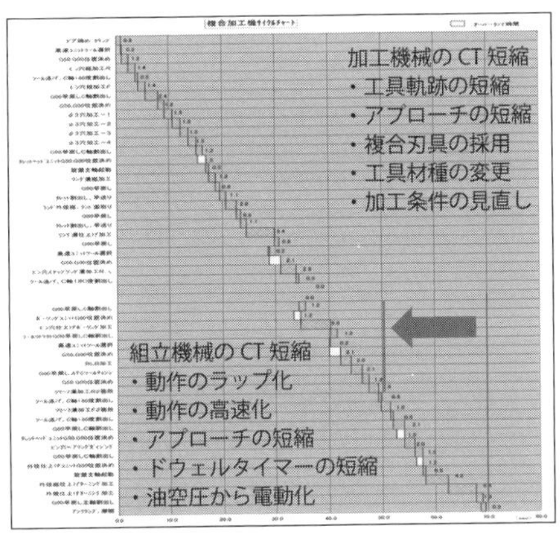

【生産性】評価

項目	単位	既存ライン	新ライン
CT	秒/個	33.1	22.3
可動率	%	85.0	90.0
人員	人/直	11	7
直数	直	2	2
稼働時間	h/日	18.0	18.0
稼働日数	日/月	21	21
能力	k個/月	35	55
生産性	個/h・人	8.4	20.8

● 生産性は一人が時間当たりに生産した数量を指標にして表します

3-8 加工工程の自動化レイアウト設計

➤「NC加工ライン」の自動化レイアウト設計

加工の自動化ラインは、メーカー標準機を自動化対応に改造しなければなりません。「セットアップエンジニアリング」は、標準機を購入し自動化に必要な機器を後付けする改造作業です。治具、治具用の油圧ユニット、クーラントタンク、チップコンベア、ワーク着座検出装置、シグナルタワー、起動スイッチ、治具洗浄用クーラント配管、治具のクランプ・アンクランプ、クーラントの供給やチップコンベア駆動の副操作盤などです。**図3.8.1**は、ロボドリル（ファナック製）と垂直多関節ロボットを活用した「NC加工ライン」の自動化レイアウト設計の例です。ロボットによるワーク脱着用の自動開閉ドアを含む安全カバーも後付けした事例です。

本件の自動化レイアウト設計のポイントは以下の3点になります。

1）作業者とロボットの作業領域を分ける安全対策
2）工程間搬送はシャトルコンベアで簡素化しコスト削減
3）ロボットダウン時に生産の続行が可能なBCP対策

➤「シャトルスライダー」による廉価型搬送システムの設計

NC工作機械を活用した自動化ラインにおいては、ロボットを活用し工程間の搬送を簡素化することと、ライン制御をよりシンプルにするシステムで最適なレイアウト設計ができます。NC機とロボットの連動は、ケーブル1本の接続で自動化が容易にできます。**図3.8.2**は、小型NC機4台にロボットを3台配置した自動化システムの事例です。工程間搬送は、「シャトルスライダー」で高速往復させるシンプルな搬送システムです。ワークの到着確認が次の動作の起動条件でありシンプルな制御になっています。長いシャトルスライダーは工程パスの製品にも対応できるように工夫されています。さらに、クーラント飛散対策を施したオイルパンをシャトルスライダーに設置することで、天井走行型ガントリーローダー比べて、低コスト、メンテナンスフリーを実現しています。

図3.8.1　マシニングセンタによる自動化ラインのレイアウト設計

●セットアップの自前化を経験、技術を習得し自動化ラインを構築します

図3.8.2　加工ラインの自動化システム設計

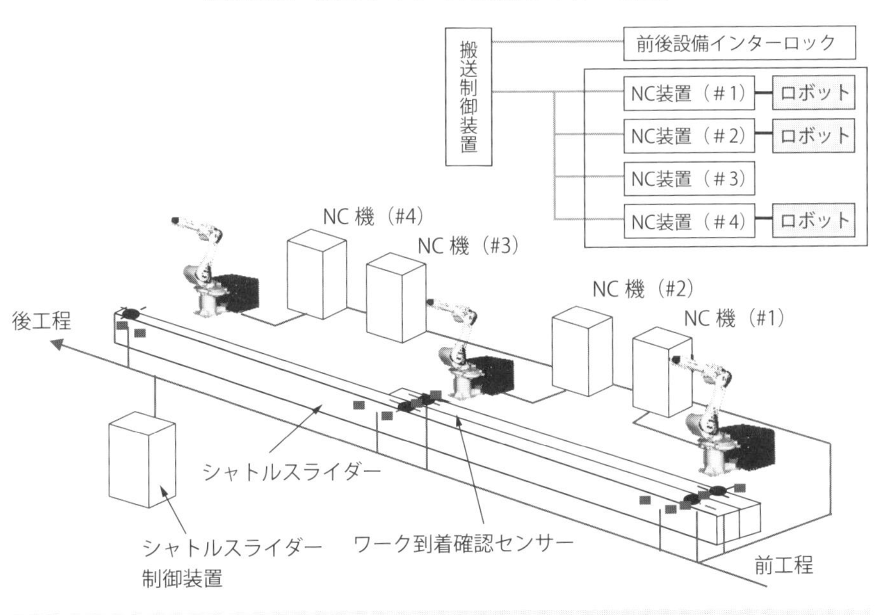

●ワークが到着したらワークの脱着を行う簡単な自動化システムです

3-9 組立工程の自動化レイアウト設計

➤「工程集約型」の自動化レイアウト設計

組立工程の自動化は、サイクルタイムによっては、工程を分割し多くの設備を並置しライン化する方法が一般的ですが、工程集約した組立機を用いることもあります。組立作業は、稼働時間と生産数量からタクトタイムを決め、タクトタイムに対応した組立設備の仕様を決めます。設備1台の作業時間は手作業時間と機械自動時間の合計がサイクルタイムです。サイクルタイムは、タクトタイム以下になるように設定します。**図3.9.1**は、自動車用エンジン部品の「工程集約型」の自動化レイアウト設計の例です。完成品3種類、部品点数8点/種で月産30,000台（2直／日）の組立ラインです。3種類の部品供給、サブ組立、メイン組立、最終検査、NG品排出、OK品の排出などの工程を一つにまとめ、水平多関節型ロボット4台と直交型ロボット8台を使用します。各工程には検査装置を保有した品質管理機能を持った全自動化の自工程完結型設備です。組立工程は、パレット治具のフリーフロー搬送方式であり、検査工程は、ワークダイレクト搬送方式です。ボトルネックの検査工程には複数の設備を設置し、タクトタイムに合わせた設備仕様になっています。

➤ロボットを活用した「工程集約型の自動組立設備」の設計

図3.9.2は、同じく自動車用エンジン部品の組立設備ですが、完成品2種類、部品点数10点/種で月産60,000台（2直／日）を生産します。2種類のそれぞれ部品の供給、サブ組立、メイン組立、NG品排出、OK品の排出など工程を一つにまとめ、水平多関節型ロボット2台と直交型ロボット2台を使用した「工程集約型の自動組立設備」です。レイアウト設計のポイントは、組立がインデックス方式、検査は工程内管理とし、OK品はOK品排出コンベアで設備前面へ払い出し、NG品はNG品排出コンベアで設備後方へ機外排出するレイアウトです。OK品とNG品をそれぞれ個別排出することで不良品の混入を防止したレイアウト設計になっています。

図3.9.1　工程集約型の自動化レイアウト設計

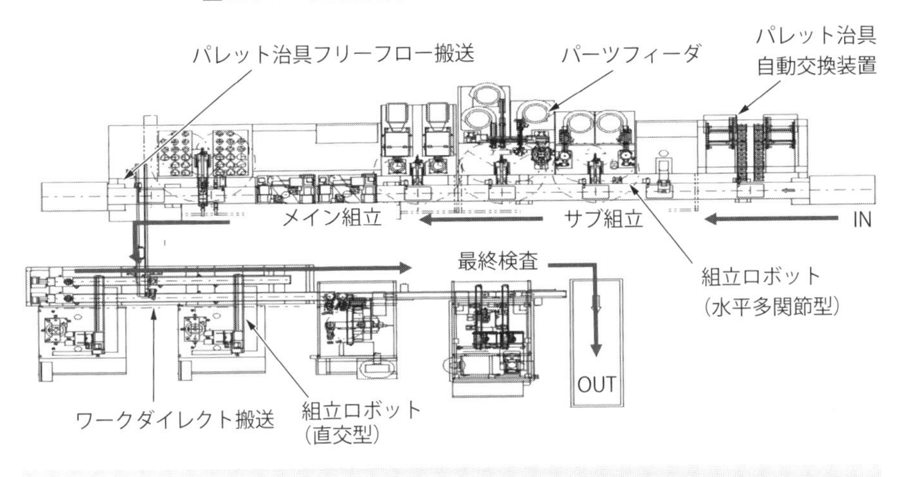

● フリーフローの工程間移動か工程集約のいずれかで自動化します

図3.9.2　工程集約型の自動組立設備

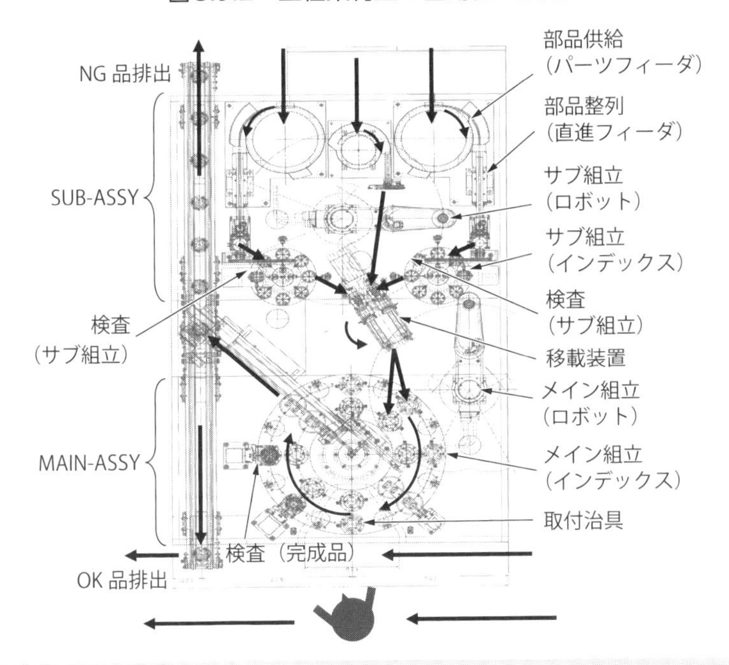

● 工程集約型の自動組立機は部品供給から検査まで全自動で行います

3-10 自動化に必要なIoTによるモノづくりの方法(1)

➤生産性向上に役立つ「IoT活用」の取組み事例

現状の悪さを洗い出し、発生原因を究明し、対策することでよりよい状態に改善するために、様々な状態を「見える化」することが不可欠です。

図3.10.1は、「IoTを活用」した加工機の連続自動運転の仕組みです。切削加工の大半はNC工作機械を使用していますが、安定した品質で継続した生産を確立するための自動化システムはできていません。筆者は、加工の連続自動運転の実現に向けて、加工時の主軸モータの負荷状態と加工後の被削材の表面性状のそれぞれのモニタリングデータから、刃具折損前の精度の再現が可能であることを実験により確認しました。安定した品質で連続した自動運転を継続するためには、加工状態と加工後の品質をモニタリングするIoT技術が不可欠と言える一例です。

➤IoTを活用した「リモートモニタリングシステム」の事例

IoTは、工場の生産設備のデータをPCに転送し保管するシステムです。生産設備は高機能かつ複雑化しており、設備保守に高度な技術・技能が必要となっていますが、技術者不足から設備故障時の迅速な対応が困難な状況にあります。

したがって、生産ラインの自動化を進め、設備稼働状況や品質データをリアルタイムに自動収集し「見える化」することでロスや異常を早期発見し、迅速な対応が可能な「リモートモニタリングシステム」の導入が不可欠となっています。

図3.10.2は、IoTを活用したリモートモニタリングシステムです。生産工程の各工程で部品識別を可能にするため2D刻印を印字します。2D刻印データをリーダで読み取り、収集したデータをPLC経由で、刻印データを紐づけにして、LANを経由してPCに送信します。さらに、収集されたデータを統計的な解析によって設備の状態や品質の状態を傾向管理し、異常の早期発見を可能にします。これによって設備不具合や品質不良の原因究明、発生防止対策を迅速に行えます。グローバル化に伴う海外生産拠点などの生産性向上に不可欠なシステムです。

図3.10.1　IoTを活用した連続自動運転の仕組み

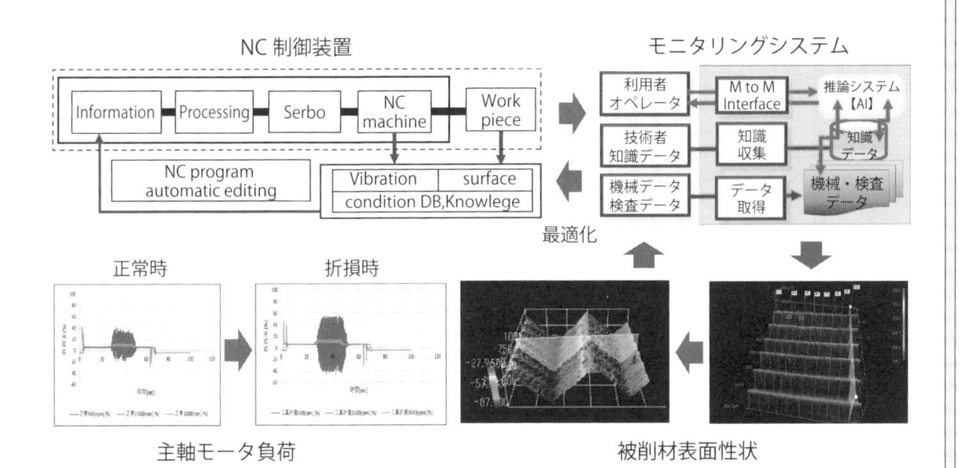

● 自動化には機械や品質データを収集できるIoTシステムを構築することが不可欠です

図3.10.2　IoTを活用したリモートモニタリングシステム

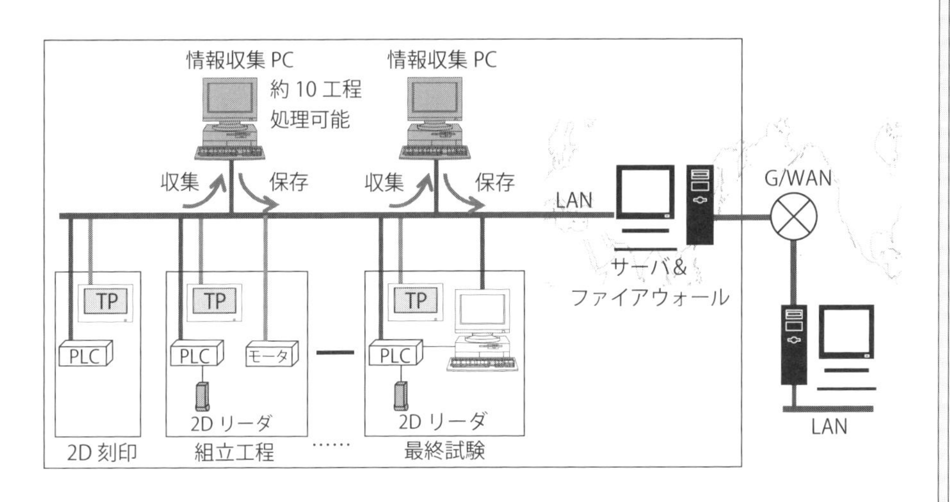

● IoTシステムは2D刻印データと収集したデータを紐づけます

3-11 自動化に必要なIoTによるモノづくりの方法(2)

➤品質管理の「モニタリング」事例

生産ラインの自動化にはデータの「モニタリング」ができるIoTシステムが必要です。品質不良は仕損費につながり収益に悪影響を及ぼします。品質不良の分析や発生原因の特定、根治対策を怠ると再発します。品質不良の原因究明は不可欠であり、データを取得し分析することで即時に発生要因を特定でき、対策の手を打つことができます。**図3.11.1**は、検査データをモニタリングしたグラフです。不良の出現状態から、発生原因と要因をデータ分析することで真因がわかります。いずれの不良も4Mに紐づけられます。

1）散発：単発の規格外れであり、前工程からの材料の変化が要因
2）経時変化：徐々に規格外へ変化することであり、条件の変化が要因
3）ネライ値ズレ：変更した時点からの継続であり、作業が要因
4）突発異常：連続する不良発生の出現であり、機械トラブルが要因

対象となる設備や製品の特徴や過去トラから、さらに原因系を細分化することで根治すべき要因の絞り込みができ、迅速な対策が可能となります。

➤「モニタリング」による品質不良対策事例

IoTシステムで不良品が発生した場合の原因や要因を判断することはできますが、さらに深堀し対策を施したあと、効果を確認するためにもデータのモニタリングは不可欠です。**図3.11.2**は、エンジン部品のNC旋盤加工による外径不良の対策の事例です。上段のグラフは新規導入したNC旋盤の外径加工の精度を表したグラフです。全数検査で横軸が時間、縦軸は規格幅です。コールドスタート時と午後の気温上昇が加工精度に影響を与えていることがわかります。中段のグラフは駆動部に温度変化を抑える対策を施した後の加工精度です。対策の効果を確認できます。さらに、下段のグラフは自動補正機能を追加した後の加工精度です。新規導入設備の安定した品質で生産の立ち上げを行うための事前評価と対策のためにIoTシステムが役立った事例です。

図3.11.1　品質状態のモニタリング

不良の出方	原因系	要因系
散発　規格 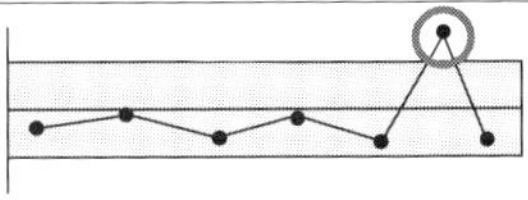	キズ欠陥 （外観特性） 異品混入	材料 （Material）
経時変化　規格 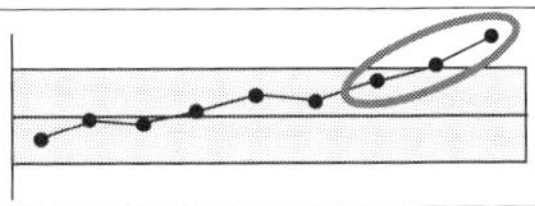	刃具磨耗	方法 （Method）
ネライ値ズレ　規格 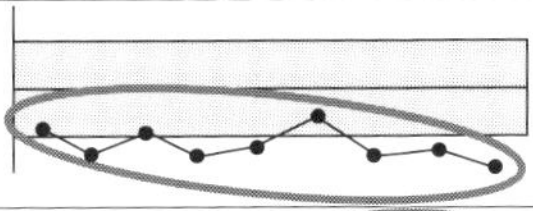	セッティングミス ・刃具交換 ・段替え	人 （Man）
突発異常　規格 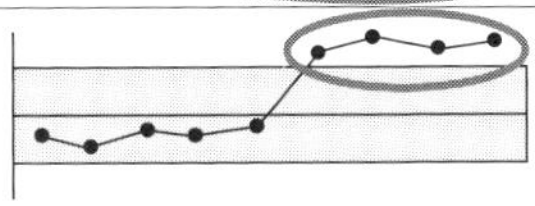	刃具破損 設備故障	機械 （Machine）

● 品質データをリアルタイムにモニタリングし傾向管理を行います

図3.11.2　NC旋盤加工による外径不良の対策

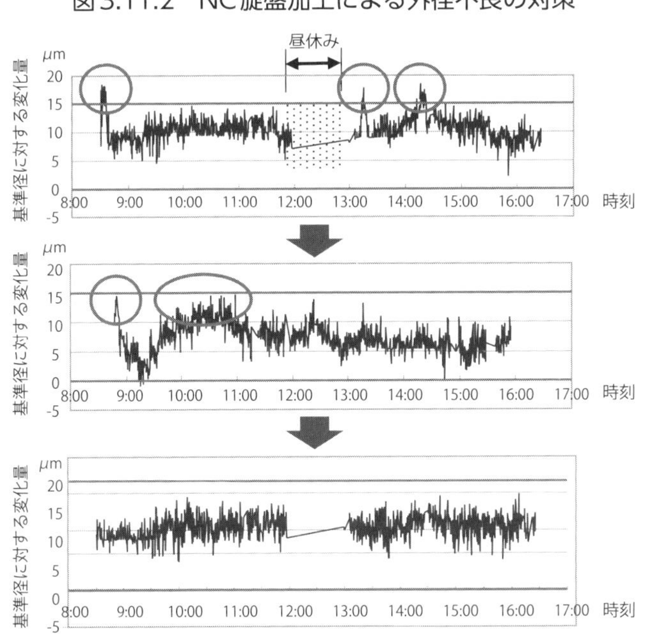

● 品質不具合の原因究明には全数検査の品質データを収集します

3-12 自動化に必要なIoTによるモノづくりの方法(3)

➤「リモートモニタリング計画」の設備購入仕様書の作成法

安定した品質を維持して計画的な生産を継続するためには、生産設備や各工程の品質状態を知るためのデータの集約が必要となります。設備や品質の異常が発生した場合、異常値を見ることによって原因の特定と対策を迅速に行えます。自動化された生産設備や生産ラインのリアルタイムの見える化が「リモートモニタリング」です。**図3.12.1**は「リモートモニタリング計画」の例です。設備購入仕様書を作成する場合、入手したい情報や監視するデータを明確にします。品質のトレーサビリティーの前提条件としては、製品のシリアルNo.と個々の品質データは紐づけしておく必要があります。主要部品にデータマトリックスやQRコードなど識別マークを印字し、工程ごとの収集すべきデータとシリアルNo.と関連付けておくことで可能となります。

➤「IoTシステム」の設備購入仕様書の作成法

「IoTシステム」を設備仕様に盛り込む際には、「リモートモニタリング計画」にもとづき、システムを構築するうえで必要な要項を記載しておきます。**図3.12.2**は、IoTシステムで集約したい情報をPLC（プログラマブルコントローラ）のメモリアドレスに定番地化した設備仕様書の例です。必要項目は以下の通りです。

1）ネットワーク接続：(例）G-WAN（専用ネットワーク）などの環境
2）リモートメンテナンス機能：品質と設備稼働のデータが収集できること
3）データベース管理システム：データベースの管理システムの種類
4）シーケンサメーカー：設備の制御用のシーケンサ機器の種類
5）グラフィックパネル：操作表示パネルの機器の種類
6）品質管理要素：品質データの収集対象と収集範囲
7）品質管理項目：品質データの取得後の管理・分析および見える化
8）設備稼働管理：設備の稼働、故障、保全、異常などの見える化

図3.12.1　リモートモニタリング計画

電気回路変更

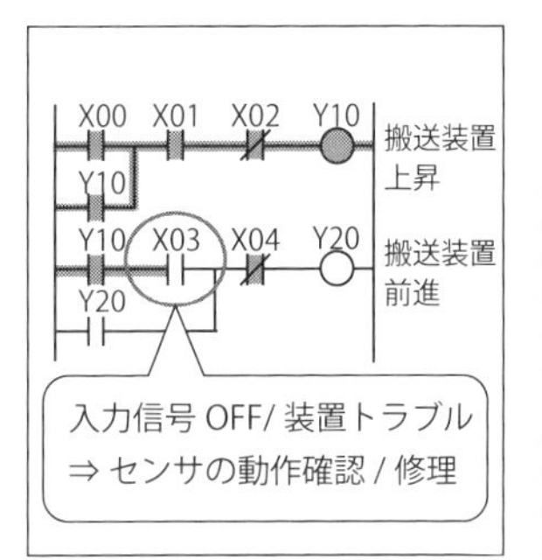

稼動状況モニタ

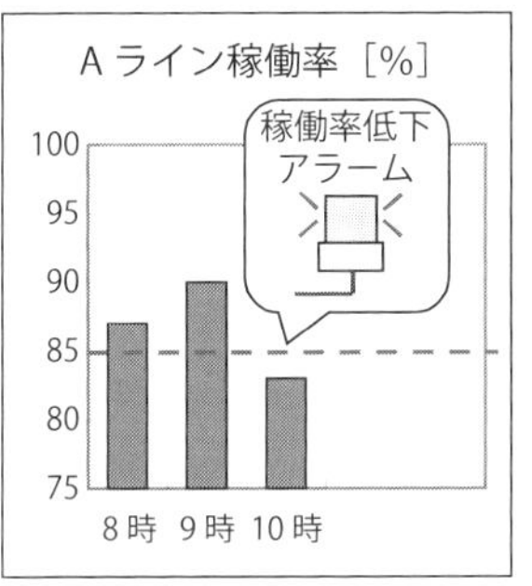

品質データ傾向管理

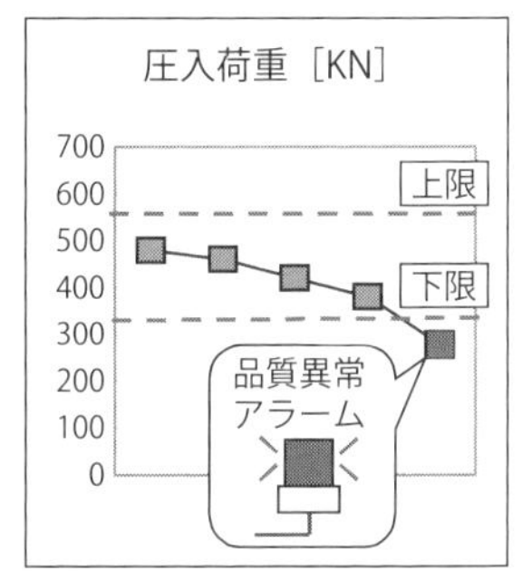

● 設備不具合はリモートでメンテナンスができるように見える化します

図3.12.2　IoTシステムの設備購入仕様書

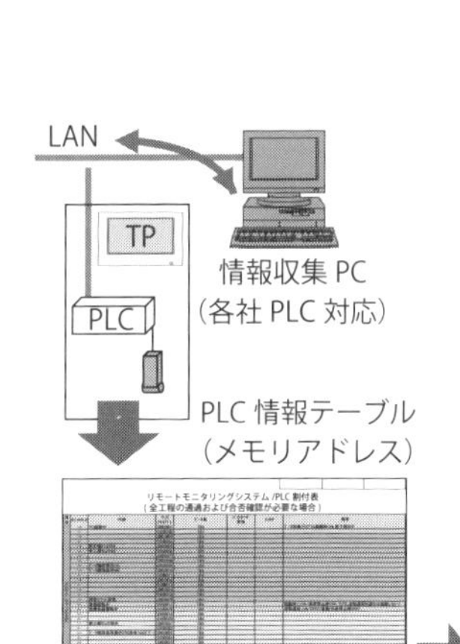

PLC 情報テーブルの定番地化

種別	PC↔PLC	内容	PLC アドレス	
PLC-PC ハンドシェーク	→	前工程チェック OK	D000005	PC 状態モニタ
	→	前工程チェック NG	D000006	
	→	データ読取保存 OK	D000009	
	→	データ読取保存 NG	D000010	
	→	段取りコード設定	D000016	
	←	設備起動中	D000017	設備状態出力
	←	設備自動運転中	D000018	
	←	前工程チェック指示	D000021	動作要求
	←	データ読取保存指示	D000023	
設備情報	←	設備コード	D000033　D000037	設備情報
	←	段取りコード	D000038　D000042	
	←	製品 No.	D000043　D000047	
	←	個体識別 ID	D000048　D000062	
	←	合否判定	D000063	
	←	開始日時	D000064	
	←	完了日時	D000065	
	←	サイクルタイム（M/T）	D000066	
	←	アラーム信号（番号）	D000067	
	←	基準 C/T	D000068	
	←	作業者 ID	D000069	
	←	測定データ A	D000080	各設備固有情報
	←	測定データ B	D000081	
	←	条件 A	D000082	
	←	条件 B	D000083	

● 収集するデータは標準化し、PLCアドレスに定番地化します

Column 3

NC加工の全自動化を達成する方法

直線コースを一定の速度で運転していても、路面の状態によってはハンドルを取られてふらつくことがあります。強い横風で車があおられたり、雪にタイヤを取られて思ってもいない方向に車が走行してしまったりします。

機械はどうでしょうか？　同じように動いていても、急に止まったり、異常ランプが点灯していないでしょうか？　生産ラインの自動運転は、チョコ停などのトラブルがなければ安定的な生産を自動で継続できます。しかし、夜間の自動運転で、突然機械が止まったら、これは大変です！

「朝までに予定していた生産ができない！　間に合わない！」と青くなった経験はありませんか？　最近では、NC工作機械もロボットも完成度が高まったこともあり、止まることが少なくなりました。しかし、品質のトラブルは発生します。材料や前工程の状況によってバラツキや、場合によっては突発的に異常値が出ることがあります。自動運転で困るのは、頻発停止と品質の異常です。下図は、NC工作機械の最先端の自動制御システムです。自動運転を継続して行う研究の一つであるフィードバック制御です。

大学や企業が実用化に向けて研究を進めていますが、標準装備にはまだまだ時間がかかりそうです。ユーザーも自社技術で限定的な自動運転ができるようになってきています。計測データから機械が判断し、準備しておいた不具合を回避するプログラムに乗り換えることで全自動化ができるかもしれません。

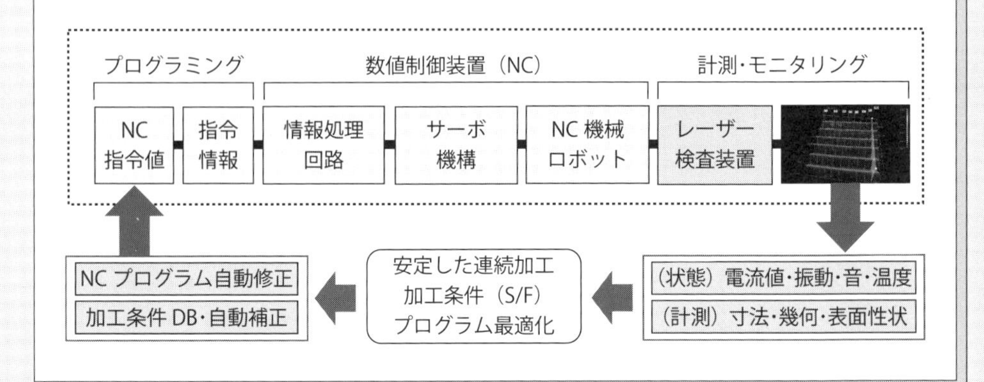

第4章

自動化レベルを上げる技術課題の解決法

自動化ラインのレイアウト設計を行う場合、ロボットを導入して短期で単発的に自動化を行うことがありますが、継続した生産性向上を図るためには中長期的な視点から計画的に自動化を進めていくことが不可欠です。

自動化の目標をどこにするか、いつまでに、どのようなステップを踏んで行うか、誰もがわかるように説明できなければなりません。自動化ラインを計画する際に、生産技術者は設計仕様となる設備購入仕様書で、自動化ラインの具体的な設計条件を提示しておく必要があります。

自動化のレベルを決めておけば、技術課題とやるべき対策が明確になります。自動化のレベルを明確にすることで、課題と難易度の共通認識が生まれます。設備設計者は、自動化ラインを設計する際、自動化レベルに対応した必要な設計上の技術課題を事前に検討し、対策しておく必要があります。

本章では、自動化レベルを手動から全自動まで6段階に分類し、加工工程と組立工程を例にそれぞれ説明しています。同時に、自動化レベルを上げるために設備設計に反映しておくべきグローバル・ワンデザインの考え方や自動化の技術課題の取り組み方、解決方法について事例を挙げて説明します。

4-1 生産ラインの自動化レベルの定義

➤「自動化レベル」6段階の分類

生産ラインは単体設備が連続的に結合した集合体です。したがって、単体設備を自動化に進化させることで生産ラインの自動化は実現可能となります。この考えにもとづき、筆者は生産ラインの「自動化レベル」を定義しました。**表4.1.1**は、手作業から全自動まで6段階に分類し、自動化タスク別に自動化の到達レベルを表した表です。

レベル0：ベンチ上で工具や器具を用いて手作業で主体作業を行うレベル
レベル1：汎用機械を操作し主体作業を行うレベル
レベル2：主体作業を機械が自動でサイクル運転できるレベル
レベル3：OK品を機外へ払い出し、次工程まで自動搬送できるレベル
レベル4：治具への自動取り付けとNG品の自動処理ができるレベル
レベル5：品質を維持・管理し連続した生産ができる完全自動運転レベル

➤自動化レベルと作業のカテゴリー

表4.1.2は、材料投入から1サイクルを完了し次工程へ搬送するまでの一連の作業を、カテゴリー別に自動化レベルで分類した表です。縦軸は、単一工程で行う作業を、作業順序別に分解した作業内容を示します。分解した作業の自動化レベルを段階的に引き上げられるように、自動化の達成箇所に丸印を記しています。作業のレベル2はサイクル自動運転ですが、レベル3では品質検査とOK品の機外への払い出しと次工程までの搬送が自動になります。

自動化レベル4では治具への取付け、NG品の取り出し、排出が自動化されています。自動化レベル5では、生産指示にもとづいて安定した品質を維持し、連続した生産が可能な自動化レベルです。このように、主体作業の手作業を順次、自動化に置き換えていくことで、自動化のレベルを引き上げることができます。

表4.1.1　自動化レベルの定義

レベル	呼称	概要	自動化タスク					
			加工組立	検査判定	払い出し	NG品処理	ワーク取付	自動運転
0	手作業ライン	治具・工具・器具で手作業	作業者	←	←	←	←	←
1	手動ライン	汎用機械を手作業	作業者	←	←	←	←	←
2	半自動ライン	サイクル運転を自動	システム	作業者	←	←	←	←
3	着々化ライン	計測判定およびOK品払い出しを自動	→	→	システム	作業者	←	←
4	セミ自動化ライン	脱着および搬送を自動	→	→	→	→	システム	作業者
5	全自動ライン	傾向管理および自己補正を全自動	→	→	→	→	→	システム

●手作業のレベルから全自動ラインのレベルまで６段階で区分できます

表4.1.2　作業のカテゴリー

No.	作業内容	レベル0	レベル1	レベル2	レベル3	レベル4	レベル5
		手作業	手動操作	半自動	着々化	セミ自動	全自動
1	部品を治具に自動取り付け	—	—	—	—	○	○
2	プログラム自動選択	—	—	—	—	○	○
3	主体作業の自動運転	—	—	○	○	○	○
4	完了品の検査・判定の自動化	—	—	—	○	○	○
5	計測データの自動保管	—	—	—	○	○	○
6	計測データから機械を自動制御	—	—	—	—	—	○
7	NG品をNG品コンベアへ自動払い出し	—	—	—	—	○	○
8	OK品をOK品コンベアへ自動払い出し	—	—	—	○	○	○
9	OK品を次工程へ自動搬送	—	—	—	○	○	○

●自動化レベルを上げるには、それぞれの作業の自動化を進めていきます

4-2 加工ラインの自動化レベルの分類(1)

➤「自動化レベル0」

レベル0はベンチ（作業台）の上での作業レベルであり、電動ドライバーやボール盤を使用した穴あけ加工やタップ加工など、工具や器具を使用して手作業で加工を行う作業のレベルです。ベンチを並置し、ベンチの上には部品を取り付ける簡易的な取り付け具を置いて、作業者が部品の取り付けから取り外しまで手作業で加工を行う非量産の生産です。**図4.2.1**は、自動化レベル0のレイアウト図です。加工の前処理、鋳造後の砂落とし、ダイカスト後の鋳バリ除去、加工後のバリ取りやサンダー掛け、加工修正、検査などを手作業で行います。製品の種類や生産数によってはベンチを持ち回りで生産することもありますが、一定の数量をまとめたロット単位で作業を行う場合もあります。

➤「自動化レベル1」

レベル1は、汎用機械を操作し加工する作業レベルです。旋盤、フライス、ラジアルボール盤、平面研削盤など手動操作の機械で加工を行います。汎用機械を並置し、機械には部品を取り付けるための治具を用いて、作業者が加工部品の取り付けと取り外しを行います。**図4.2.2**は、自動化レベル1のレイアウト図です。基準面の加工から面加工、穴あけ加工、ネジ穴加工や加工後の検査などを手作業で行います。一工程に一個取りを基本として、作業者が機械を用いて加工します。一定の数量をまとめ、工程ごとに完成させていくロット生産で機械加工を行うことが一般的です。汎用機械を使用するため、多品種変量生産に臨機応変に対応できる利点があります。一方で、手動操作のため加工品質のばらつきが目立ちます。したがって、加工品質を確保するには、機械操作や加工方法など高い技術と技能が求められます。機械加工や組立、調整、検査などの技能職には国家技能検定試験が毎年開催されており、合格すると合格証書が交付され、様々な加工技能の検定資格を有する「技能士」として認められます。

図4.2.1　加工ラインの自動化レベル0

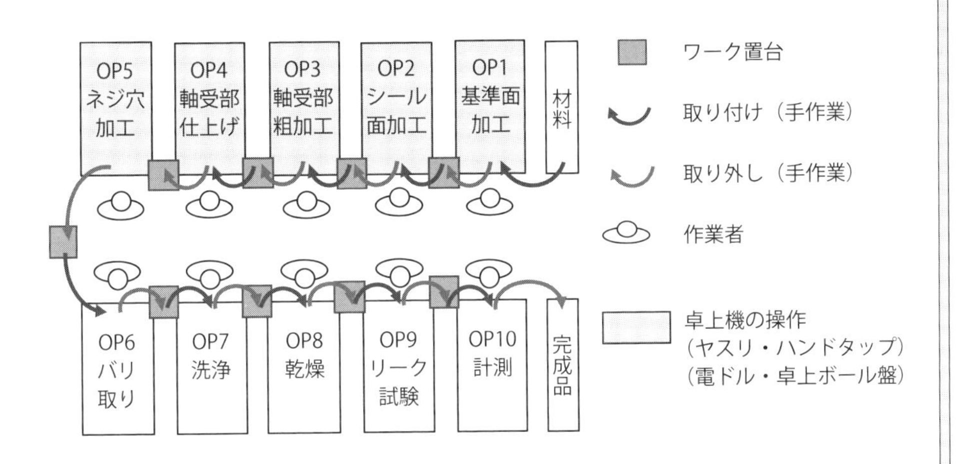

● 主体作業から付帯作業はすべて手作業で行うレベルです

図4.2.2　加工ラインの自動化レベル1

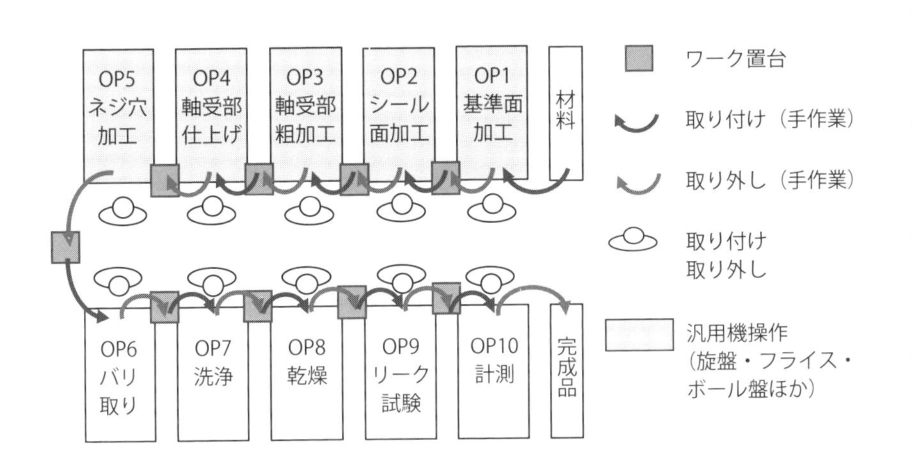

● 主体作業を機械化し手動で汎用機械を操作し運転するレベルです

4-3 加工ラインの自動化レベルの分類(2)

➤「自動化レベル2」

レベル2は、NC旋盤、マシニングセンタなどのNC工作機械を並置し、機械加工を行うレベルです。加工後の自動検査機能は保有していません。加工後に作業者が計測、OK、NGの判定を行い、OK品は次工程の搬送まで作業者が行います。NG品はNG品排出コンベアやNG品BOXなどを設けて払い出し、次工程への流出を防ぎます。

図4.3.1は、自動化レベル2のレイアウト図です。複数台のNC工作機械を一人の作業者が受け持ちます。作業者が10台の生産ライン全体を受け持ち、加工品を脱着し、全工程を一巡します。NC工作機械への加工品の取り付け、取り外しは手作業ですが、加工品の位置決めや固定する治具は油空圧式のクランプ治具やチャックを使用します。NC工作機械は、治具のクランプ、アンクランプを自動で動作させる機能を持ちます。

➤「自動化レベル3」

レベル3は、NC工作機械に品質を計測・判定する機能を持たせた検査設備を並置し、自動判定されたOK品を機外へ排出、定位置・定姿勢で次工程まで自動で搬送するレベルです。**図4.3.2**は、自動化レベル3のレイアウト図です。作業者がワークを治具へ取付け、起動スイッチを起動した後は、自動クランプ、加工、加工後の自動アンクランプ、加工品の検査、OK/NGの判定、OK品を機外へ自動で払い出し、次工程まで自動搬送します。NG品の発生時は機械を停止し、作業者がNG品を取り出し、NG品排出シュートに排出します。

レベル3では、加工品の治具への取り付けおよび起動スイッチでの起動とNG品発生時の処理以外はすべて機械が行います。したがって、レベル2では複数人で対応していた作業が、レベル3では1人で対応できます。このようなレベル3に対応した設備を「着々化設備」と呼びます。作業者は、NC工作機械の操作や異常処理に対応できる専門技術・技能を身に付けておく必要があります。

図4.3.1　加工ラインの自動化レベル2

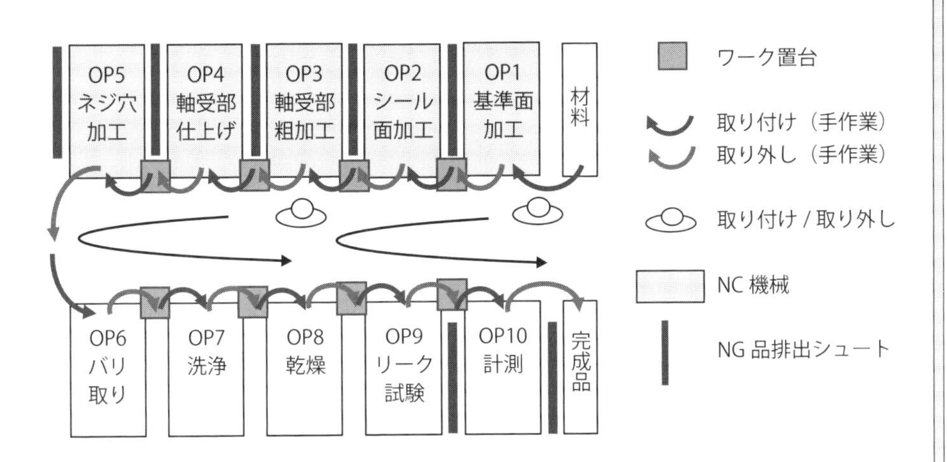

● 汎用機械をNC化し、1サイクルを自動で運転するレベルです

図4.3.2　加工ラインの自動化レベル3

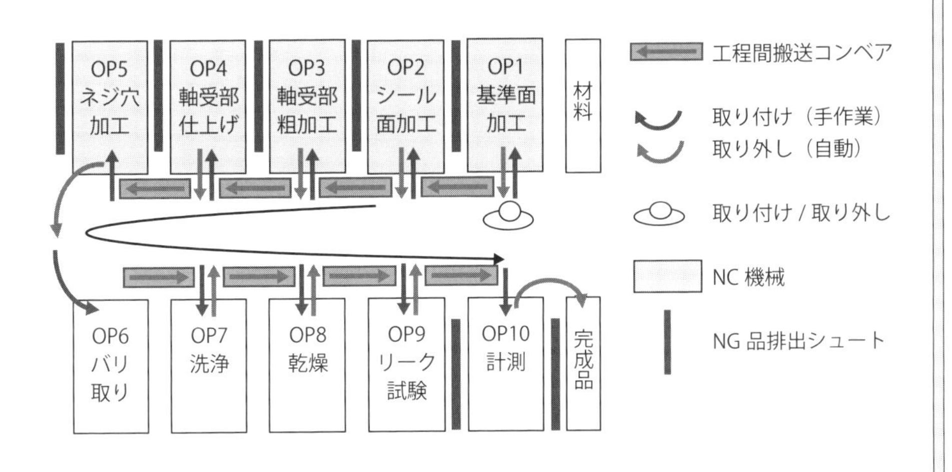

● NC加工機に検査システムを追加し判定ができるレベルです

4-4 加工ラインの自動化レベルの分類(3)

➤加工工程の「着々化」レイアウト設計

自動化レベル3の加工工程の設備は、前述の「着々化設備」が基本です。複数の連続した加工工程からなる生産ラインにおいて、生産性がもっとも高い「着々化設備」は、検査装置を持つ「自工程完結型設備」が基本です。

図4.4.1は、加工工程の着々化のレイアウト図です。前工程から搬送され定位置に位置決めされたワークを作業者が治具に取り付けます。起動スイッチを起動した後はサイクル自動運転を行い、完了品を自動で検査してOK品は払い出して次工程まで搬送します。NG品発生時には、設備を停止させ作業者に知らせます。不良品を後工程に流出させない仕組みを組み込んだ設備です。「着々化設備」での作業は、前工程から搬送され定位置にあるワークを取る、取り付け具に装着する、次工程に移動しながら起動スイッチをONする、という3点が基本作業です。NG品発生時にはNG品の処置を行い、行った後に自動運転が再開されます。

➤「自動化レベル4」

レベル4は、NC工作機械に検査機能を持たせた「自工程完結型設備」を並置し、工程間をコンベアで搬送する自動化した生産ラインのレベルです。OK品は、自動で機外へ排出され、定位置・定姿勢で次工程まで搬送します。NG品は自動でNG品を取り出し、NG品排出シュートに排出します。作業者に替わってロボットが加工品を治具へ取り付け、自動クランプ、加工を行います。加工後は自動アンクランプ、加工品の取り出し、検査、OK/NGの判定、OK品の次工程への搬送、NG品の機外排出をすべて自動化で行います。

図4.4.2は、自動化レベル4のレイアウト図です。レベル3では、加工後の計測・判定・NG品の排出は作業者が行いますが、レベル4では、NG品発生時の処理を含めてすべて自動で行いますが、レベル4では作業者の常駐が不要です。作業者は、NC工作機械全体を管理し、異常処理に対応できる高度な専門技術・技能を身に付けておく必要があります。

図 4.4.1　加工ラインの着々化

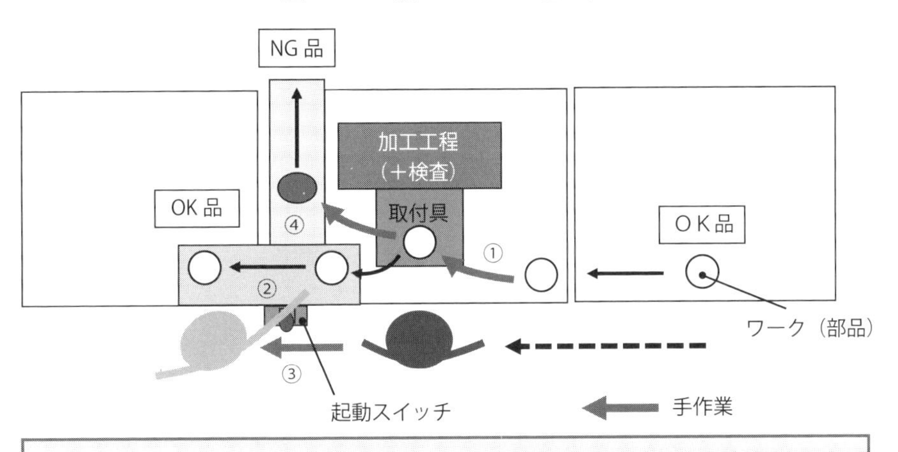

①前工程から自動搬送されたワークを取付具に取り付ける（手作業）
②完了品を取付具から取り外し次工程へ搬送する（自動）
③次工程に歩行移動する際に起動スイッチを ON する（手作業）
……④NG 品の取り出しと排出（手作業）

● 作業者はワーク取り付け、タッチスイッチ起動のみの自動化レベルです

図 4.4.2　加工ラインの自動化レベル 4

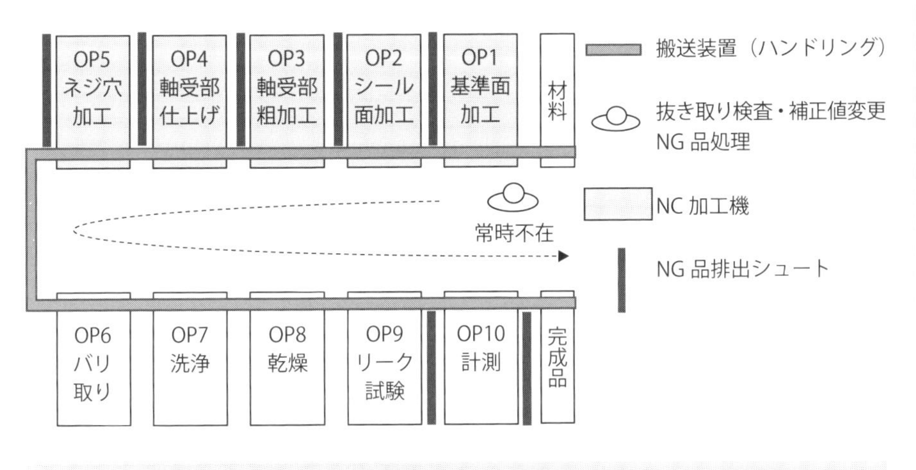

● 作業者は常駐しません。ラインとして自動で生産できるレベルです

4-5 加工ラインの自動化レベルの分類(4)

➤加工工程「自動化レベル4」の事例

図4.5.1は、マシニングセンタを並置した加工ラインの自動化レベル4の事例です。マシニングセンタ4台、垂直多関節型ロボット3台、高速シャトルコンベア2基で構成した昼夜二交代（日当たり18時間稼働）に対応した自動化ラインです。工程間搬送は、マシニングセンタ間に配置したロボットがシャトルコンベアで搬送されたワークを脱着します。ガントリーローダー方式の工程間搬送に比べると安価でメンテナンス性に優れ、工場レイアウトの変更に容易に対応できる利点があります。また、マシニングセンタの両側に自動開閉ドアを取り付けることでロボットが2台のマシニングセンタのワークを脱着します。省スペースでロボットの作業効率を高めた自動化ラインです。ロボットダウン時は、機械前面からワークを脱着することで生産を継続できます。

➤「自動化レベル5」

レベル5は、上位管理システムからの生産指示にもとづき、安定的に品質を維持・管理し、無人で加工を継続できる完全自動運転レベルです。**図4.5.2**は、自動化レベル5のレイアウト図です。自動運転中の機械状態の監視や加工品質の傾向管理のシステムを持ち、自動工具補正や加工条件の最適化によるプログラムの自動編集ができます。工程ごとに品質を自動判定しOK品を機外へ排出し定位置・定姿勢で次工程まで自動で搬送します。NG品は、自動でNG品を取り出しNG品排出シュートに排出します。機械付けのロボットによって加工品を治具へ取り付けた後、自動クランプ、加工開始、加工後の自動アンクランプ、加工品の取り出し、検査、OK/NGの判定、OK次工程への搬送、NG品の機外排出を全て自動で行うレベルです。レベル5では、品質データと機械データをもとに継続的な生産を行う知能を有し、自動補正、自動修正を行います。高度に全自動化されているため作業者は常駐しません。

図4.5.1　加工ラインの自動化レベル4の事例

● ワーク脱着とOK品の次工程搬送ができるレベルです

図4.5.2　加工ラインの自動化レベル5

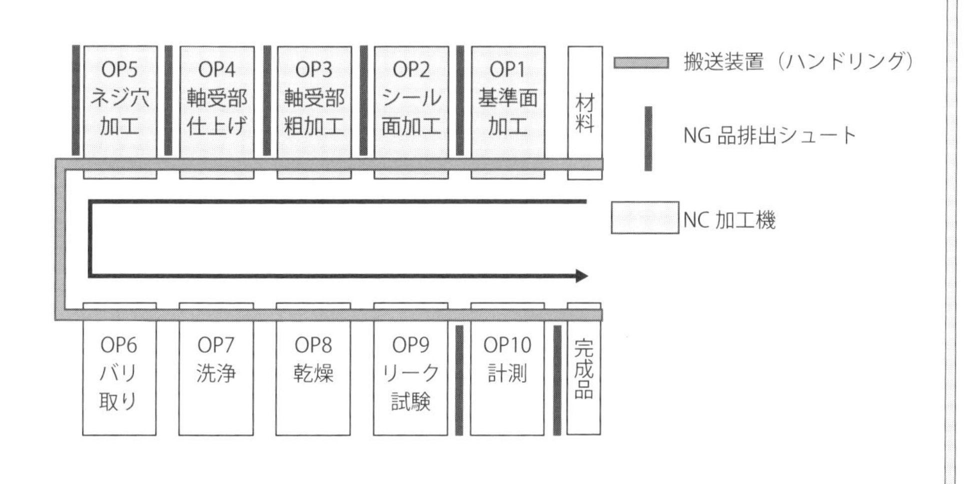

● 品質データをもとに安定した品質で連続的に生産ができるレベルです

4-6 組立ラインの自動化レベルの分類(1)

➤「自動化レベル0」

レベル0は、ベンチ（作業台）の上での作業が主体であり、部品の選別や箱詰め、電動ドライバーやトルクレンチを使用したネジ締めや配線など、手作業で組立を行う作業のレベルです。ベンチを並置し、ベンチの上には部品を取り付ける簡易的な取り付け具を置いて、作業者が手作業で部品の取り付けから取り外しまで、手作業で加工を行う非量産の生産です。**図4.6.1**は、自動化レベル0のレイアウト図です。組立の前準備、組立や組立後の目視検査、箱への整列、袋詰め、ラベル貼り、箱詰めなどを手作業で行います。製品の種類や生産数によっては複数台のベンチを持ち回りで生産することもありますが、作業者は基本的に、ベンチに一人で一定の数量をまとめたロット単位で作業を行います。

➤「自動化レベル1」

レベル1は、簡易的な機器を操作し組立を行う作業が主体です。たとえばレバー式の卓上ハンドプレスなどを使用し、圧入やカシメなど部品の組立てを行う作業のレベルです。簡易的な機器を取り付けたベンチを並置し、部品を取り付ける取り付け具を置き、作業者が加工部品の取り付け、取り外しを行います。

図4.6.2は、自動化レベル1のレイアウト図です。本体部品にベアリングやシールなど部品の圧入やネジ締めやリーク試験、箱詰めなどを手作業で行います。一工程に一個の生産を基本として、機械装置に作業者が付いて組立を行いますが、まとめてロット単位で生産を行う場合もあります。機器を使用しているため多品種変量生産にフレキシブルに対応できる利点がありますが、手作業のため作業者によって品質にばらつきが発生しやすいのが欠点です。機器の操作や組立などに高い技術と技能が求められます。機械組立、調整、検査などは技能検定試験が毎年開催されており、合格すると合格証書が交付され、様々な組立技能の検定資格を有する「技能士」として認められます。

図4.6.1　組立ラインの自動化レベル0

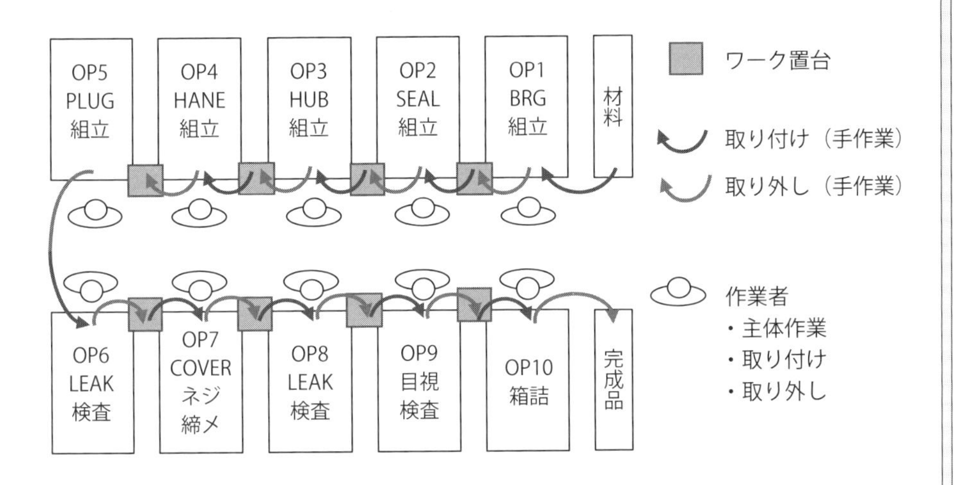

●主体作業から付帯作業まですべて手作業で行うレベルです

図4.6.2　組立ラインの自動化レベル1

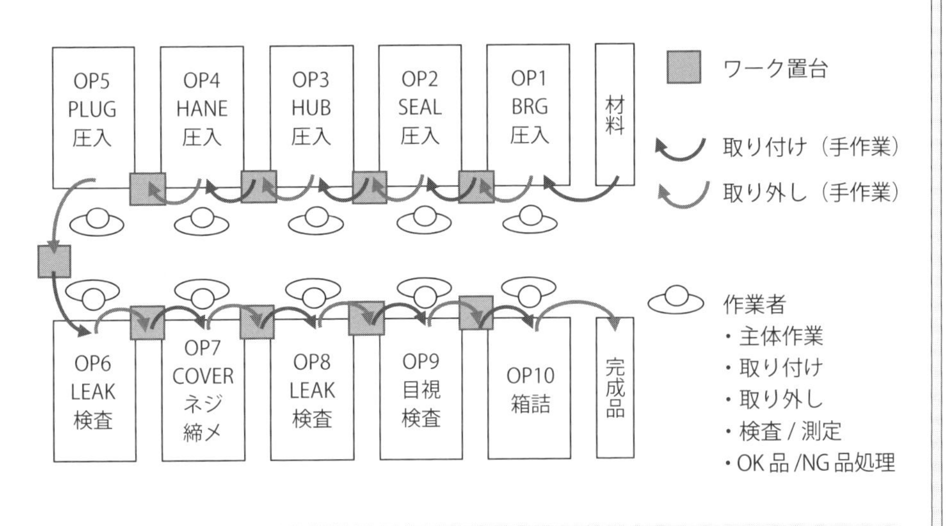

●主体作業を機械化し手動で装置を操作し運転するレベルです

4-7 組立ラインの自動化レベルの分類(2)

➤「自動化レベル2」

レベル2は、圧入プレスやねじ締めなどの単体の自動機で組立を行います。組立後の自動検査機能はありません。組立後に作業者が計測しOK、NGの判定機を行い、OK品は次工程への搬送まで作業者が行います。NG品はNG品排出コンベアやNG品BOXなどを設けて排出します。**図4.7.1**は、自動化レベル2のレイアウト図です。作業者は10台からなる組立ライン全体を受け持ち、組立設備へ組立品を脱着し、全工程を一巡します。組立品の単体自動機の治具への脱着は手作業ですが、2人で分担し生産台数を倍増することもできます。単体自動機は、組立品の治具への取り付けに油空圧を使用した治具やクランプ装置を使用し、PLCからクランプ、アンクランプを動作させる自動制御の機能を持っています。

➤「自動化レベル3」

レベル3は、自動で品質を計測し判定する機能を持たせた設備を並置し、検査で自動判定されたOK品を機外へ排出、定位置・定姿勢で次工程まで自動で搬送するレベルです。作業者は組立品を治具へ取り付け、起動スイッチを起動後、自動クランプ、組立、組立後の自動アンクランプ、組立品の取り出し、検査、OK/NGの判定、OK品を機外へ自動で払い出し、次工程まで自動搬送します。NG品の発生時は機械を自動で停止し、作業者がNG品を取り出し、NG品排出シュートに排出します。

図4.7.2は、自動化レベル3のレイアウト図です。レベル3では、前工程からの組立品を治具に取り付け、起動スイッチの起動とNG品発生時の処理以外はすべて設備が行います。レベル2の複数人の作業がレベル3では1人での作業が可能となります。このようなレベル3に対応した設備を「着々化設備」と呼びます。作業者は組立設備を操作しますが、異常処理に対応できる専門技術・技能を身に付けておく必要があります。

図 4.7.1　組立ラインの自動化レベル 2

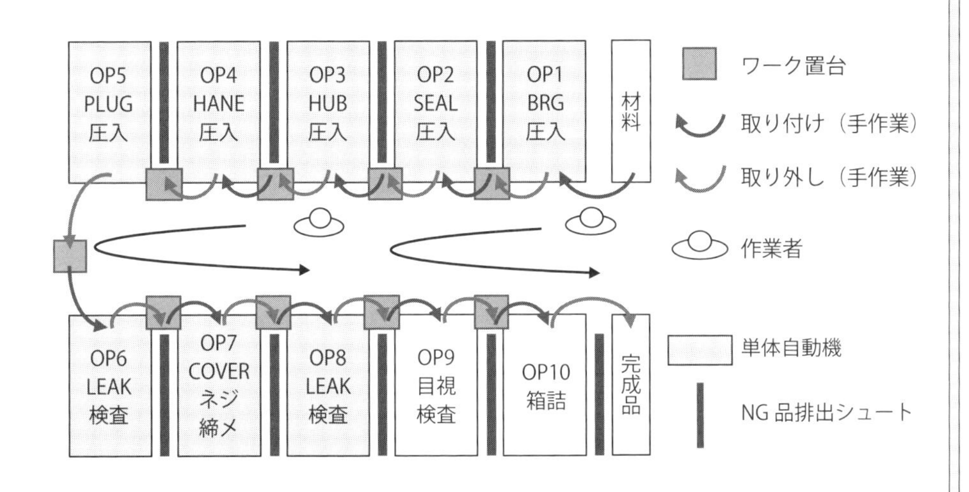

● 自動化された組立設備を 1 サイクル自動で運転するレベルです

図 4.7.2　組立ラインの自動化レベル 3

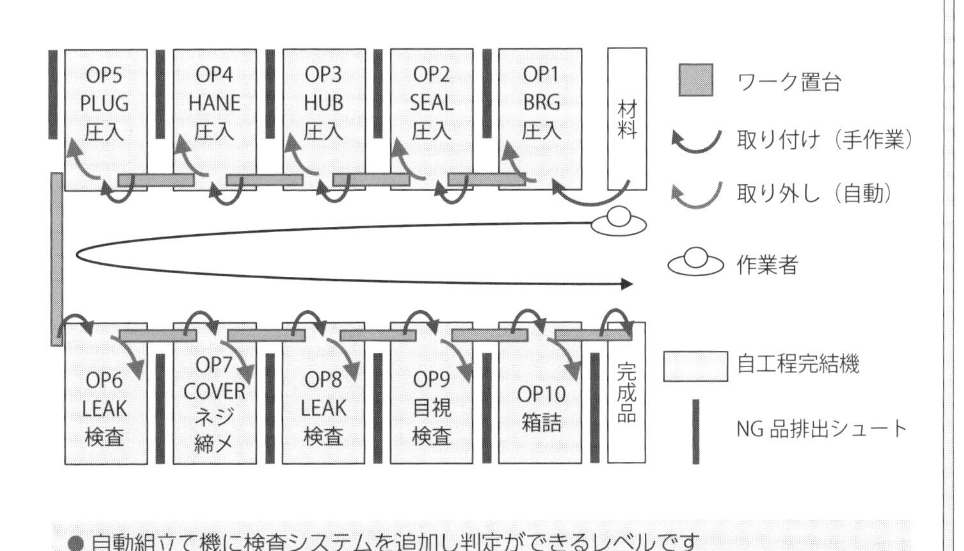

● 自動組立て機に検査システムを追加し判定ができるレベルです

4-8 組立ラインの自動化レベルの分類(3)

➤組立工程「着々化」レイアウト設計

自動化レベル3の組立工程の設備は、「着々化設備」が基本になります。複数の連続した組立工程からなる生産ラインにおいて、生産性がもっとも高い「着々化設備」は、検査装置を持つ「自工程完結型設備」が基本です。

図4.8.1は、組立工程の着々化のレイアウト図です。前工程から搬送され、定位置に定姿勢で位置決めされたワークを作業者が治具に取り付けます。そして設備側で組立を行い、完了品を自動で検査し、OK品は払い出して次工程まで搬送します。NG品発生時には、設備を停止させ作業者に知らせます。不良品を後工程に流出させない仕組みを組み込んだ設備です。「着々化設備」での作業は、前工程から搬送され定位置にあるワークを取り付け、次工程に移動しながら起動スイッチを起動します。これで、サイクル運転がスタートします。

NG品発生時にはNG品の処置を行った後に自動運転が再開されます。投入された組立部品の組立作業はロボットや自動機を活用し自動で行います。

➤「自動化レベル4」

レベル4は、組立設備に品質を判定する自動計測機能を持たせた「自工程完結型」の設備が並置され、工程間をコンベアなどで連結し、自動で脱着を行って連続した生産ができるレベルです。品質を自動判定されたOK品を機外へ排出、定位置・定姿勢で次工程まで自動で搬送します。NG品発生時はNG品処理方法にもとづき自動でNG品を取り出しNG品排出シュートに排出します。**図4.8.2**は、組立工程の着々化のレイアウト図です。ロボットがワークを治具へ取り付けた後、自動クランプ、組立、自動アンクランプ、取り出し、検査、OK/NGの判定、OK品の次工程への搬送、NG品の機外排出といった一連の動作を自動で行います。組立後の計測・判定・NG品の排出をすべて自動で行います。作業者の常駐は不要ですが、作業者は、組立設備と組立ライン全体を管理し、異常処理に対応できる高度な専門技術・技能を身に付けておく必要があります。

図4.8.1　組立ラインの着々化

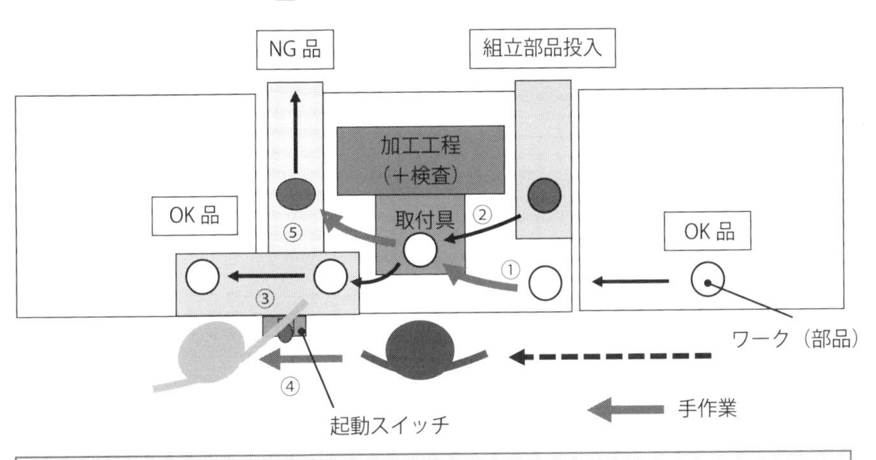

①前工程から自動搬送されたワークを取付具に取り付ける（手作業）
②組立部品投入からの組立部品を組付ける（自動）
③完了品を取付具から取り外し次工程へ搬送する（自動）
④次工程に歩行移動する際に起動スイッチを ON する（手作業）
……⑤NG 品の取り出しと排出は手作業

● 作業者はワーク取付、タッチスイッチ起動のみの自動化レベルです

図4.8.2　組立ラインの自動化レベル4

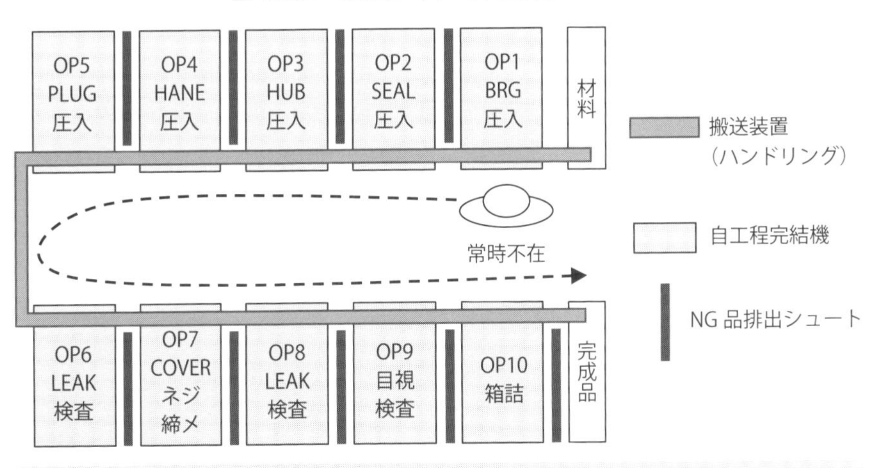

● 作業者は常駐しない。ラインとして自動で生産できるできるレベルです

4-9 組立ラインの自動化レベルの分類(4)

➤組立工程の「自動化レベル4」の事例

図4.9.1は、自工程完結型の組立機からなる自動化レベル4の組立ラインの事例です。組立設備10台、試験設備2台からなる自動化ラインで、組立や試験設備には水平多関節型ロボットと直交型ロボットを組み込み、組立部品の供給と部品組立、組立部品の品質検査とOK品・NG品の払い出しを自動で行います。昼夜二交代に対応した自動化ラインです。工程間は市販のベルトコンベアを用いて、コンベア上には上下開閉式シャッターを設け、OK品のみ次工程へ搬送する仕掛けでNG品の流出防止を図っています。安価で故障レス、工場レイアウトの変更にも容易に対応できる利点があります。前述の着々化設備に対して、さらにワーク脱着から工程間搬送を全自動化した組立ラインです。

➤「自動化レベル5」

レベル5は、上位管理システムからの生産指示にもとづき安定的に品質を維持・管理し、無人で組立を継続できる完全自動運転レベルです。**図4.9.2**は、組立工程の着々化のレイアウト図です。自動運転中の機械状態の監視や組立品質の傾向管理のシステムを持ち、自動で組立条件の補正など最適化によるプログラムの自動編集ができます。工程ごとに品質を自動判定し、OK品を機外へ排出、定位置・定姿勢で次工程まで自動で搬送します。NG品はNG品処理法にもとづき、自動でNG品を取り出しNG品排出シュートに排出します。

機械付けのロボットによって組立品を治具へ取り付けた後、自動クランプ、加工開始、組立後自動アンクランプ、組立品の取り出し、検査、OK/NGの判定、OK品の次工程への搬送、NG品の機外排出といった一連の動作を全自動化で行います。レベル5では、NG品発生時の処理を含めてすべて自動で行い、品質データや機械データをもとに継続的な生産を行う知能を有し、不具合を未然に防ぐ自動補正、自動修正を行います。ラインの監督者は、常時監視、自動制御、異常処理に対応できる高度な専門技術を必要とします。

図4.9.1　組立ラインの自動化レベル４の事例

● ラインとしてワーク脱着とOK品の次工程搬送ができるレベルです

図4.9.2　組立ラインの自動化レベル５

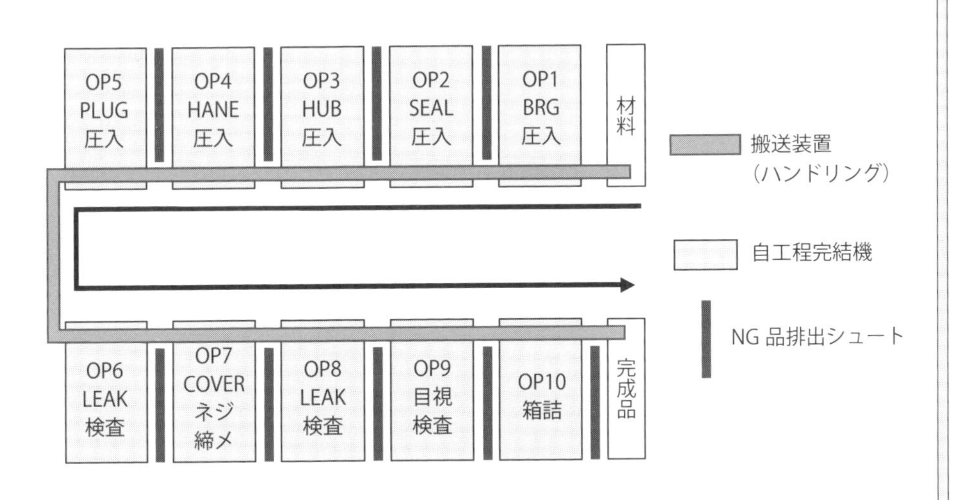

● 品質データをもとに安定した品質で連続的に生産ができるレベルです

4-10 信頼性を高める「グローバル・ワンデザイン」の実践法（1）

➤品質信頼性の高い設備仕様統一の考え方

自動化ラインを設計する場合、新規の設備設計は様々なリスクを伴うため一品料理の設備設計はできる限り避けます。新規設計は設計ミスを引き起こし、組立や運転調整の不具合を誘発します。特に、遠隔地や海外拠点向けの自動化設備や自動化ラインにおいては、設備の信頼性が重要です。不具合や故障時に即時対応が難しく、スーパーバイズにかかる費用は底知れません。

図4.10.1は、「グローバル・ワンデザイン」の考え方です。自動化設備の信頼性を高めるために、設備を構成する機器や部品を限定、構造を簡素化し標準化することで設備設計を統一する考え方です。完成度、信頼性の高い世界共通の自動化設備や自動化ラインの設計を国内マザー工場が統括し、自動化ラインをグローバルに展開していくことが、グローバル・ワンデザインの目指す姿です。

➤故障しない完成度の高い設備設計の基本

グローバル・ワンデザインの基本は、設備設計において使用する機器や部品を標準化し、設計を統一することです。設備設計に使用する機器を調査、選定し基準化します。国内・海外ともに短期で入手可能か、自社での使用歴を調査し品質に問題はないか、今後も継続した購入が可能かなど、信頼性と保守対応を重点に検討します。新製品の機器や装置は要注意です。初期トラブルの多発によって設備の稼働を妨げる事態になりかねません。新製品の機器は、性能や機能が改善されていますが、市場をよく調査し、実績を確認したうえで採用を検討することを推奨します。**表4.10.1**は、グローバル・ワンデザインの基本を表した機器や構造の標準化の事例です。制御機器や安全装置などは、仕向け地によって安全基準が異なるため、使用条件や安全規格に準拠した機器を検討し選定しなければなりません。グローバル・ワンデザインの目的は、自動化ラインごとに仕様を統一し、設備設計の標準化、統一化を図ることです。

図4.10.1　グローバル・ワンデザインの考え方

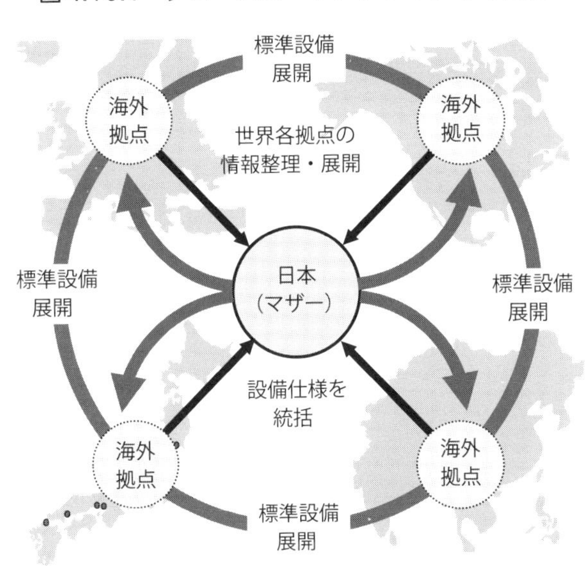

● グローバル標準の設備仕様は国内マザー工場で統一化を図ります

表4.10.1　グローバル・ワンデザインの基本

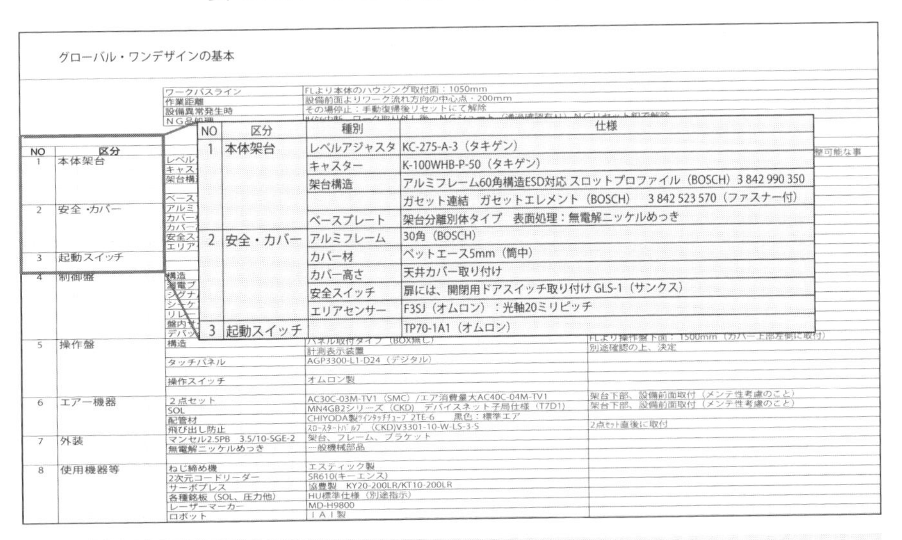

グローバル・ワンデザインの基本

項目	仕様
ワークパスライン	FLより本体のハウジング取付面：1050mm
作業距離	設備前面よりワーク流れ方向の中心点：200mm
設備異常発生時	その場停止：手動復帰後リセットにて解除

NO	区分	種別	仕様
1	本体架台	レベルアジャスタ	KC-275-A-3（タキゲン）
		キャスター	K-100WHB-P-50（タキゲン）
		架台構造	アルミフレーム60角構造ESD対応 スロットプロファイル（BOSCH）3 842 990 350
			ガセット連結　ガセットエレメント（BOSCH）　3 842 523 570（ファスナー付）
		ベースプレート	架台分離別体タイプ　表面処理：無電解ニッケルめっき
2	安全・カバー	アルミフレーム	30角（BOSCH）
		カバー材	ペットエース5mm（筒中）
		カバー高さ	天井カバー取り付け
		安全スイッチ	扉には、開閉用ドアスイッチ取り付け GLS-1（サンクス）
		エリアセンサー	F3SJ（オムロン）：光軸20ミリピッチ
3	起動スイッチ		TP70-1A1（オムロン）

NO	区分	種別	仕様	備考
4	制御盤			
5	操作盤	構造		別途確認の上、決定
		タッチパネル	AGP3300-L1-D24（デジタル）	
		操作スイッチ	オムロン製	
6	エアー機器	２点セット	AC30C-03M-TV1（SMC）/エア消費量大AC40C-04M-TV1	架台下部、設備前面取付（メンテ性考慮のこと）
		SOL	MN4GB2シリーズ（CKD）デバイスネット子局仕様（T7D1）	架台下部、設備前面取付（メンテ性考慮のこと）
		配管材	CHIYODA製ﾂｲﾝﾀｯﾁﾁｭｰﾌﾞ 2TE-6　黒色：標準エア	
		飛び出し防止	ｽﾛｰｽﾀｰﾄﾊﾞﾙﾌﾞ（CKD)V3301-10-W-LS-3-S	2点ｾｯﾄ直後に取付
7	外装	マンセル2.5PB　3.5/10-SGE-2	架台、フレーム、ブラケット	
		無電解ニッケルめっき	一般機械部品	
8	使用機器等	ねじ締め機	エスティック製	
		2次元コードリーダー	SR610(キーエンス)	
		サーボプレス	協豊製　KY20-200LR/KT10-200LR	
		各種銘板（SOL、圧力他）	HU標準仕様（別途指示）	
		レーザーマーカー	MD-H9800	
		ロボット	ＩＡＩ製	

● 設備を構成する機器や部品は社内で基準化し設計標準にします

4-11 信頼性を高める「グローバル・ワンデザイン」の実践法(2)

➤品質保証に適応した装置の標準化の方法

機器や装置の標準化や統一化を図る場合、いずれも手法は同じです。ここでは、ねじ締め作業に使用するナットランナーについて事例をもとに解説します。

ねじの締め付けはあらゆる部品の締結として多く使用されます。緩みによって重大事故が発生することもあり、ねじ締結の品質保証は重要です。**図4.11.1**は、ねじ締め装置の標準化の方法をまとめた表です。最初にねじ締め作業の品質保証の方法を決めてください。図では、ねじ締めで発生するトルクとビット回転の時間との関係からOKゾーンを設定し、判定を行う「角度モニタトルク法」を品質保証の方法として採用しています。

次に締め付けの確認方法によって品質保証の設定基準を明確にします。これらの品質保証が可能なねじロボ、ナットランナー、トルクレンチなどのねじ締め装置を調査し、適正な機器や装置を抽出し選定機種を絞り込み標準化します。

➤国内外拠点の設備で使用する装置の標準化の事例

グローバル・ワンデザインを目的とした機器や装置の標準化、統一化は、設備の信頼性向上を前提に進めます。設備設計時に機器や装置を採用する場合、使用目的を明確にし、それに見合った適正な機器や装置を選定しなければなりません。設備設計者は、設備の組立、運転調整、量産立ち上げ後に故障やトラブルなく使用できる信頼性の高い機器や装置の標準化を行います。

設備の品質信頼性を向上させるための機器や装置は、使用実績、過去トラ、事前検証にもとづき技術的な裏付けによって選定する必要があります。**表4.11.1**は、ねじ締め装置の標準化の表です。国内外の生産拠点で使用する設備のねじ締め装置は、ねじ径の種類に合わせ適応する型式を選定し、標準化資料として作成しています。管理方法としてトルク法、角度モニタトルク法、角度法の品質管理が可能で、データの外部出力を持つ機種を選定し標準化した例です。

図4.11.1　ねじ締め装置の標準化の方法

①品質保証を決める

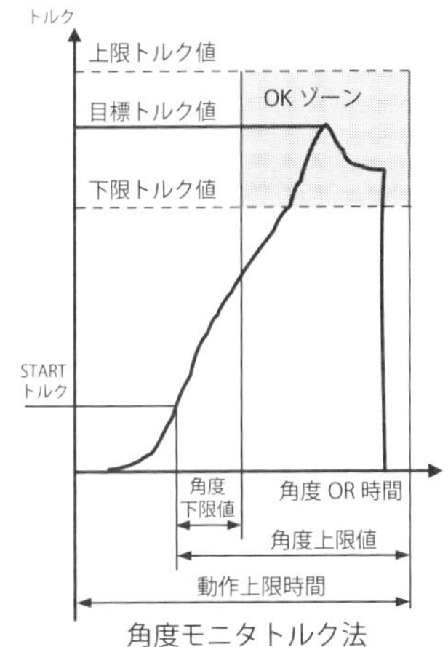

角度モニタトルク法

②品質保証の設定基準を明確にする

No	締付確認方法	方法
1	トルク法	一般的に多く使われている。あらかじめ設定された締め付け目標トルクまで締め付けて停止し、ピークトルクが設定された上下限の範囲内にあるかどうかを判定して OK、NG を出力する
2	角度法	角度計測開始トルクより任意に設定された目標角度まで締め付けて停止し、角度とトルクの値が設定された上下限の範囲内にあるかどうかを判定して OK、NG を出力する
3	角度モニタトルク法	トルク法で締め付けを行い、判定をトルクの上下限に加え、角度の上下限判定も実施する

③使用実績を調査する

No	分類	ネジロボ	ナットランナー				トルクレンチ
		自動	設備組込み				手動
1	型式	SR・AX	NFT	SDNR・SDN	VBA	ENRZ・ENRH	ALS
2	メーカ	N 社	D 社	S 社	N 社	E 社	T 社
3	ネジ径	小ネジ～ M5	～ M6	～ M8	～ M8	～ M20	～ M8
4	実績台数（台）	6（11%）	2（4%）	30（56%）	2（4%）	6（11%）	8（15%）

④ネジ締め装置を標準化する

No	分類	自動	手動	自動	
1	型式	SR・AX	ALS	SDNR・SDN	ENRZ・ENRH
2	メーカ	N 社	T 社	S 社	E 社
3	ネジ径	小ネジ～ M5	～ M8	～ M8	～ M20

● 品質保証の設定基準を明確にし、合致する適正な機器を検討します

表4.11.1　ねじ締め装置の標準化

No	推奨品 / 機能	分類	ネジロボ		ナットランナー				動力式トルクレンチ	
		型式	SR560Y-Z	AX100-TU	SDNR（TM1）-025F	ENRZ-TU008-O	ENRZ-TU020-S	ENRZ-TU040-S	ALS25N	ALS50N
		メーカ	N社	N社	S社	E社	E社	E社	T社	T社
1	適用（ネジ径）	mm	小ネジ～4	小ネジ～5	～6	～8	～12	～20	～6	～8
2	最大出力トルク	Nm	2.94	9.1	25	80	200	400	25	50
3	適用締め付けトルク範囲	Nm	0.29～2.94	2.0～9.1	7.5～25.0	8～80	20～200	40～400	5～25	10～50
4	締め付け精度	%	−	≦2	±2	2	2	2	−	−
5	無負荷回転数	rpm	1430	500	640	714	291	148	1000	1000
6	最大消費電力	W	500	500	500	200	200	200	（エアー）	（エアー）
7	重量	kg	1.1	3.5	2.1	4.2	5.5	6.3	1.2	1.7
8	最大マルチ制御	軸	−	−	32	31	31	31	−	−
9	締め付けプログラム	種類	16	32	8	31	31	31	−	-−
10	出力	−	RS422	RS232C	BCD/RS232C	RS232C	RS232C	RS232C	I/O 接点	I/O 接点
11	管理方法 トルク法	−	○	○	○	○	○	○	（○）	（○）
12	管理方法 角度モニタトルク法	−	−	○	○	○	○	○	−	−
13	管理方法 角度法	−	−	○	○	○	○	○	−	−
14	オプション			（外部PC処理対応） ・締め付けデータ収集 ・トルク波形収集 ・リアルタイム統計処理	（外部PC処理対応） ・締め付けデータ収集 ・トルク波形収集 ・リアルタイム統計処理	（外部PC処理対応） ・締め付けデータ収集 ・トルク波形収集 ・リアルタイム統計処理	（外部PC処理対応） ・締め付けデータ収集 ・トルク波形収集 ・リアルタイム統計処理	（外部PC処理対応） ・締め付けデータ収集 ・トルク波形収集 ・リアルタイム統計処理	（ポカバトロール）機能 ・締め付け回数表示 ・ダブルカウント防止タイマ ・OK/NGリレー出力 ・MAX99本設定	（ポカバトロール）機能 ・締め付け回数表示 ・ダブルカウント防止タイマ ・OK/NGリレー出力 ・MAX99本設定

● 品質信頼性向上を第一優先に機器や装置を標準機器として選定します

4-12 自動化を進めるための工程設計の実践法(1)

➤作業時間から配員と動線を検討する「工程計画」の検討方法

新たに計画する生産設備や生産ラインの生産性の良否は、工程計画によって決まります。タクトタイムから生産ラインのサイクルタイムを決め、サイクルタイムから設備仕様が決まり、作業者の手作業時間が決まります。これによって、工程と配員を決めラインレイアウトを設計できます。

図4.12.1は、工程計画とレイアウト設計の例です。10工程から構成される組立ラインは二の字ラインであり、自工程完結型で構成されています。作業者はワーク取付が主体で、一部の工程に手作業の組立が残っています。工程計画は、各工程における設備の自動時間と作業者の手作業時間、さらに工程間の移動時間を合算しサイクルタイムを算出し工程の平準化を行います。本計画では、総組立工程の手作業時間27.3秒と油圧試験設備の自動時間46.8秒がボトルネックとなっています。また、配員2名のサイクルタイムが56.6秒と46.8秒となっているため、作業時間の平準化に向けて設備仕様および作業を再検討する必要があります。

➤モノの流れと配員・動線を決める「レイアウト設計」の作成方法

作業者の配員と動線を決めることで機械と作業者の作業分担を、作業時間でタクトタイムの検証を行うことが重要ですが、同時に、モノの流れと動線に問題はないか確認することも重要です。**図4.12.2**は、自動車部品の組立ラインに構成部品の供給と組立完成品の取り出し場所を明示し、モノの流れと組み込んだレイアウトです。サブ組立部品はレイアウトの先頭工程側から、メイン組立部品は自動組立ラインに供給しています。組立完成品は試験工程を経て、最終工程である下流工程側から排出されます。このようにして、モノの流れと配員、動線によって検討した「レイアウト設計」が完成します。タクトタイムに対応できるレイアウト設計を検討するのが工程計画です。さらに、工程設計DRを開催し工程計画の信頼性を検証し審査します。不具合があれば見直し再審査を行います。

図4.12.1　機械と人の作業分担から配員と動線を決める

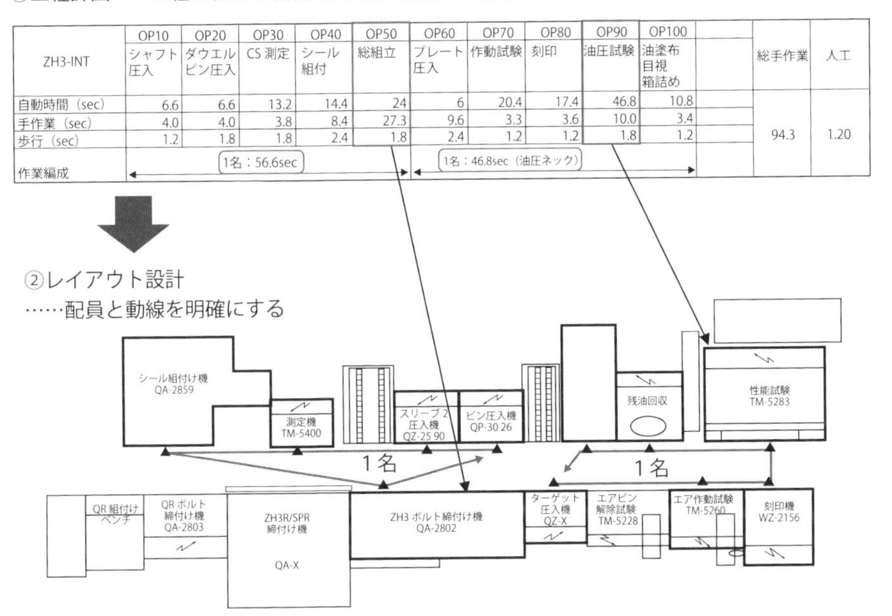

①工程計画……工程における機械と人の作業分担を明確にする

ZH3-INT	OP10 シャフト圧入	OP20 ダウエルピン圧入	OP30 CS 測定	OP40 シール組付	OP50 総組立	OP60 プレート圧入	OP70 作動試験	OP80 刻印	OP90 油圧試験	OP100 油塗布 目視 箱詰め		総手作業	人工
自動時間（sec）	6.6	6.6	13.2	14.4	24	6	20.4	17.4	46.8	10.8			
手作業（sec）	4.0	4.0	3.8	8.4	27.3	9.6	3.3	3.6	10.0	3.4		94.3	1.20
歩行（sec）	1.2	1.8	1.8	2.4	1.8	2.4	1.2	1.2	1.8	1.2			
作業編成	1名：56.6sec					1名：46.8sec（油圧ネック）							

②レイアウト設計
……配員と動線を明確にする

● 工程計画は配員と動線を明確にしたレイアウト設計を行います

図4.12.2　材料供給と完成品排出場所を明確にする

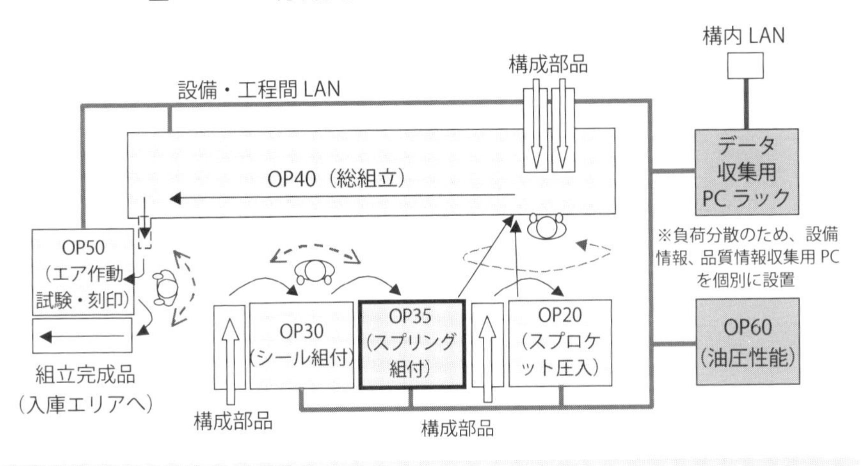

● 工程計画は部品供給と完成品排出のモノの流れを明確にします

4-13 自動化を進めるための工程設計の実践法(2)

➤品質不良の流出を防止する「QA表」の作成方法

工程設計は、設備仕様や作業内容をもとに工程計画を立て、最適な自動化ラインを設計することです。同時に品質を作り込む方法を決めます。FMEAから工程計画に反映し、工程計画から設備仕様に落とし込みます。製品設計で決めた品質管理項目と管理値を作り込む設備仕様は、品質を確保する設備設計の要となります。さらに品質不良の流出防止策を設備設計に反映することは、品質保証にきわめて重要です。**表4.13.1**は、「QA表（FMEA総括表)」による品質不良の流出防止策です。不良品を作らない、流さないという考え方を設備仕様に組み込むことが、品質保証と品質対策の両輪となります。品質不良を検出し、不良品を次工程に流さない検査システムは、自動化ラインの構築に必要不可欠です。

➤品質不具合の流出を防止する「設備仕様」の決め方

自動化設備での生産においては、品質の保証が最優先です。不良品の流出は、仕損費が増大するだけではなく、生産計画の未達から未納になり、重大な損害を被ることにもなりかねません。事前の対策が必要です。

自工程完結型設備は、不良品を受け取らない、作らない、流さないが基本ですが、具体策を設備仕様に盛り込み設備設計しなければなりません。検査内容に合わせて計測器と表示判定機を選定し、設備に組み込むことで通常の品質管理は対応可能です。しかし、市販の表示判定機で対応が困難な品質管理方法もあります。

図4.13.1は、自動車部品のなかでも重要保安部品としてもっとも品質レベルの高い製品の品質管理の例です。油圧製品の組立工程でアルミ本体に制御バルブを圧入しカシメを同時に行う工程です。アルミ本体と締結するための圧入作業と、油圧の抜け荷重に対応するためのカシメ作業の2つの作業を同時に連続して行います。本件は、圧入およびカシメの荷重とバルブの位置を、荷重管理装置と測長センサーによって計測し、あらかじめ設定したプロセスのOKゾーンの範囲内にあることを管理する計測表示判定機の設備設計仕様です。

表4.13.1　QA表による品質不良の流出防止

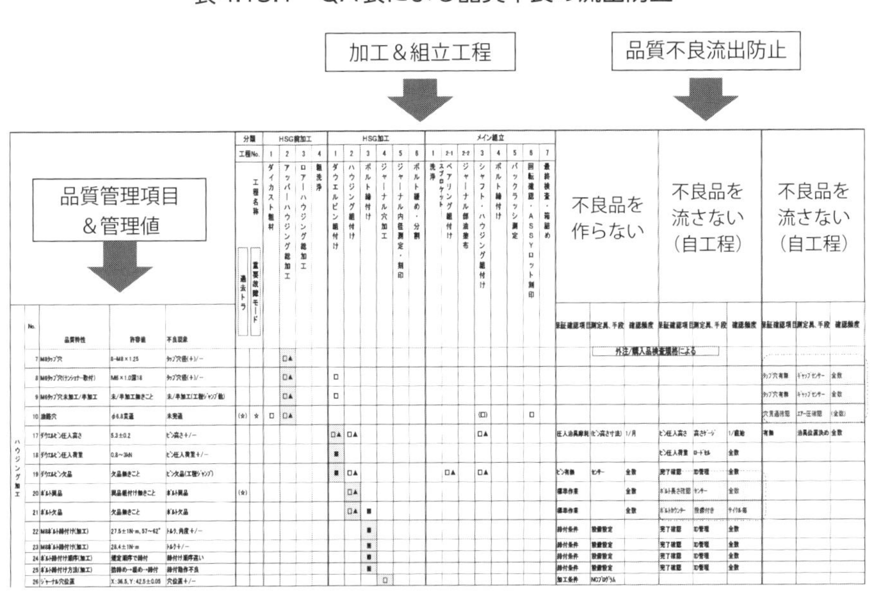

加工＆組立工程 / 品質不良流出防止 / 品質管理項目＆管理値

No.	品質特性	許容値	不良現象	過去トラ	重要故障モード	HSG前加工 1 ダイカスト素材	HSG前加工 2 アッパーハウジング総加工	HSG前加工 3 ロアーハウジング総加工	HSG前加工 4 組洗浄	HSG加工 1 ダウエルピン組付け	HSG加工 2 ハウジング組付け	HSG加工 3 ボルト締付け	HSG加工 4 ジャーナル穴加工	HSG加工 5 ジャーナル内径測定・刻印	HSG加工 6 ボルト緩め・分割	メイン組立 1 洗浄	メイン組立 2-1 スプロケット ベアリング組付け	メイン組立 2-2 ジャーナル部油塗布	メイン組立 3 シャフト・ハウジング組付け	メイン組立 4 ボルト締付け	メイン組立 5 バックラッシ測定	メイン組立 6 回転確認・ASSYロット刻印	メイン組立 7 最終検査・箱詰め
7	M8タップ穴	8-M8×1.25	タップ穴径(+)/−				□▲																
8	M6タップ穴(テンショナー取付)	M6×1.0深18	タップ穴径(+)/−				□▲			□													
9	M6タップ穴未加工/半加工	未/半加工無きこと	未/半加工(工程ジャンプ他)				□▲			□													
10	油路穴	φ6.8貫通	未貫通	(☆)	☆	□	□▲												(□)			□	
17	ダウエルピン圧入高さ	5.3±0.2	ピン高さ+/−							□▲	□▲								□▲				
18	ダウエルピン圧入荷重	0.8~3kN	ピン圧入荷重+/−							■													
19	ダウエルピン欠品	欠品無きこと	ピン欠品(工程ジャンプ)							■	□▲						□▲		□▲				
20	ボルト異品	異品組付け無きこと	ボルト異品	(☆)							□▲												
21	ボルト欠品	欠品無きこと	ボルト欠品								□▲	■											
22	M8ボルト締付け(加工)	27.5±1N·m, 57~62°	トルク、角度+/−									■											
23	M8ボルト締付け(加工)	28.4±1N·m	トルク+/−									■											
24	ボルト締付け順序(加工)	規定順序で締付	締付け順序違い									■											
25	ボルト締付け方法(加工)	仮締め→緩め→締付	締付動作不良									■											
26	ジャーナル穴位置	X:36.5, Y:42.5±0.05	穴位置+/−										□										

（ハウジング加工）

No.	不良品を作らない 保証確認項目	不良品を作らない 測定具、手段	不良品を作らない 確認頻度	不良品を流さない（自工程） 保証確認項目	不良品を流さない（自工程） 測定具、手段	不良品を流さない（自工程） 確認頻度	不良品を流さない（自工程） 保証確認項目	不良品を流さない（自工程） 測定具、手段	不良品を流さない（自工程） 確認頻度
7		外注/購入品検査規格による							
8							タップ穴有無	ギャップセンサー	全数
9							タップ穴有無	ギャップセンサー	全数
10							穴貫通検知	エアー圧検知	(全数)
17	圧入治具摩耗	(ピン高さ寸法)	1/月	ピン圧入高さ	高さゲージ	1/直始	有無	治具位置決め	全数
18				ピン圧入荷重	ロードセル	全数			
19	ピン有無	センサー	全数	完了確認	ID管理	全数			
20	標準作業		全数	ボルト長さ確認	センサー	全数			
21	標準作業		全数	ボルトカウンター	設備付き	サイクル毎			
22	締付条件	設備設定		完了確認	ID管理	全数			
23	締付条件	設備設定		完了確認	ID管理	全数			
24	締付条件	設備設定		完了確認	ID管理	全数			
25	締付条件	設備設定		完了確認	ID管理	全数			
26	加工条件	NCプログラム							

● QA表を活用して不良品を検出し次工程に流さないシステムを作ります

図4.13.1　圧入とカシメを同時に行う品質管理

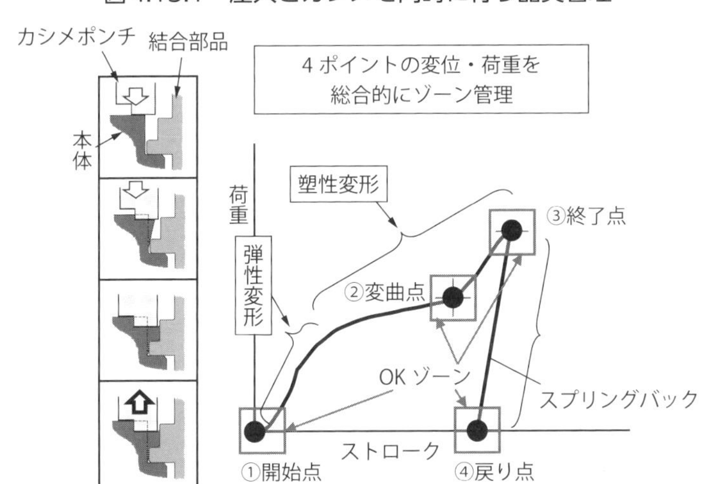

● 品質不良をゼロにするため、検査システムの確立を図ります

4-14 自動化ライン構築に必要なネック技術の解決法(1)

➤「鋳巣不良を検出」する工法の検証方法

鋳造は、複雑な形状を一体成型できるため様々な製品に採用されていますが、鋳造特有の欠陥によって品質不具合が発生することがあります。たとえば鋳巣は鋳物の内部に空洞が発生し、表層に表れる鋳造欠陥です。鋳巣が起こると製品は強度不足となるため、鋳造欠陥の回避や鋳造後の鋳造不良の検出が不可欠であり、その自動化が課題となっています。

図4.14.1は、エンジン部品の鋳巣不良検出の検証実験です。生産ラインは、1日16時間2交代で月当たり10万個の生産ラインです。タクトタイムは個当たり12秒で鋳巣有無を目視で全数検査します。自動化可否の検証のためにエンジン部品を高速回転させ、高精度レーザーセンサーで外周面を走査し形状変化を検出するプロセスで鋳巣の検出を行い、自動化の可否を検証します。

➤「鋳巣不良の自動検出」装置の設備仕様書

品質管理基準の鋳巣が検出可能であることを実験により検証できましたが、検出工法を自動化設備の設備仕様に反映する必要があります。鋳巣の大きさ（幅と深さ）を正確に計測するためには、エンジン部品の回転とレーザーセンサーの走査は同期させる必要があります。

加工直後の計測の影響についても検討が必要です。計測時間は旋削の外径加工のバイトと同じ速度で高精度レーザーセンサーを制御するため問題ありません。エンジン部品外径のクーラント液の残り、切り粉などのコンタミの付着は、形状変化データが鋳巣と逆パターンとなるため、これらのデータを除外することで鋳巣の検出に影響はないと考えられます。自動化の課題を検証し設備仕様に反映した結果を**図4.14.2**に示します。鋳巣不良検出の自動化設備仕様です。データの外部出力が可能な高精度レーザーセンサーを使用し、ワーク回転と高速2軸同期制御を採用しています。また、計測時間を優先にワーク脱着は3秒とし、ダブルハンドのスイング方式を設備仕様に反映しています。

図4.14.1　重力鋳造品の鋳巣不良の検出実験

［検出工法］
光学式センサーにて外周面の形状の変化をデータ化できるか？

形状測定による“鋳巣”の認識の可否

例1　タップ穴欠陥検知装置
例2　はんだ塗布高さ計測装置

［検証結果］
鋳巣の部分の形状が認識可能

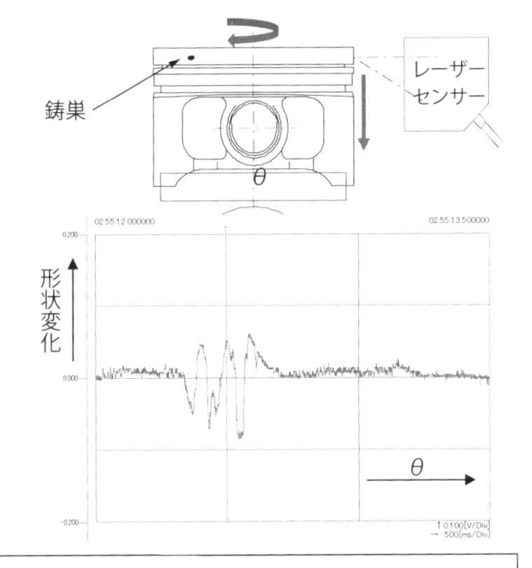

［自動化可否］

「θ」との同期動作によりピストンの形状データをトレースすることで、しきい値との比較判定のアルゴリズムを構築し、実用化が可能と判断できる

● 安価な入手しやすいレーザーセンサーで自動化の条件を検証します

図4.14.2　鋳巣不良の自動検出設備の仕様

（検証結果）回転軸と同期制御により外径形状をトレースすることで
鋳巣をデータ化し比較判定する方法で自動化が可能

1）生産能力　：100千個/月
2）稼働時間　：19,800分/月（21日/月×16時間/日×60分/時間×稼働率98%）
3）サイクルタイム：0.2分/個（12秒/個）
（計測判定時間：9秒、ワーク脱着時間：3秒）
4）品質管理項目　：外周部に深さ0.5mm以上の鋳巣無きこと
5）品質保証　：工程能力指数CPk＝1.33（トレーサビリティ）
6）検出装置　：ダブルスキャン高精度レーザー測定器
LT-9000シリーズ（キーエンス）：RS232Cインターフェース機能付き）
7）計測方法　：レーザーセンサー移動およびワーク回転の2軸同期制御
8）前後工程　：シャトルスライドによる定位置･定姿勢の自動搬送
9）機械の大きさ　：W1000×L1000×H160010）予算額：12百万円/台

● 測定データをデジタルでPCに出力できるセンサーを選定します

4-15 自動化ライン構築に必要なネック技術の解決法(2)

➤「ねじの加工不良を検出」する工法の検証方法

ねじは、異部品を一体化できることで様々な量産品に活用されていますが、加工中の不具合によって品質不良が発生することがあります。切粉の噛み込み、刃具折損、二度加工など、正常なねじ山が形成されない現象による加工不良です。不完全なねじ山は締結力の低下を引き起こし、製品の強度不足に陥るため、加工不良対策やねじ加工後のねじ山形状の検査は重要です。

図4.15.1は、シャフト両端部に加工されたねじ穴不良検出の検証実験です。生産ラインは、1日16時間2交代で月当たり6.6万個です。生産タクトは18秒、ねじ山の欠肉有無の全数検査、実験機でネジ穴形状の計測判定を検証します。ねじ穴にエアー噴射できる超小型計測ノズルを製作、エアー圧を計測することでねじ山の形状をトレースし、不良ねじの検出方法を確立した事例です。

➤「ねじの加工不良の自動検出」設備の設備仕様書

品質管理基準の鋳巣を検出できることが実験により検証できましたが、検出工法を自動化設備の設備仕様に反映しなければなりません。ねじ山の欠肉の大きさ（谷の径と内径）を正確に計測するためには、エアー圧力と計測ノズルの走査は同期させ、計測ノズルとねじ山との隙間を保持する必要があります。

外周加工をクランプし、ねじ山の位置を定位置に固定します。エアー圧の計測感度から短時間で計測できるため、ねじ山に合わせて計測ノズルを移動する速度は、サイクルタイムに影響しません。加工直後のクーラント液の残りや付着した切り粉は、計測前に洗浄とエアーブロー処理を行うため、ねじ山形状の計測に影響しません。自動化の課題を検証し設備仕様に反映した結果を**図4.15.2**に示します。ねじ山加工不良検出の自動化設備仕様です。検証結果や自動化検討から、計測ノズルとねじ山の位置を微調整できる機構を設計します。ねじ山の形状を高精度にトレースできるセンサーヘッドを開発し、ヘッドの移動はロボットによるサーボ制御方式として設備仕様に反映しています。

図4.15.1　ねじ穴加工品のねじ山不良の検出実験

［検出工法］

差圧平衡型エアーセンサーでねじ山をデータ化できるか？

①差圧平衡型エアーセンサーとロボットの同期制御
②数値演算処理技術を応用した判定処理

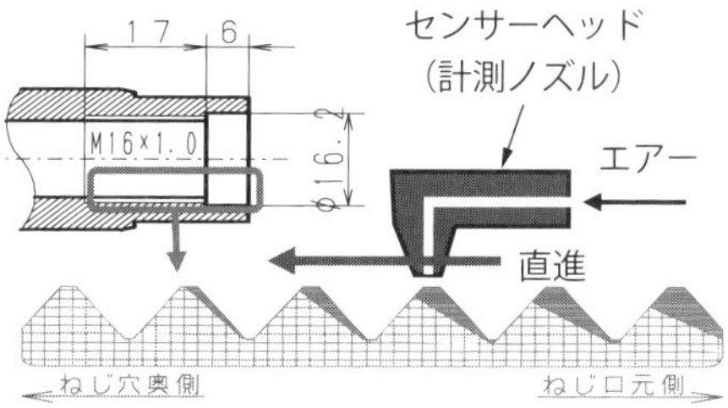

17　6
M16×1.0
φ16.2
センサーヘッド（計測ノズル）
エアー
直進
ねじ穴奥側　ねじ口元側

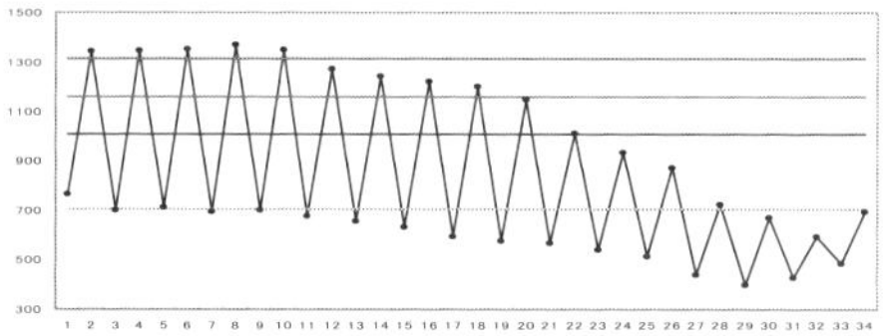

［検証結果］

「ネジ山欠損」の形状を認識可能

［自動化可否］

計測ノズルをロボットでサーボ制御することで
ねじ山の形状をトレスでき、実用化が可能と判断できます

● 計測ノズルは自前で製作しエアー圧と計測値から条件を検証します

図4.15.2　ねじ山加工不良検出の自動化設備仕様

直進と同期制御によりネジ山をトレースすることで
欠損をデータ化し比較判定する方法で自動化が可能

1）生産能力　：66千個/月
2）稼働時間　：19,800分/月
（21日/月×16時間/日×60分/時間×稼働率98%）
3）サイクルタイム：0.3分/個（18秒/個）
（計測判定時間：7秒×2（両端）、ワーク脱着時間：4秒）
4）品質管理項目　：ねじ部に欠肉なきこと（トレーサビリティ）
5）品質保証　：工程能力指数Cpk=1.33
6）検出装置　：エアー式ギャップセンサー
（デジタル着座スイッチISA3シリーズ（SMC）：Io-Link対応）
7）計測方法　：シャフト両端部同時計測としセンサーヘッド移動はサーボ制御
8）前後工程　：加工および洗浄後の定位置・定姿勢自動搬送
9）機械の大きさ　：W1000×L1500×H160010）予算額：15百万円/台

● 測定データをデジタルでPCに出力できるセンサーを選定します

4-16 自動化ライン構築に必要な設備設計技術

➤「グローバル・ワンデザイン」の設備設計の基本

自動化ラインには、品質安定、故障レスの完成度の高い設備が必要です。社会情勢、環境によって市場は常に変化し、安定した生産量が維持できる保証はありません。変化に対応できるフレキシブルな自動化ラインには、グローバル標準の設備を目指した「グローバル・ワンデザイン」の設計が必要となります。

図4.16.1は、グローバル・ワンデザインの設備設計の考え方と設備費を示した図です。必要な生産量に対応した生産能力で標準設備を設計し、リピート機を必要な時期に段階的に投入することで、生産変動に対応する方法です。設備設計図面が同じで完成度が高ければ、短期間で垂直立ち上げが可能です。設備費は初号機に比べ2号ラインが30％低減、3号ラインは40％低減が可能であり投資効率を向上できます。本計画を実現するためには、初号機の自動化設備の組立および立ち上げ時、量産開始後の設備不具合や改善点を対策し、設備設計図面に反映させておくことがポイントです。

➤「フレキシブル生産ライン」の設計事例

自動化ラインは多種製品の生産ができなければなりません。自動化ラインは、可能な限り安定した品質で生産を継続できることが必須ですが、生産品が代わるたびに段取り替えを必要とする自動化ラインは、稼働率が低下します。煩雑な段取り替えは生産性の低下につながるため対策が必要です。

図4.16.2は、多種生産が可能な段取りレス化の「フレキシブル生産ライン」の考え方です。A社製品を生産している自動化ラインでB社とC社の生産品を段取り替え無しで生産する方法です。3社と共通な工程は段取りレス化、B社とC社のみ共通な工程は2社対応として単独に設備設計します。工程によってはA社のみの生産設備もあります。生産品に対応した設備を並置し、生産指示をもとに対象製品に合わせた作業者の動線を決めることで、段取りレスでの生産が可能となります。

図4.16.1　グローバル・ワンデザインの設計

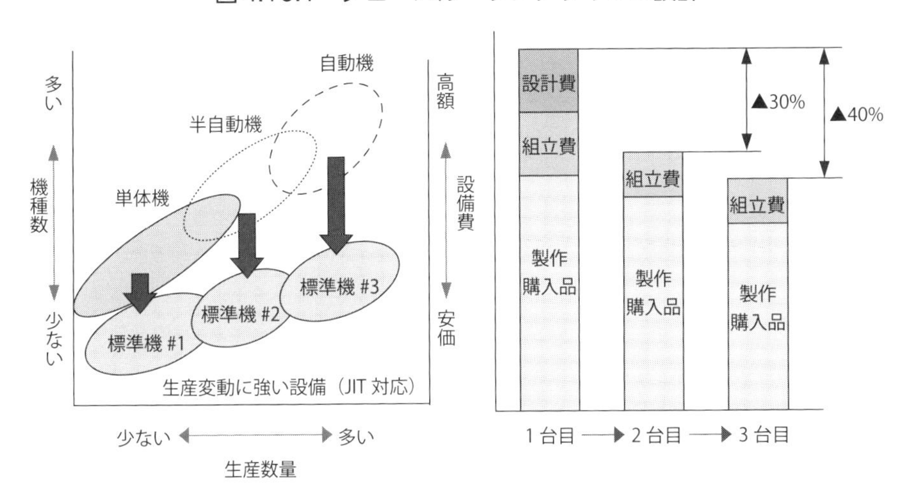

● 生産性を上げるためには、標準化した設備を必要な時に準備する必要があります

図4.16.2　段取りレスのフレキシブル生産ライン

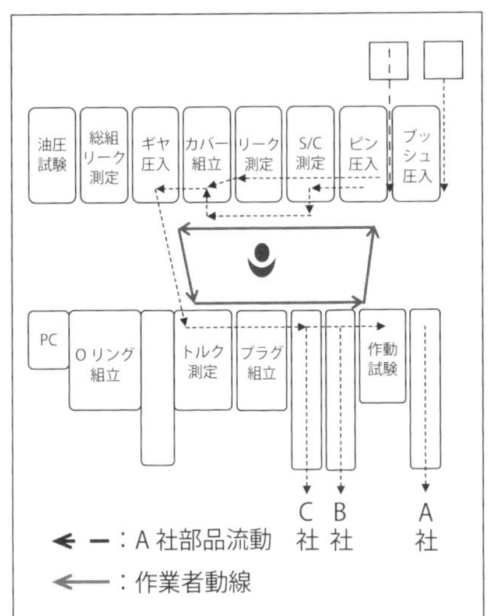

No	工　程	対応	A社	B社	C社	
1	ブッシュ圧入	追加	―	―	○	
2	ピン圧入	新設	○	○	○	共用化
3	S/C測定	新設	○	○	○	共用化
4	リーク測定	追加	―	○	○	
5	カバー組立	新設	○	○	○	共用化
6	ギヤ圧入	新設	○	―	○	共用化
7	総組リーク測定	追加	―	○	○	
8	油圧性能試験	追加	―	○	○	
9	Oリング組立	追加	―	○	○	
10	トルク測定	新設	○	―	―	
11	プラグ組立	新設	○	○	○	共用化
12	作動試験	新設	○	―	―	

● フレキシブル生産は、設備の共通化と同時に設備を準備し選択します

4-17 自動化ライン構築に必要なIoT設計技術

「リモートモニタリングシステム」とは

グローバル・ワンデザインで、機器や装置の標準化によって設備を統一化すれば品質や設備の不具合を軽減できますが、万が一の故障や不具合に即時対応を図ることが自動化ラインに求められます。海外拠点など遠隔地の設備の状態や品質管理のデータを取集し、迅速なトラブル対策を行うために必要なシステムがリモートモニタリングです。**図4.17.1**は、「リモートモニタリングのシステム」図です。設備からのデータをLAN（ローカルエリアネットワーク）によってデータを送ることで、トラブル対応や改善支援ができます。

「リモートモニタリングシステム」のモニタリング事例

リモートモニタリングのシステムは、設備からのデータを収集する仕掛けですが、データの分類としては品質情報と設備情報に大別されます。

品質情報とは、加工機であれば加工後の品質計測データ、組立機や検査機では組立プロセスの品質計測データです。すなわち、工程計画時のQA表に記載した品質特性と許容値に対する実測データです。設備情報は設備に設置した様々なセンサーの計測データです。設備や検査装置からの計測データは、一般的にはアナログデータであるため、A/D変換器によってデジタルデータ（CSVデータ）化され、PLC（プログラマブルコントローラ）からの指示によってPC側に送信を行います。**図4.17.2**は、リモートモニタリングのデータ収集例です。品質データモニタでは、時間軸での品質の変化や傾向が見えるよう散布図に加工されています。また、設備異常履歴モニタでは、設備故障の回数をABC分析し、対策すべき部位がわかるように加工されています。

このようにリモートモニタリングで必要なデータ収集を行い、分析を行うことで様々な不具合や弱点を見える化して対策します。グローバル・ワンデザインの設備設計を行ううえで必要不可欠なシステムであると言えます。

図4.17.1　リモートモニタリングのシステム

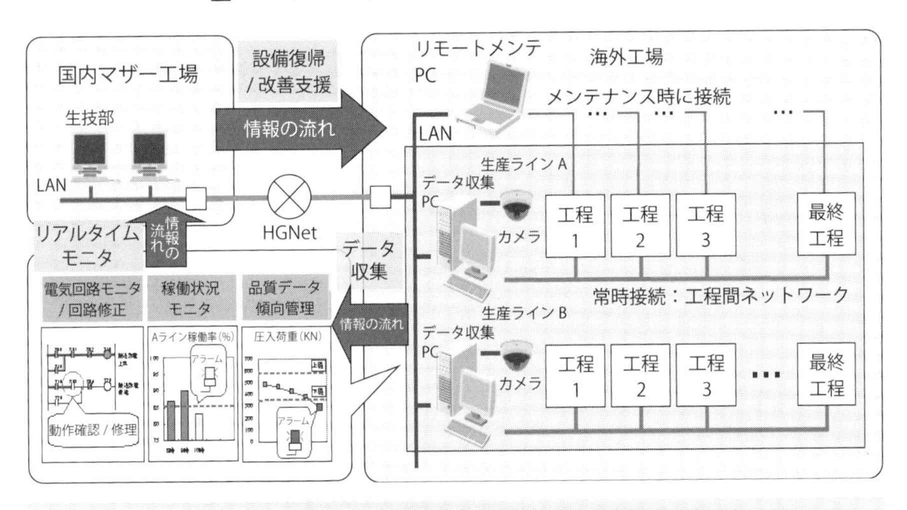

● 品質や設備の不具合状況をデータ取集するシステムを構築します

図4.17.2　リモートモニタリングでのデータ収集例

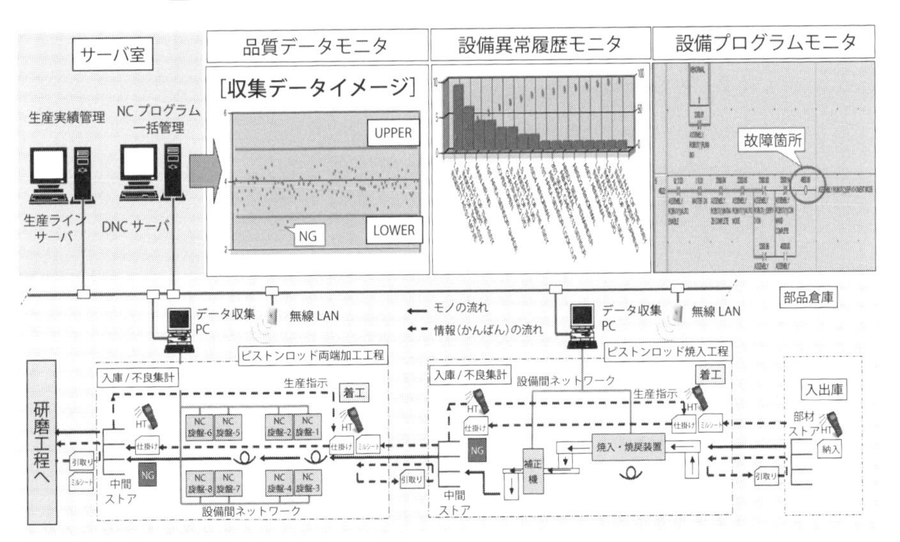

● 収集したデータをモニタリングし分析できるシステムが必要です

Column 4

全自動化に必要なデータ収集と対策（主軸モータ／振動／表面性状）

全自動化された生産ラインに必要なことは何でしょうか？　それは、計測したモニタリングデータです。

車の自動運転では、自車の走行状態を把握し、前方、横、後方など様々な変化に対応します。自社の速度と路面の状態をもとに、前方からの車や自転車、人間を認識して事故を回避する運転を行わなければなりません。

生産ラインの機械も同じように、正常な状態に対する変化の度合いを常に監視し、対策しなければなりません。ここに、モニタリングのデータが必要になります。正常な工具で生産していても、工具の摩耗やチッピング、場合によっては折損が起こります。そのようなトラブルを放っておくと加工不良品を大量に作ることになるため、異常が発生した場合は正常な状態に戻さなければなりません。監視と対策にデータが必要です。

図は、NC加工機の全自動化を達成するために必要なモニタリングデータを取集したグラフです。正常な工具と折損した工具による加工を比較したグラフです。主軸負荷はモータ電流値、治具振動は振動周波数を計測しています。加工精度は折損した工具の加工条件を変更し、正常工具のレベルに復元した表面性状測定の3D図です。このように、収集したデータから原因を特定し、対策し確認することで全自動化が可能になります。

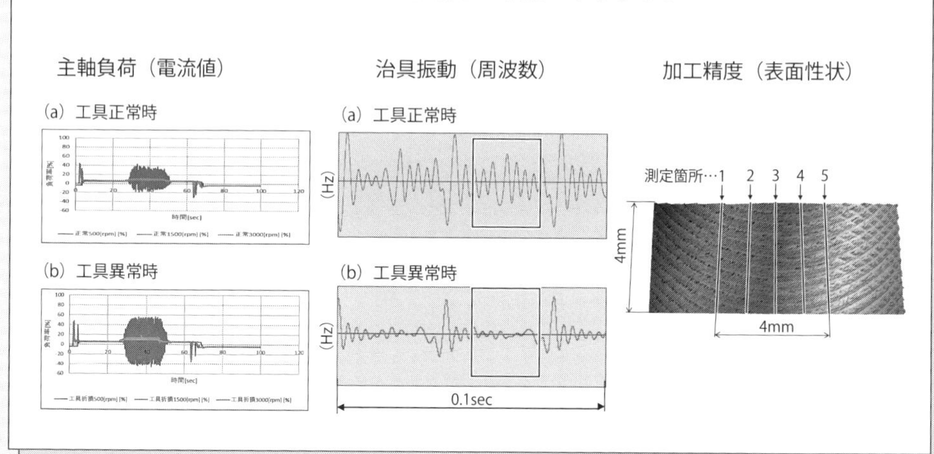

第5章

ロボットによる自動化レイアウト設計の最適化

ロボットの種類は多く、自動化したい作業からどのロボットが適切か、選択に悩むことが多々あります。作業内容と費用対効果を検討し判断します。

複数台の設備で構成された工程間のワーク脱着に、ロボットを活用して自動化レイアウトを設計する場合、設備1台にロボットを1台設置することもありますが、設備2台に1台のロボットで自動化することもあります。また、走行装置を新規製作し、その上にロボットを取り付けてロボットの動作範囲を広くし、複数台の設備間を自動化することもあります。この場合、安全対策にも配慮しなければなりません。安全ロボットは作業者と協働作業が可能となり、重筋作業など特殊作業に能力を発揮するため効果的です。

自動化ラインのレイアウトは直線ラインがよいのか、二の字ラインがよいのか、最適なレイアウトを様々な条件で検討し最終決定します。しかし、どのような自動化レイアウト設計であっても、ロボットを導入後、効果的な作業で生産性を上げてくれるかどうかが判断のポイントです。自動化ラインのレイアウト設計では、計画したロボット台数が適正なのかどうか、台数選定の根拠を示さなければ、適正な投資であるとは言えません。

本章では、ロボットを活用した自動化レイアウト設計において、ロボットの台数を定量的に評価し、レイアウト設計に反映する方法について説明します。

5-1 ロボット活用の状況

ロボット導入前の「難作業のロボット化」事例

主体作業とは付加価値を生み出す作業です。溶接、塗装、加工、組立、脱着などは代表的な主体作業の例です。一方で、主体作業のための段取りや準備作業を付帯作業と呼びます。作業者の主体作業の代替としてロボットを導入することで、効果を最大限に発揮できます。主体作業と付帯作業のいずれも、ロボットを導入する前に作業をスリム化することでさらに効果が上がります。

図5.1.1は、機械部品の溝加工で発生するエッジ部のバリ取り作業をロボット化した事例です。平やすりと丸ヤスリを用いた作業時間は1個当たり2分で、重筋作業のためロボット化を検討しています。ロボットによる作業時間と品質は机上で判断できないため、ロボットメーカーに部品を持ちこみテストしました。テストの結果では面取りの品質は安定し、1個当たり1分で完了することがわかりました。バリ取り作業をロボット1台で自動化できることが検証できた事例です。

ロボットによる「複合組立の自動化」事例

組立工程にロボットを活用する場合、主体作業のロボット化と主体作業をロボットでアシストすることがあります。組立工程の自動化と組立のための部品の搬送と脱着の自動化です。これらの作業は一連の連続した作業のため、いずれもロボットがフルに稼働できるように作業手順を見直し、効率的な作業にレイアウト設計することで生産性を向上できます。

図5.1.2は、自動車部品の組立工程の部品供給にロボットを導入し自動化した事例です。1工程は部品供給、4工程は部品の払い出し、1工程から4工程までは工程間ワーク搬送と脱着、合計6つの作業をロボットに置き換えました。生産数量は月当たり62,000個、2交代勤務の21日稼動です。サイクルタイムは18秒で、ロボットは6つの作業をそれぞれ3秒で行います。自動化の課題は、異なる部品のハンドリング作業を行うハンドの共通化の設計です。トライアルによってハンドの形状および材質を決定し、自動化を実現しています。

図5.1.1　バリ取り作業のロボット化

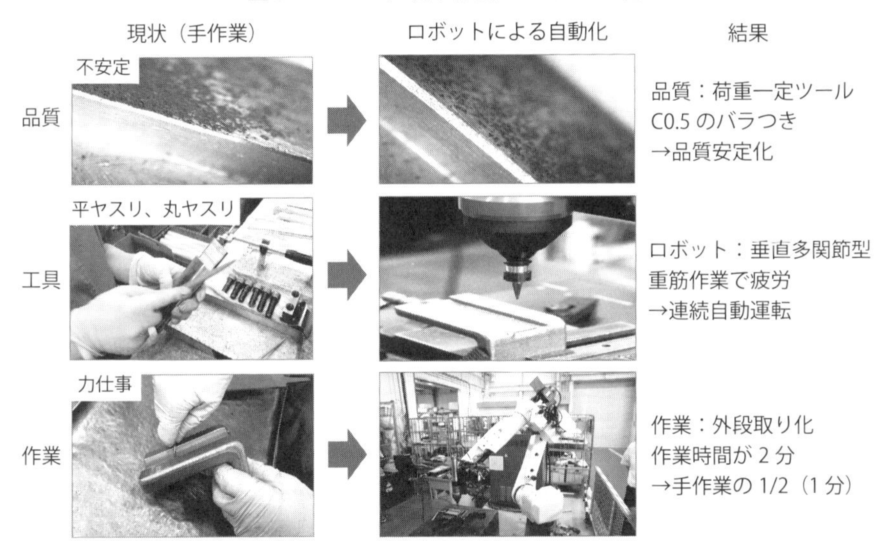

●主体作業のロボット採用可否は事前トライアルで検証します

図5.1.2　組立工程の部品供給と組立の自動化

●複数の連続した作業を行うことでロボットの稼働率を高めます

5-2 ロボットによる自動化レイアウト設計(1)

➤ロボットの種類と選定方法

産業用ロボットは垂直多関節型、水平多関節型、直交軸型、パラレルリンクなどに大別されます。主要メーカーは世界で47社と言われており、日本の主要メーカーはファナック、安川電機、川崎重工業、ダイヘン、デンソーウェーブ、エプソン、パナソニックなど10社です。ロボットの選定の際には、性能、作業内容、価格などが基準になり、用途に応じたロボットを得意とするロボットメーカーを選びます。**表5.2.1**は、ロボットの種類と特徴です。多種多様な作業には制御軸数の多い垂直多関節型ロボットが優れています。溶接や塗装、シーリング塗布などの主体作業に多く使用されています。組立作業など高速高精度な組立には、剛性が高く動作速度の速い水平多関節型ロボットが適します。

低価格で動作範囲の種類が豊富な直交ロボットは、単純構造で操作性がよくコストパフォーマンスが高いので、デパレ・パレタイジングなどの移載作業などに多く使われます。パラレルリンクロボットはスペース効率が高く、カメラを併用し、コンベアの移動速度に追従した高速移載などの作業に優れています。

➤標準ロボットのカスタマイズの仕方

作業に見合ったロボットの選定が必要です。高精度な3次元カメラを用いたピッキング作業のロボットは割高になります。作業をスリム化し、作業性やメンテナンス性を向上させ、自動化の信頼性を上げることが重要です。

図5.2.1は、標準ロボットをカスタマイズした例です。(a) 走行軸双腕型ロボットは、直交軸からなる双腕型ロボットと走行軸を組み合わせ、(b) 垂直多関節型走行ロボットは、垂直多関節型ロボットに走行軸を組み合わせた例です。

ガントリーローダーや天吊り走行型ロボットは、工場のレイアウト変更に対応が難しく割高といった欠点がありますが、市販の標準の直交ロボットをカスタマイズする方法は、低価格で操作性や保守性がよく利便性に優れています。

表5.2.1　ロボットの種類と特徴

分類	垂直多関節型	水平多関節型	直交軸型	パラレルリンク
姿図				
軸	4～6軸	3～4軸	3～5軸	4軸
長所	溶接・塗装・組立・バリ取りなどに対応でき自由度が高い	組立作業に適した構造で精密・剛性が高い	直交軸の動作範囲を持ったシンプルな構造	高速のピック＆プレース作業には適性が高い
短所	高速で動かした際に移動目標がずれる	立体的な動作を要求する作業は難しい	直線的な動作しかできないため作業が限定	人間の代替作業を行うには使いづらい
作業	溶接・塗装・組立など	小物組み立て、パレタイジング	小物組立、大物溶接、ハンドリング	加工、プレス、食品、電子部品の高速搬送

● 自動化したい作業内容に応じて適切なロボットメーカーを選定します

図5.2.1　標準ロボットのカスタマイズ例

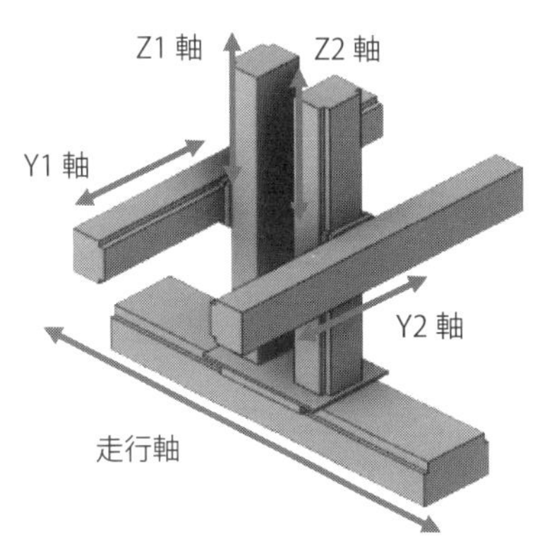

(a) 直交型双腕ロボット

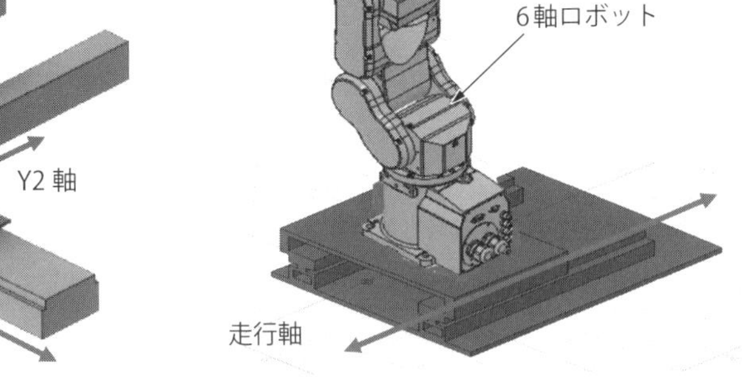

(b) 垂直多関節型走行ロボット

● 直交軸ロボットは動作範囲に応じて容易にカスタマイズが可能です

5-3 ロボットによる自動化レイアウト設計(2)

3D可視化による自動化レイアウト設計

ロボットを活用した自動化レイアウトを検討する場合、機械との連動や動作の検証にシミュレーションソフトを活用して確認できます。様々なロボットの動作条件が設定されたシミュレーションソフトを使用し、ロボットの動作を3Dのビジュアルで確認できます。**図5.3.1**は、シミュレーションソフトを活用した例です。ロボットの動作の確認や動作時間の検証、モノの流し方などを検討する方法で、ロボットの作業効率向上に優れた機能を発揮します。ロボットによる自動化レイアウト設計の良否について3Dで確認することで、よりリアルな生産を実機に近い形で検証できます。

ロボット動作シミュレーションによる台数の適正化

ロボットを活用した自動化レイアウト設計において悩ましいことは、ロボットの台数の適正化です。前工程からのモノの流れに対して、対象設備の配置が適正で必要最小限の台数になっている必要があります。

単純工程であればロボットの動作をタイムチャートで評価し、ロボットの稼働率を試算することができます。しかし、複数部品のランダムな生産はモノの流れと設備の動作に対応してロボットを動かすことになるため、それぞれの条件が変わればロボットに待ちが発生します。台数の適正化の試算が難しい理由です。**図5.3.2**は、ロボット動作シミュレーションによってロボット台数の適正可否を検討した例です。前工程からA、B、Cの部品をランダムに流し、先頭工程のロボットがパススルーのコンベア、マシニングセンタ、NC旋盤に仕分けする自動化したラインレイアウトです。ロボット3台でレイアウトしていますが、その根拠を示さなければなりません。このような複数の部品の流れの場合、ロボット動作シミュレーションソフトウェアを活用することで、ロボット3台が適正か、2台または1台で生産が可能か、生産の前提条件を変更し、ロボットの適正台数を検討できます。

図5.3.1　ロボットのシミュレーションによる動作分析

①スポット溶接作業

②スポット溶接機へハンドリング

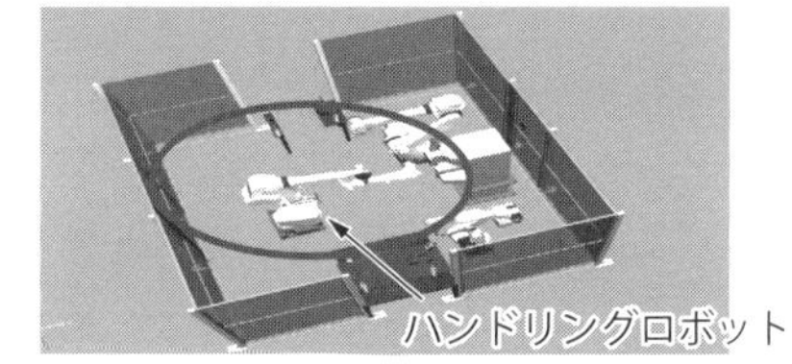

冶具上にセットされクランプされた前工程からの仮り溶接状態のワークに対して、スポット溶接を行う

スポット溶接ロボットでスポット溶接が完了したワークをスポット溶接機へ取り付け、スポット溶接を補助する

③スポット溶接機からハンドリング

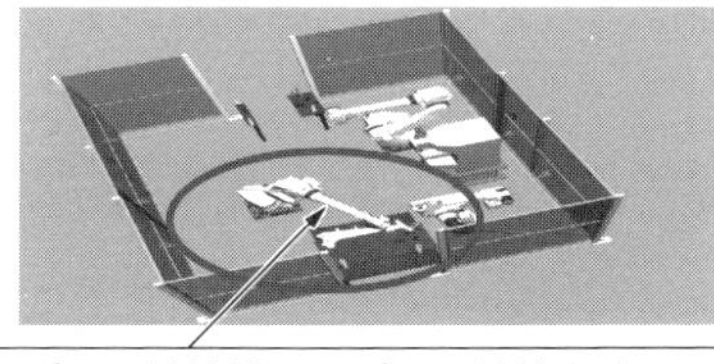

④アーク溶接作業

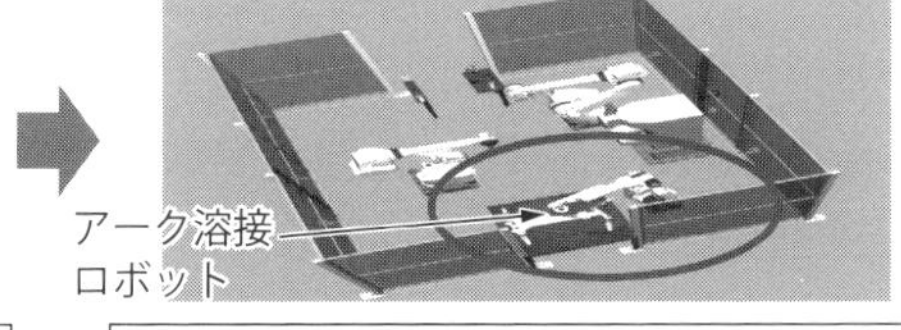

スポット溶接機でスポット溶接を完了したワークを、次工程のアーク溶接機の治具へハンドリングする

スポット溶接が完了し治具に取り付けられたワークを、アーク溶接ロボットでアーク溶接をおこなう

出典：JBM

● ロボットの適正台数はロボットの動作時間から稼働率を試算し決めます

図5.3.2　ロボット動作シミュレーションによるロボット台数の適正化

● ロボットによる自動化はモノの流れと対象設備の配置から検討します

5-4 ロボットによる自動化の検討から導入事例

➤バリ取り工程の自動化レイアウト構想

ロボットを活用した自動化レイアウト設計は、ポンチ絵で説明できます。自動化レイアウトの設計は、前工程と後工程のモノの流れがわかるレイアウト、新設機と既設機の配置、ロボットと作業者の作業分担の明確化が必要です。

図5.4.1は、鋳造品のバリ取り作業の自動化レイアウト構想です。鋳造機からの鋳物部品を作業者が冷却装置に投入したあとは全自動です。常温近くに冷却された鋳物部品をロボットがバリ取り機に投入し、バリ取り後はコンベアに排出します。冷却装置とロボットは新設ですが、他は現有機を活用します。作業者とロボットの作業エリアは冷却装置で分けます。土日を除く24時間稼働でタクトタイムは1分、月27,000個の生産が可能な自動化レイアウト構想です。

➤バリ取り工程の自動化レイアウト設計

前述の自動化構想から具体的な自動化レイアウト設計を行い、既設機、新設機、ロボットの配置や動作範囲を示したレイアウト図を作成します。モノの流れが適切か、作業性や安全性に問題ないか、タクトタイムで一連の作業を行うことができるかなど、様々な懸念について確認します。**図5.4.2**は、前述の鋳造品でバリ取りの自動化レイアウトを設計した図面です。レイアウト設計を行う場合、作業者の鋳造機から冷却装置に取り付ける作業や動線、ロボットによる冷却装置からバリ取り機への脱着作業や動作範囲、コンベアへの払い出し位置など、ロボットの作業性や動作範囲内の確認を行う必要があります。

さらに、新設機やロボットの安全対策に問題ないか、保守および日常点検の作業が容易に行える位置にあるか、トラブル発生時に生産継続の対策が速やかに取れるレイアウトになっているかなど、レイアウト図から検討を行い自動化レイアウトの適正化を確認することが、自動化レイアウト設計のポイントです。

図5.4.1　鋳造品のバリ取りの自動化構想

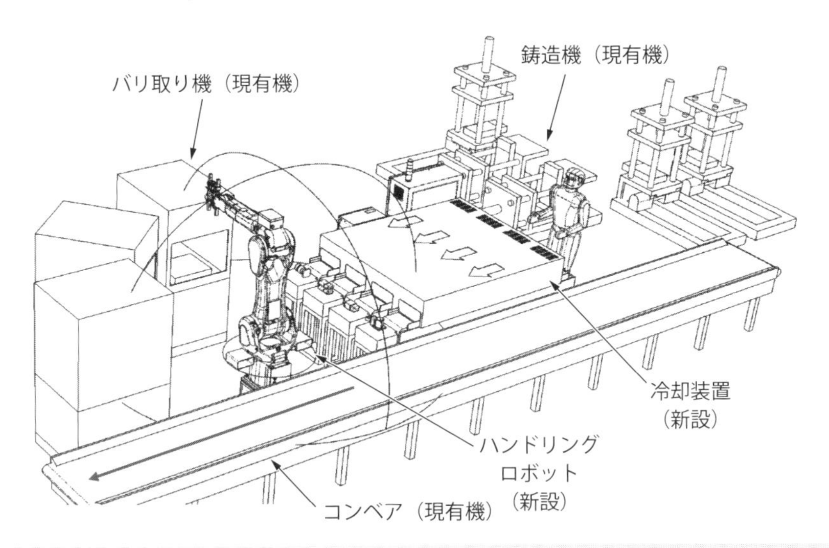

●ロボットで自動化レイアウトを検討するときは構想図で明確化します

図5.4.2　鋳造品のバリ取りの自動化レイアウト設計

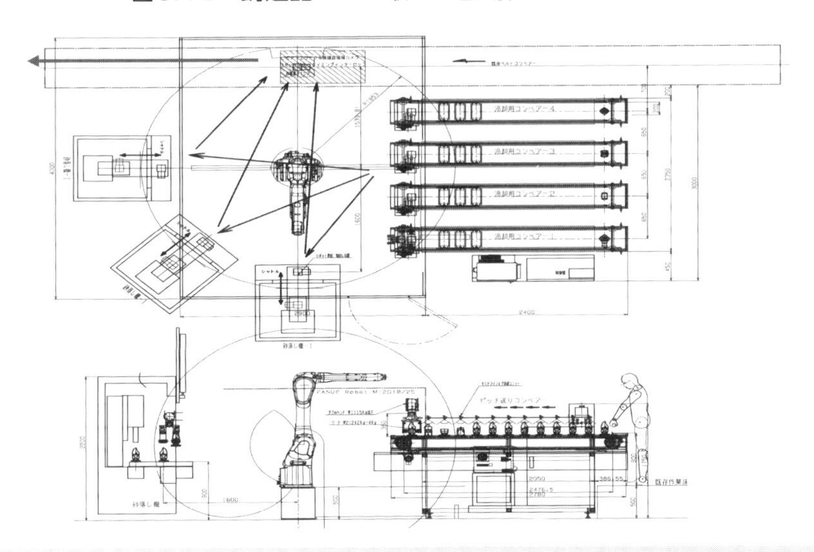

●自動化レイアウト設計ではモノの流れと安全に支障がないか検証します

5-5 ロボットによる加工の自動化事例

➤機械加工の自動化レイアウト設計

図5.5.1は、マシニングセンタのワーク脱着に垂直多関節型ロボットを活用した自動化の事例です。ロボットの可搬重量は40 kgで、可動範囲が広い中型の垂直多関節型ロボットを採用しています。ワーク重量はいずれも15 kgから20 kgの重量物です。このように、人による脱着作業が難しい大物部品の加工工程を自動化するときの課題は、加工品質の管理です。不良品を作らない、流さないの原則から品質の傾向管理とトレーサビリティー対策として、計測装置を設置した全数検査が必須です。自動化と同時に品質安定化の対策を行う必要があります。

①マシニングセンタ内の治具は、油圧やエアーを駆動源にした自動のクランプ・アンクランプ機構を持たせ、ロボットの動作と連動します。

②治具には、対象部品の着座面が治具の基準面に密着していることを確認します。着座検出センサーを組み込み、0.05 mmの隙間程度の検出が可能です。

③切り粉だまりを防止するため、治具と機内に切り粉カバーを設置します。

④機械加工後に自動検査を行い、次工程への不良品の流出を防止します。

➤溶接工程の自動化レイアウト設計

図5.5.2は、アーク溶接のワーク脱着に直交型ロボットを採用した自動化設計です。自動車のサスペンション部品のアーク溶接工程で、機械の奥側には垂直多関節型のアーク溶接ロボットが2台、作業分担して溶接作業を行います。2インデックス（スウィング方式）を使用しワーク脱着作業を外段取り化し、アーク溶接ロボットをフル稼働させているのが特徴です。ワークの脱着作業は、直交型ロボットを活用し、ワークを直線的に移動させることでチャックミスや移載トラブルなどのチョコ停を回避しています。ワークの脱着はアーク溶接ロボットの溶接時間内で行い、アーク溶接ロボットを連続稼働させることでサイクルタイムは0.3分（18秒）、月産66,000個の生産を可能とした事例です。

図5.5.1　加工工程の自動化例

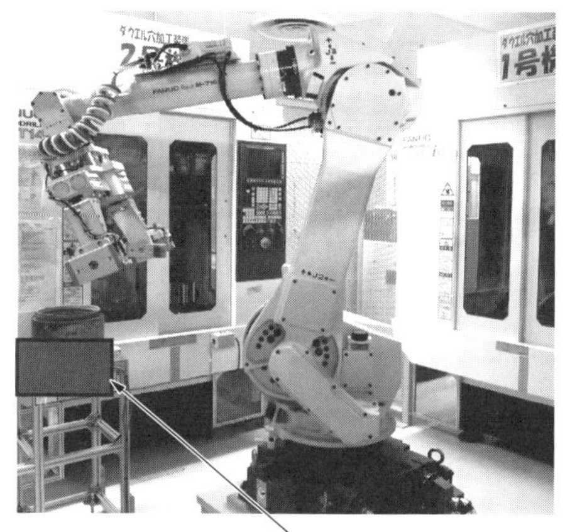

計測装置　　中型垂直多関節型ロボット

● ロボットを活用した自動化には品質検査を組み込んでおきます

図5.5.2　溶接工程の自動化例

2インデックスの治具　　アーク溶接ロボット

● ロボットが連続して作業ができる外段取り化を検討します

5-6 ロボットによる自動化設備の設計ノウハウ

➤不良品を出さない自工程完結型設備とは

品質不良を統計的に管理することができても、突発的な品質不良を完全には防げません。機械加工では、前工程のバラつきや切り粉の影響による刃具折損、加工中の治具やワークの挙動、クーラント液のコンタミなど、加工不良を引き起こす原因は数多くあります。さらに、ロボットハンドのチャックの摩耗によるワーク脱着不具合、機械の老朽化に伴う精度不良、温度変化による機械熱変位も品質に影響を与えます。工程ごとに品質を検査し不良を検出するのが適切です。**図5.6.1**は、自工程完結型設備によるレイアウトの考え方です。

一般的な生産工場のレイアウト（上図）では、最終検査で不良品が発見され発生源の特定に時間がかかります。自工程完結型設備（下図）では、不良品の発生工程の機械を止め、即時対策を取り、速やかに再起動できます。

➤不良品を作らない、流さない仕組み化

工程内で品質不良が発生した場合、自工程完結型設備で不良品の流出を抑えることはできますが、品質不良の原因を調べ、速やかに対策を図る必要があります。品質不良の出方によって考えられる原因の特定は、工程ごとの検査によって範囲を狭められます。過去の事例をもとに、現象から発生の要因を紐づけすることでさらに原因を絞り込み、短時間で原因を特定できます。

品質不良に限らず機器の不具合や設備の故障、作業トラブルなどの現象をあらかじめ4M（人、機械、材料、方法）に紐づけ、原因の特定を容易にしておくことが有効です。異常の現象から原因究明、対策の即時対応につなげられます。

図5.6.2は、品質や設備の異常の発生を知らせる「あんどん」の例です。工程ごとに検査することで不具合の発生と発生原因を知らせ、短時間での不具合対策を可能にします。様々な原因で発生した不良品は後工程に流さない、後工程で受け取らない、といった設備仕様としてあんどんは不可欠です。

図5.6.1　「自工程完結型設備」ライン化の仕組み

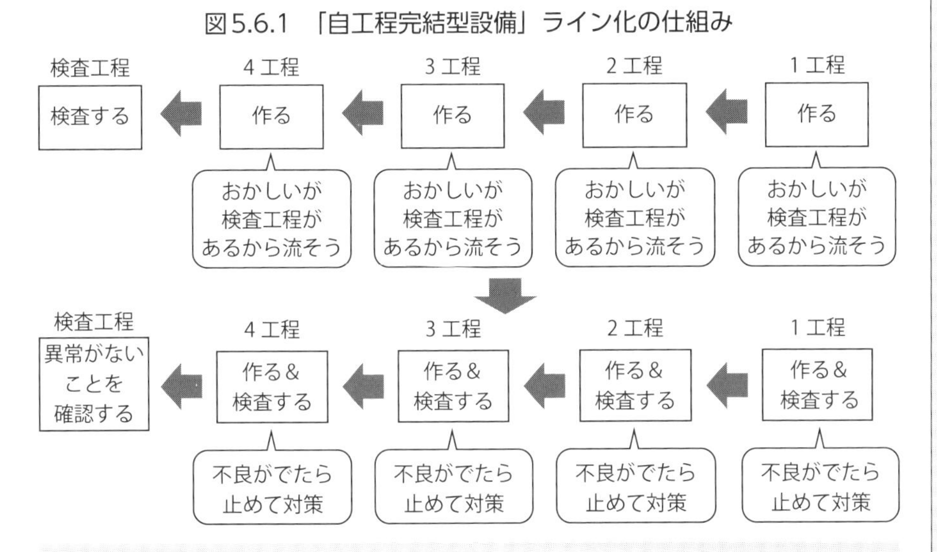

● 手動も自動も、良品のみ次工程に流すことを前提としてラインを計画します

図5.6.2　「あんどん」の仕組み

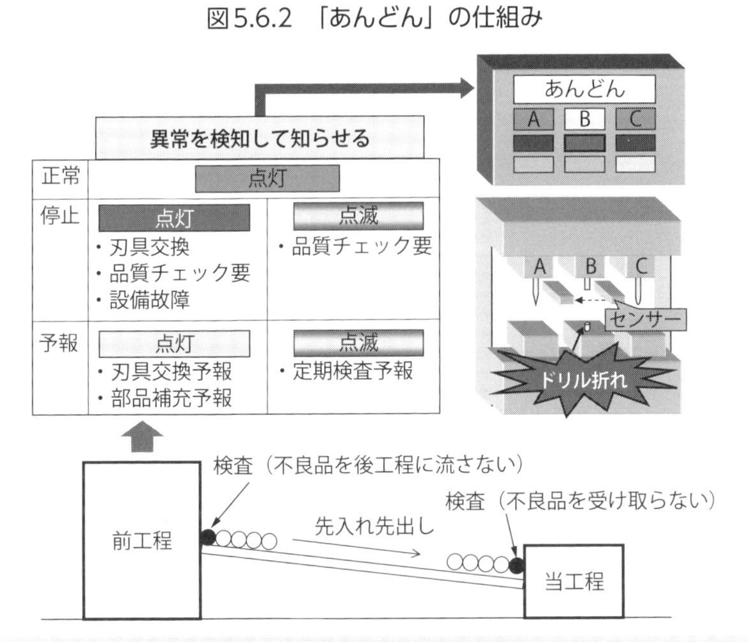

● 不良品を次工程に流さないために「あんどん」を活用します

5-7 止まらず故障しない設備設計の実践(1)

➤「稼働率」と「可動率」を上げる方法

安定した品質で止まらず生産できる設備は、生産性の向上に不可欠です。設備は使用条件や使用期間によってガタが出ます。設備の不具合は品質不良を誘発し、長時間にわたり停止状態に陥ります。

図5.7.1は稼働率と可動率の違いを示しています。「稼働率（かどうりつ）」は、生産によって決まる設備負荷の状態を表す負荷率です。「可動率（べきどうりつ）」は、設備などの不具合によって発生する設備の停止の状態を表します。可動率は人や設備、生産計画などによって生じるロスを示す数値であり、設備停止状態を見える化することで対策につなげる指標です。

➤「設備停止」を潰す方法

長時間の「設備停止」が生産遅延につながるほか、チョコ停（頻発停止）などの設備トラブルは品質の信頼性に影響を与えます。**表5.7.1**は、設備停止の原因として挙げられる内容です。停止要因を大別すると、異常トラブルによる停止、付帯作業による停止、段取り作業の3点です。異常トラブルは、設備停止、材料待ち、ロスなど様々なトラブルがあります。なかでも設備のチョコ停や故障など日常のトラブルは、放置しておくと停止回数が増え停止時間が長くなります。チョコ停は初期段階で徹底した対策で根絶する必要があります。

付帯作業は、設備始動前の始業点検や消耗工具の交換、設備の清掃などにより設備停止となる作業です。始業点検は始業前に短時間でできる工夫が必要で、消耗工具などはできる限り長時間寿命に対応できるツールに切り替えるなど、連続運転中に設備を止めない工夫が必要です。段取り替えによる設備停止の時間は、段取り回数と1回当たりの段取り時間によって決まります。仕掛り在庫の増大を防ぐためには、段取り回数と段取り時間の短縮が不可避であるため、段取りレス化の取り組みを進めていく必要があります。

図5.7.1　稼働率と可動率の違い

稼動率＝((稼働時間＋残業時間)－停止時間)／定稼働時間×100
＝((8時間＋2時間)－ 1.5時間)／ 8時間 ×100＝106%

時間を基準にした稼動率の計算式です。時間を生産高に置き換えても同じになります。
稼働率は、生産計画通りに生産ができたことを確認する場合に使います。
100% の超過は作り過ぎとなり、在庫のロスを生みます。

可動率＝(稼働時間ー停止時間)／動かしたい時間×100
＝(4時間－1.5時間)／ 4時間 ×100＝63%

時間を基準にした可動率の計算式です。時間を生産高に置き換えて計算します。
可動率 100% は生産計画通りに設備が生産したことを表す数値です。
100% 未満は、何らかの原因から設備停止が発生していることを示します。

● 稼働率で生産の負荷状況、可動率で設備の停止状況を確認します

表5.7.1　設備停止の主要因

<table>
<tr><td>頻発停止</td><td rowspan="6">異常トラブル</td><td rowspan="15">停止時間</td></tr>
<tr><td>ドカ停故障</td></tr>
<tr><td>部品待ち</td></tr>
<tr><td>不良</td></tr>
<tr><td>歩留ロス</td></tr>
<tr><td>設備ロス</td></tr>
<tr><td>生産準備</td><td rowspan="8">付帯作業停止</td></tr>
<tr><td>生産終了処理</td></tr>
<tr><td>終了時清掃</td></tr>
<tr><td>定期検査・測定</td></tr>
<tr><td>部品供給入れ替え</td></tr>
<tr><td>刃具・電極交換</td></tr>
<tr><td>清掃（切粉・スパッター）</td></tr>
<tr><td colspan="2">段取り</td></tr>
<tr><td colspan="3">自動運転</td></tr>
</table>

● 設備停止の原因究明のために状態をデータ化し分析します

5-8 止まらず故障しない設備設計の実践(2)

➤「設備停止」の「発生源対策」の方法

自動化ラインのチョコ停（頻発する設備のダンマリ停止）やドカ停（故障などによる設備の長時間停止）は、自動化の致命的な不具合です。チョコ停は、自動運転中に発生することから連続稼働を妨げ、品質にも影響を与えます。ドカ停は突然起こる故障ですが、故障に至るまでに前兆があります。機械から異音がする、音や振動が大きくなる、熱が発生し温度が高くなった、動作が不安定、品質がバラつきはじめた、品質が偏ってきたなど様々な変化が起こります。このような変化を日常点検で見逃さないことが重要です。

表5.8.1は、始業点検や作業中に変化に気づく清掃と点検のポイントです。作業開始前に決められた手順で点検を行い、変化を見ること、作業中の変化を見逃さないこと、変化があればすぐに対応することが大切です。安定した品質で連続した自動化運転を行うには清掃と点検による「発生源対策」が不可欠です。

➤「予防保全」と「計画保全」の方法

安定した品質で連続して自動運転をするために必要な始業点検と清掃は、設備に携わる作業者の重要な保全活動です。毎日の作業開始前に、設備が正常であるかどうかを判断する重要な点検作業であり「予防保全」と呼びます。また、設備の状態を定期的に点検し、不具合があれば整備または修理する作業を「計画保全」と呼びます。**図5.8.1**は、予防保全と計画保全の役割分担を示した図です。いずれの作業も設備の維持管理として重要な作業であり、可動率の維持向上に不可欠な計画的な保全活動です。正常運転での予防保全の確認は、チョコ停と設備異常の発見です。正しく動作しているか、動きに変化はないかといったことが、設備運転中の異常有無の点検内容です。日常保全は、設備に必要な給油や清掃などの維持管理、ねじの緩みの確認など、設備の維持管理に必要な点検作業です。計画保全は、機器や部品の交換、調整など計画的に行う整備や修理作業です。

表5.8.1　設備の清掃と点検のポイント

機械清掃をしていないと起こる不具合

(1)	故障の原因	回転部、摺動部、空圧・油圧・潤滑油系、電気制御系、センサーなどの汚れや異物混入が摩耗、詰まり、摺動抵抗、通電不良などを引き起こし、動作不安定や誤作動、故障の原因となる
(2)	品質不良の原因	製品への異物などコンタミの混入や設備の誤作動によって品質不良の原因となる
(3)	強制劣化の原因	振動、ゴミ、汚れなどによって発生する緩みやき裂、ガタ、油切れなどの点検と対応が不十分で、強制劣化の原因となる
(4)	速度ロスの原因	汚れなどによって摩耗抵抗、摺動抵抗が増し、動作不良や能力低下や空転など速度ロスの原因となる

機械点検のポイント

①ガタ・微振動・発熱
②摩耗・ゴミ・目詰まり
③清掃・給油・点検・調整
④機器類の動作・正常値・安定した動作
⑤蒸気、温水、油、水、エアーの漏れ
⑥錆・腐食・詰まり・付着・剥がれ

● 設備故障を防ぐには、清掃と日常点検で変化に気づくことが肝心です

図5.8.1　予防保全と計画保全の役割

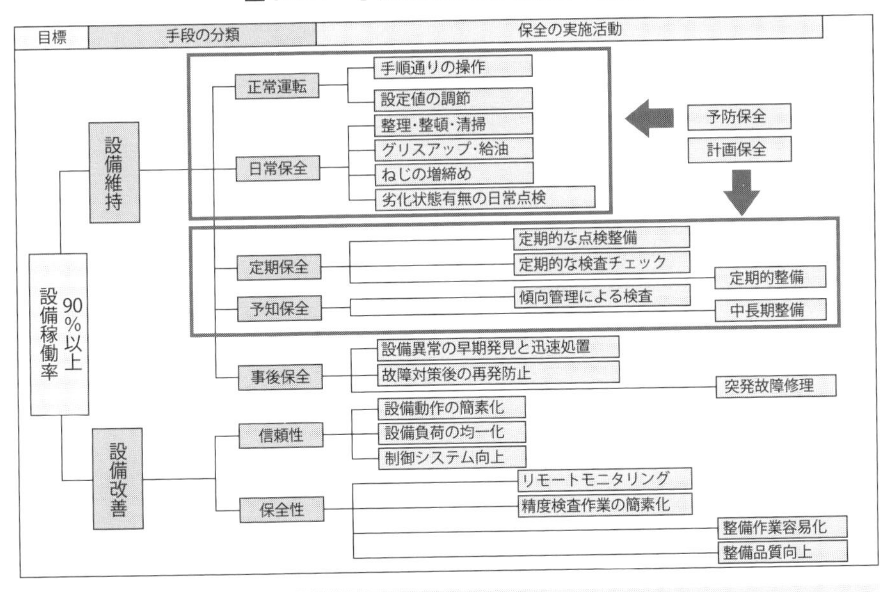

● 設備保全は、作業前・作業後の点検と定期点検でチェックします

5-9 ロボットを活用した自動化レイアウト設計の演習（1）

➤「自動化レイアウト設計」の検討方法

ロボットを活用した「自動化レイアウト設計」を決定する場合、レイアウト設計案をもとに検討し評価します。**図5.9.1**は、加工工程におけるロボット3台を使用した自動化レイアウト設計案です。前工程から、コンベアで送られるマシニングセンタ加工品、NC旋盤加工品、パススルー品の3種類の加工を終えて次工程に流す自動化レイアウト設計です。工程設計DRで、よりレイアウト面積を小さくできないか、ロボットが3台必要なのか、投資額を下げられないか、といった見直しの指摘がありました。工程設計担当者は、再検討した結果を説明し、再審査を受けなければなりません。次回の工程設計DRの再審査では、定量的に検討した数値をもとにレイアウト設計の見直し案の説明が必要です。

➤「3D動作シミュレーション」の活用による演習

前述のロボットを活用した自動化レイアウト設計案をもとに以下の条件を設定し、レイアウト設計を見直し、最適な自動化レイアウトを検討します。

図5.9.2は、加工部品の流れとロボット3台の作業分担を示す「3D動作シミュレーション」の図です。加工部品は前工程から角柱部品、プレート部品、円柱部品の3種類がランダムにコンベアで流れてきます。加工機はマシニングセンタとNC旋盤の2台であり、加工対象外の角柱部品はパススルーで次工程へ排出します。マシニングセンタとNC旋盤の加工の自動化であり、3台のロボットを使用した自動化レイアウト設計です。ロボットのサイクルタイムはそれぞれ2秒とします。マシニングセンタとNC旋盤のドア閉からドア開までは3秒とします。

ロボット＃1：前工程からの3種類の加工部品を仕分け作業
ロボット＃2：マシニングセンタへのプレート部品の脱着作業
ロボット＃3：NC旋盤への円柱部品の脱着

次項では、この条件で適切な自動化レイアウトの検討について説明します。

図5.9.1　加工工程における自動化レイアウト設計案

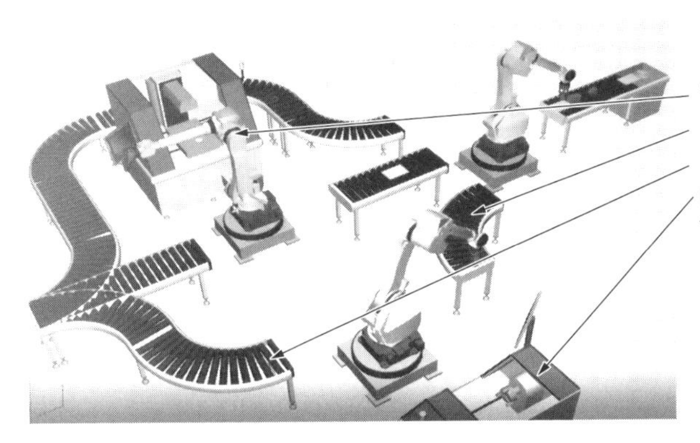

マシニング	900万円
ロボット（3台）	1,500万円
コンベア（6台）	300万円
NC旋盤	600万円
合　計	3,300万円

出典：JBM

● モノの移動や取り付け、取り外しはムダだと認識して改善します

図5.9.2　ロボット3台の作業分担

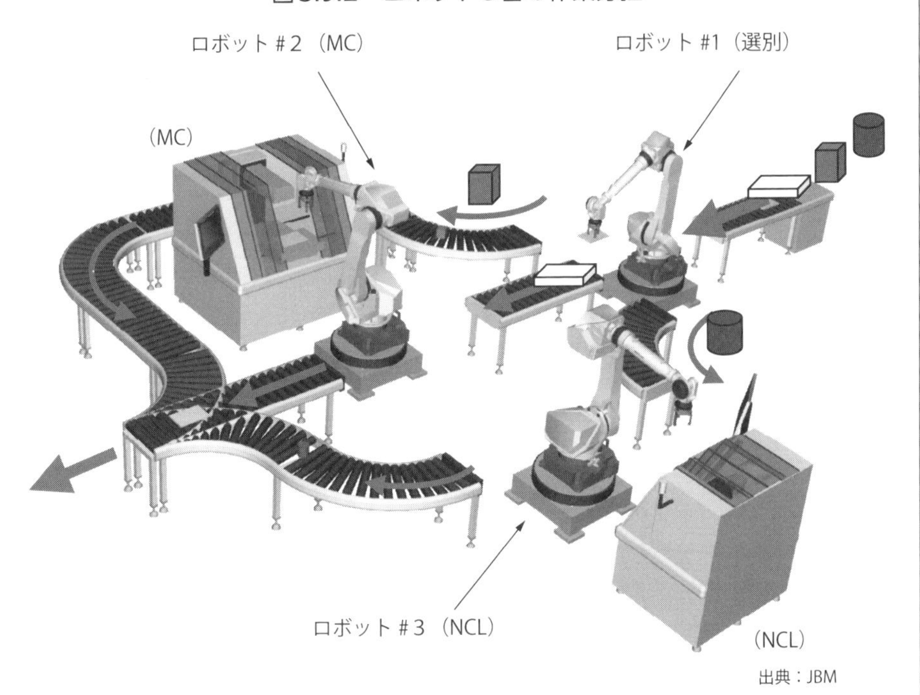

出典：JBM

● ロボットの作業時間を定量的に試算しロボットの台数を適正化します

5-10 ロボットを活用した自動化レイアウト設計の演習(2)

➤「稼働率の試算」によるレイアウト設計

表5.10.1は、「稼働率の試算」によって生産性を評価し検討する方法です。現状は、ロット生産分の加工機とロボットの条件を整理した表です。対策案（1）は、加工機とロボットの稼働率を別々に試算した表です。対策案（2）は、マシニングセンタとNC旋盤それぞれをロボットと一連の動作として捉えて、これをサイクルタイムとして試算した結果です。

対策案（2）は現実的な検討としてもっともよい方法と思われますが、ロボットを1台に統合すると稼働率が110％となり、統合できない結果となりました。このように加工機とロボットをそれぞれ検討して合計することで問題ないように思われますが、この検討方法は間違いです。ロボットでの脱着時、マシニングセンタは停止状態ですが、NC旋盤は稼働状態にあるため、単純に稼働率を合計することは実態と異なる結果になります。

➤「出来高で試算」するレイアウト設計

表5.10.2は、前工程からの加工部品の流れをもとに、3種類の加工品を流れの順番に並べた表です。特定した時間における生産の状況を表した表です。機械加工だけ抜き出したものですが、マシニングセンタとNC旋盤の加工対象のプレート（白）と円柱（紫）の加工部品を抜き出して並べてみると、待ち時間が多いことがわかります。27個までの生産数量は、マシニングセンタが5個、NC旋盤が6個です。改善後、いずれの設備も待ちがない状態で並べてみると、合計11個の加工は30秒で完了します。調査の時間ではマシニングセンタとNC旋盤は、ともに各10個の生産が可能であるとわかります。ロボットのワーク脱着のサイクルタイムは2秒であり、マシニングセンタとNC旋盤のサイクルタイムは3秒であるため、ロボットのワーク脱着はマシニングセンタとNC旋盤のサイクルタイム内で作業できます。このように加工品の流れをもとに生産実態を時系列に表すことで「出来高で試算」できます。

表5.10.1　ロボットの稼働率の試算から生産性を検討

現状：1ロット生産時間50秒間でのロボット稼働状況と生産数量を調査

加工工程の稼働分析						ロボットの稼働分析				
ワーク	機械	CT（秒）	生産数量（個）	稼働時間（秒）	稼働率（%）	ロボット	CT（秒）	脱着数量（個）	稼働時間（秒）	稼働率（%）
四角（赤）	パススルー	—	（15）	—	—	#1	1.8	27	50	100
プレート（白）	マシニングセンタ	3	5	15	30	#2	2	5	10	20
円柱（紫）	NC旋盤	3	6	18	36	#3	2	6	12	24
合計	—	—	11	—	—	—	—	—	72	—

対策案(1)：機械とロボットのそれぞれの稼働率から対策後を検討

加工工程の稼働分析						ロボットの稼働分析				
ワーク	機械	CT（秒）	生産数量（個）	稼働時間（秒）	稼働率（%）	ロボット	CT（秒）	脱着数量（個）	稼働時間（秒）	稼働率（%）
四角（赤）	パススルー	—	—	—	—	—	—	—	—	—
プレート（白）	マシニングセンタ	3	10	30	60	#2	2	10	20	40
円柱（紫）	NC旋盤	3	12	36	72		2	12	24	48
合計	—	—	22	—	—		—	22	44	88

対策案(2)：ロボットの脱着を内段取りとして対策後を検討

ワーク	機械	サイクルタイム（秒）			生産数量（個）	稼働時間（秒）	稼働率（%）
		機械	ロボット	合計			
四角（赤）	パススルー	—	—	—			
プレート（白）	マシニングセンタ	3	2	5	5	25	50
円柱（紫）	NC旋盤	3	2	5	6	30	60
合計	—	—	—	—	11	55	110

● ロボットと設備の動作時間の合計をサイクルタイムとして検証します

表5.10.2　加工部品の流れをもとに出来高を検討

調査結果

部品番号→	1	2	3	4	5	6	7	8	9	10	11	12	13	14	15	16	17	18	19	20	21	22	23	24	25	26	27	28	29	30	31	32	33	34	35	36	37	38	39
四角（赤）					●	●	●		●	●	●	●	●	●	●		●					●			●	●						●		●				○	○
プレート（白）		●		●				●										●									●						○				○		
円柱（紫）	●		●													●			●	●	●		○	○				○	○	○	○				○	○			

●完了品　○ 未生産品　R2 #2 ロボット　R3 #3 ロボット

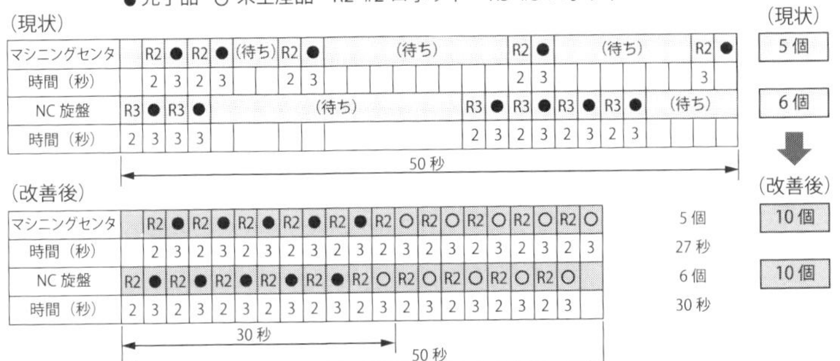

● ロボットシミュレーションからモノの動きを動作チャートで表します

5-11 ロボットを活用した自動化レイアウト設計の演習(3)

➤「タイムチャートで試算」するレイアウト設計

前項のマシニングセンタおよびNC旋盤のサイクルタイム（ドア開からドア閉まで）が3秒、ロボットのワーク脱着時間（脱着動作開始から脱着動作終了まで）が2秒を前提条件とすると、マシニングセンタもNC旋盤も個当たり生産のサイクルタイムは5秒です。**図5.11.1**は、NC機2台とロボットの動作をサイクルタイムチャートで表した図です。ロボットによる脱着時間とNC機による一連の動作を「タイムチャートで試算」することで実態を表せます。

ここでは、マシニングセンタとNC旋盤のそれぞれのロボットを1台に統合します。すると、それぞれのNC機のワーク脱着を交互に繰り返し、50秒間でマシニングセンタでは9個、NC旋盤では10個の生産が可能なことがわかります。この結果から、NC機の2台のロボットを1台に統合できます。さらに、コンベア上で振り分ける装置を追加することで先頭工程のロボットを廃止し、ロボット1台でも生産能力を倍増することがわかります。

➤「分離・切り出し」の設計仕様

次に、先頭工程の＃1ロボットの代替の方法について検討した内容を説明します。先頭工程の＃1ロボットは前工程から流れてきた3種類の加工部品をそれぞれ分離して流す目的で計画されていますが、きわめて単純作業です。

ロボットの廃止の前提条件としては、3種類のワークを確実にセパレートし、NC機2台に振り分ける自動化装置の検討です。サイクルタイムチャートでの検討結果から、55秒間で19個の生産が可能であることから、タクトタイム2.8秒以内でセパレートしなければなりません。また、セパレートと同時にそれぞれの加工部品をロボットの脱着に合わせて定位置、定姿勢に位置決めしなければなりません。**図5.11.2**は、セパレートと位置決めの方法です。コンベアで流れてきた加工部品を分離し、それぞれの加工部品を確実に定位置、定姿勢に切り出す仕様が「分離・切り出し」装置の設計仕様になります。

図5.11.1　設備とロボットのサイクルタイムチャート

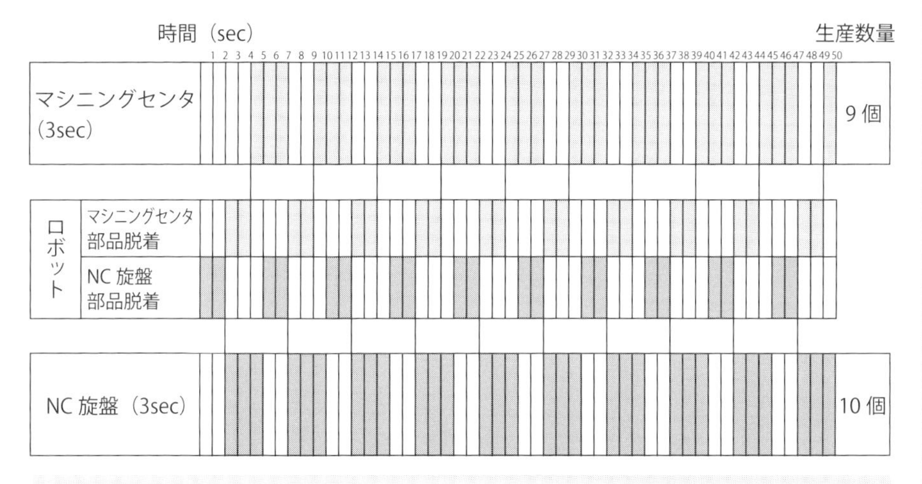

●設備とロボットの一連の動作をサイクルタイムチャートで表します

図5.11.2　分離（セパレート）・切り出し（位置決め）の方法

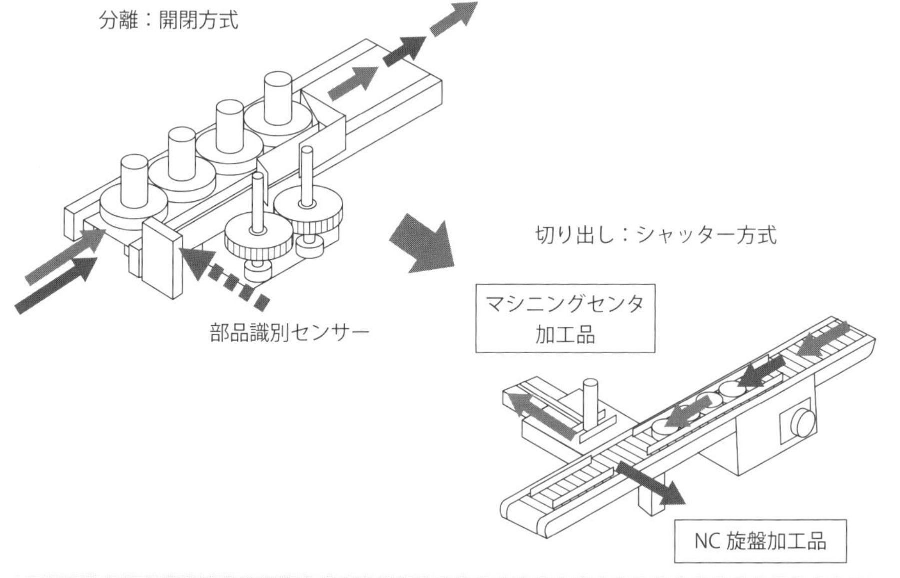

●ワーク脱着を行うためにワークを定量、定位置、定姿勢にします

5-12 ロボットを活用した自動化レイアウト設計の演習(4)

➤「自動化レイアウト設計」の見直し効果

動作シミュレーションとタイムチャートでの試算から、先頭工程のロボット＃1を廃止、マシニングセンタ用ロボット＃2とNC旋盤用ロボット＃3を統合し、ロボット1台で生産数を倍増できることを定量的に示せました。

これによってロボット2台削減、投資額は10,000千円削減できます。したがって43,000千円が33,000千円に減額できます。生産高においては、ロボット3台でマシニングセンタが5個、NC旋盤6個の計11個の生産数が、モノの流れを整流化することで、ロボット1台でもそれぞれ9個、10個の生産が可能です。生産性が改善前に比べて大幅に向上することがわかります。改善後は改善前に比べて、時間当たりと投資当たりの生産性は以下のようになります。

・時間当たり生産数＝改善後生産数/改善前生産数＝20個/11個＝1.8倍

・投資額当たり生産性＝(3,300千円/20個)/(4,300千円/11個)＝2.3倍

この結果から、当初計画の自動化レイアウト設計案を見直しました。**図5.12.1**は、改善前と改善後の自動化レイアウトの比較です。レイアウト占有スペースは、10 m×9 mを5 m×6 mに大幅に縮小し、専有面積は90㎡を30㎡と3分の1まで縮小できました。今回は、加工工程の自動化レイアウト設計時にロボット動作シミュレーションとタイムチャートを用いてロボット台数の削減を試みました。このように、自動化レイアウト設計はロボットや対象設備をタイムチャートで評価する手法がもっとも適切であることがわかります。

➤「自動化レイアウト設計」の横展開事例

図5.12.2は、前述のタイムチャートの検証方法を使用して計画を立てた、マシニングセンタ5台、ロボット3台からなる部品加工の自動化レイアウトです。コンベアから搬送される加工部品を「識別＆セパレート装置」で2列のコンベア上にセパレートし、マシニングセンタ4台からなるラインで加工し、次のマシニングセンタへ搬送する大掛かりな機械加工の全自動化ラインの事例です。

図5.12.1　自動レイアウト設計の見直し案

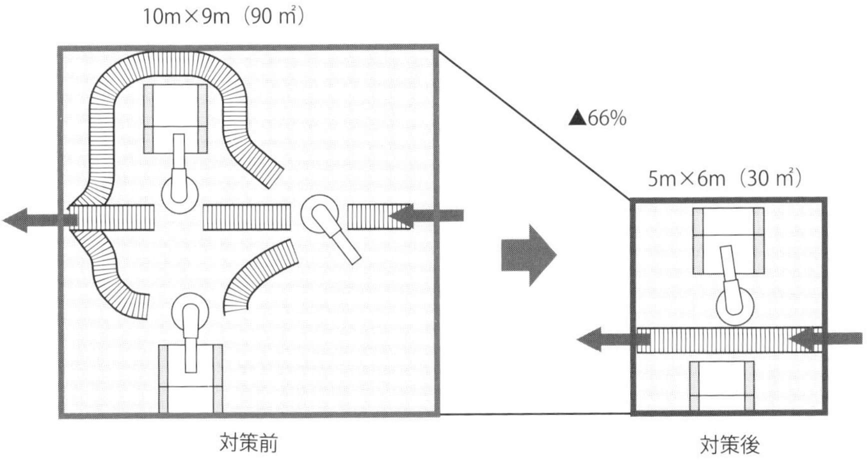

10m×9m（90㎡）

▲66%

5m×6m（30㎡）

対策前

対策後

● 自動化レイアウト設計は投資額削減額と専有面積で評価します

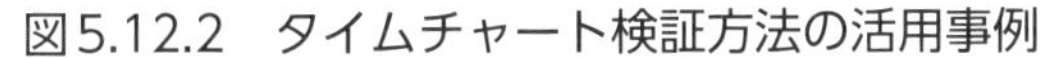

図5.12.2　タイムチャート検証方法の活用事例

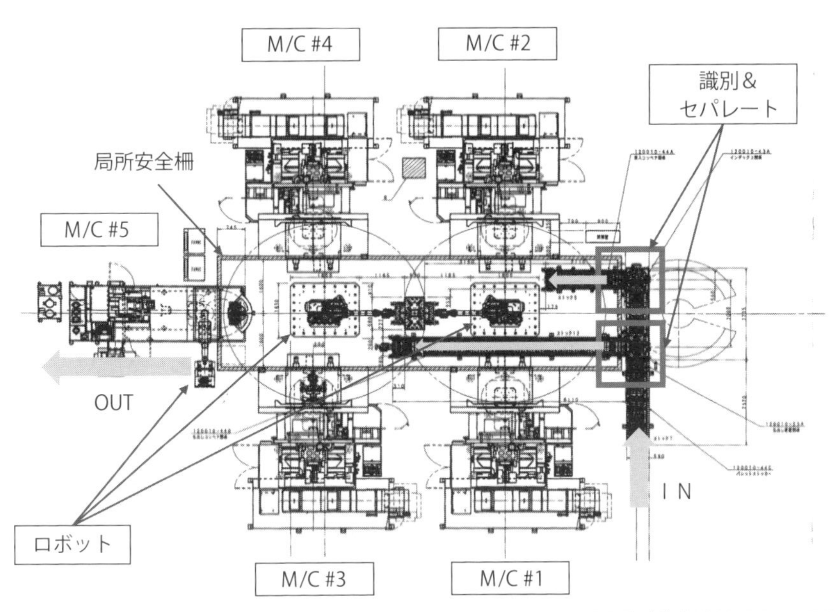

● 自動化レイアウト設計はモノの流し方とロボットの配置で検討します

Column 5

全自動化に必要な補正機能の方法

全自動運転レベル5を達成するためには、切削工具の摩耗やチッピング、折損などの異常をデータで捉えて、機械自身に自動修正の機能を持たせる必要があります。全自動運転の達成には、この壁を越えなければなりません。

頻発停止や故障で設備が停止してしまった場合、設備自体が自動で修復し、回復することはできず、人がトラブルの原因を調査し、対策を打たなければなりません。これができる設備が将来現れるかもしれませんが、今の技術ではそこまで対応することは難しいと思われます。

しかし、品質不具合が発生したら、何が起きているか、何が原因なのか、どう対策すればよいかなど、データを分析することで大抵の不具合は解決できます。自動補正機能といい、全自動化には大切なことです。

下図は、正常なエンドミル工具における加工条件と表面性状、工具折損時の加工条件と表面性状、それぞれを示したグラフです。エンドミルの回転数が637回転の加工において、折損工具での表面性状は正常工具より悪化しています。637回転の条件を1273回転に変えることで、折損前の工具の表面性状に近づけることができます。すなわち、この方法が全自動運転で加工精度を安定した精度でコントロールする自動補正機能になります。機械によってやり方は異なりますが、自動補正する機能は自動化に不可欠です。

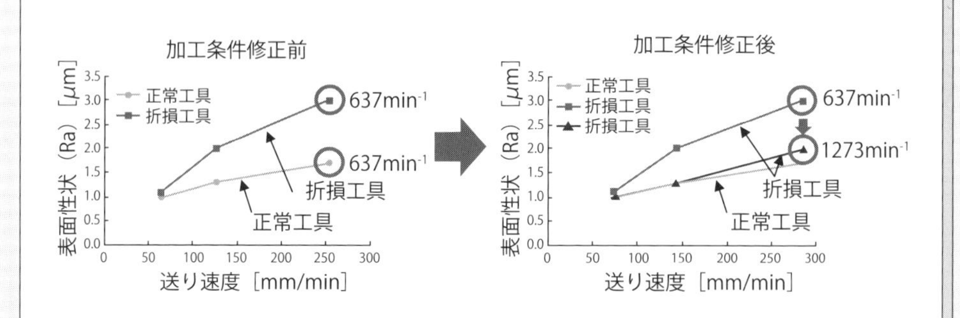

第6章

設備設計条件の決定方法と自動化の進め方

ロボットを活用した自動化ラインのレイアウト設計には、ロボット台数の適正化が欠かせません。設備についても同様で、適正な設備仕様にしなければなりません。ムダな作業まで自動化してはムダな設備投資になってしまいます。そのためには、自動化の計画を立てる前に工場の中を見渡して、その作業はやめられないか、もっと簡単にできないか、ちょっとした改善で自動化できないかなどを検討してはいかがでしょうか。

工程間に仕掛品が山のように積まれていませんか。自動化しても山積みになったままでは、生産性が上がったことにはなりません。また、自動化設備にはロボットを組み込んで自動化しますので、作業のスリム化はロボットの動作の簡素化につながり、ロボットの作業範囲が狭くなり、小型化につながります。段取り回数を減らし、時間を短縮すれば自動化設備の稼働率が向上します。着々化対応の設備に改善すると作業効率は格段に上がります。

このように、工場の改善によって作業やレイアウトからムダ取りを進め、そのうえで自動化設備の設計条件を決めることが、自動化の成功の秘訣です。本章では、工場の改善の考え方と方法について、さらに、自動化ラインの構築に向けた自動化レイアウト設計の作成方法について説明します。

6-1 自動化ラインに必要な設備設計の基本(1)

➤原価低減の基本

労働生産性を上げるためには、ロボットを活用した自動化ラインによる原価低減の計画を立てなければなりません。**図6.1.1**は、原価低減の考え方です。労務費は固定費で設備費は原価償却できます。利益の拡大には、償却費と労務費の低減が必要です。すなわち、手作業を安価な自動化設備に置き換え、少人化を図ることです。この自動化を実現する手段と方法を記述したものが設備購入仕様書です。設備購入仕様書には、基本仕様や自動化の範囲、品質保証すべき管理値、安全対策の遵守事項、生産条件など、設備設計の設計条件を記載します。

設備購入仕様書は、生産技術担当が工程計画にもとづき作成します。自動化設備の基本仕様、機器の標準化、製造条件と品質管理、操作性、安全対策、検収条件など使用者側からの設備要件の要求書であり設備設計の条件です。

設備購入仕様書は、設備仕様に対する設備見積に直結し、費用対効果に影響します。投資効果は、投資回収期間から自動化ラインの妥当性を評価し検証できます。

➤自動化で生産性を倍増する方法

自動化ラインを計画する際には、自動化によって得られる効果を労働生産性で定量的に評価する必要があります。**表6.1.1**は、2交代勤務の部品加工職場における生産性向上の対策例です。新ライン導入の前後における労働生産性を比較した表です。既存ラインは、マシニングセンタ6台を6人、サイクルタイムは33秒です。新ラインは部品の脱着にロボットを3台活用し、同時に自動化とツールパスを見直してサイクルタイム短縮を図りました。マシニングセンタ6台を2人、CTは30秒に改善しました。作業者1名で時間当たりの生産数は、既存ラインでは16個、新ラインでは54個です。3.3倍の生産性向上につながりました。このように、サイクルタイム短縮とロボットによる少人化は、相乗効果として労働生産性の向上に大きく貢献することがわかります。

図6.1.1　原価低減の考え方

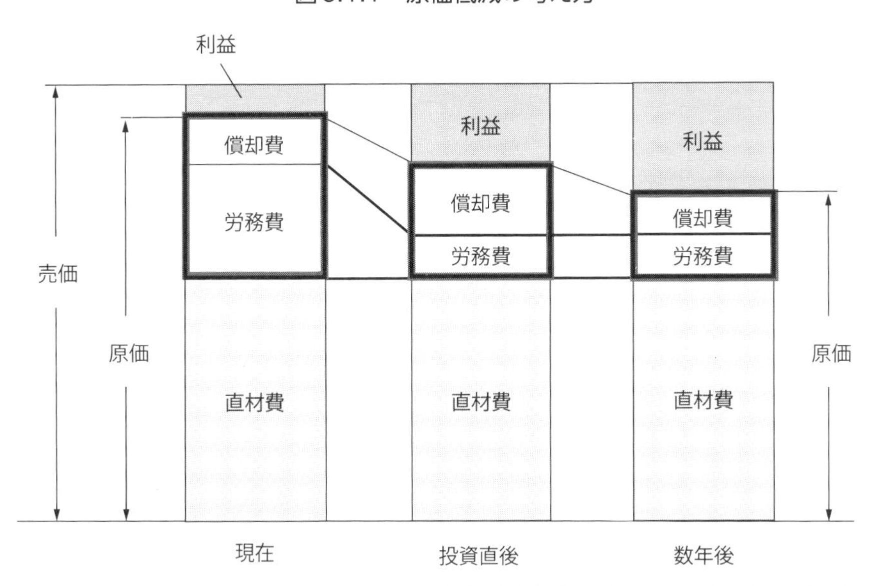

● 原価低減を進めるには自動化することで労務費を下げます

表6.1.1　労働生産性向上の改善前と改善後

項目	単位	既存ライン（a）	新ライン（b）	比率（b/a）
サイクルタイム	秒/個	33	30	0.9
可動率	%	90	90	1.0
人員	人/直	6	2	0.3
直数	直/日	2	2	1.0
稼働時間	h/日	18	18	1.0
稼働日数	日/月	21	21	1.0
生産能力	千個/月	37	41	1.1
労働生産性	個/h・人	16	54	3.3

● 自動化とサイクルタイム短縮の相乗効果で生産性を向上させます

6-2 自動化ラインに必要な設備設計の基本(2)

➤加工工程の自動化レイアウト設計事例

脱着など内段取り作業を短時間の作業にスリム化し、ロボット化、自動化することが、加工工程の自動化において設備稼働率を最大限に上げる秘訣です。APC（オートパレットチェンジャー）があれば、ワークの脱着は外段取りとなりますが、高額な投資になります。加工後の品質検査は設備稼働中の外段取り作業ですが、計測によっては作業者の工数が増えます。**図6.2.1**は、加工工程の自動化前後の比較図です。1直1名の2直体制をロボットにより自動化する計画です。材料供給および加工品を保管するストッカーと、加工後の検査装置とマシニングセンタで、部品脱着作業をそれぞれロボットで行う自動化システムです。少人化効果は日当たり2名減となり、労働生産性の向上が期待できます。

➤組立工程の自動化レイアウト設計事例

組立工程の自動化を進める場合には、組立作業にロボットを活用します。組付部品を整列することは自動化に不可欠です。モノの流れの自動化、組立部品の整列、供給、組立作業の自動化のそれぞれが成り立つことが自動化の条件です。**図6.2.2**は、自動車部品の組立と、検査および最終試験を含む自動化レイアウトです。材料投入から完成品排出までモノの流れを一方向流れとして、組付け部品はトレーチェンジャーで自動供給し、ロボットで部品のハンドリングと組付けを行う全自動化した組立ラインです。キズやコンタミに注意が必要な部品や多品種少量部品は、個々に配列したトレーの配膳による供給が適切です。小物部品で部品同士がぶつかり合っても問題ない部品や少種多量部品であれば、安価な部品整列供給方法としてのパーツフィーダや直進フィーダの使用が適切です。組立作業には高速高精度の組立ができる水平多関節型ロボット、部品の供給には扱いやすい直交型ロボットを使用することが、自動化設備のコスト低減につながります。

図6.2.1　加工工程の自動化

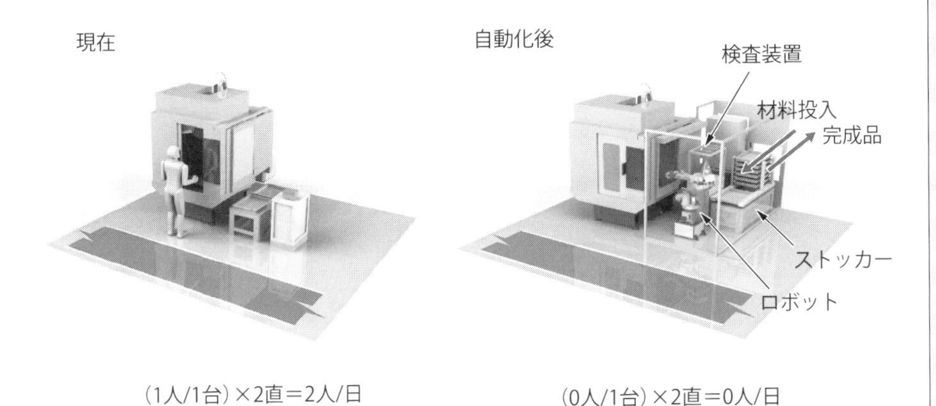

● 加工の自動化設計では、部品供給と検査を追加しロボットで脱着します

図6.2.2　組立工程の自動化

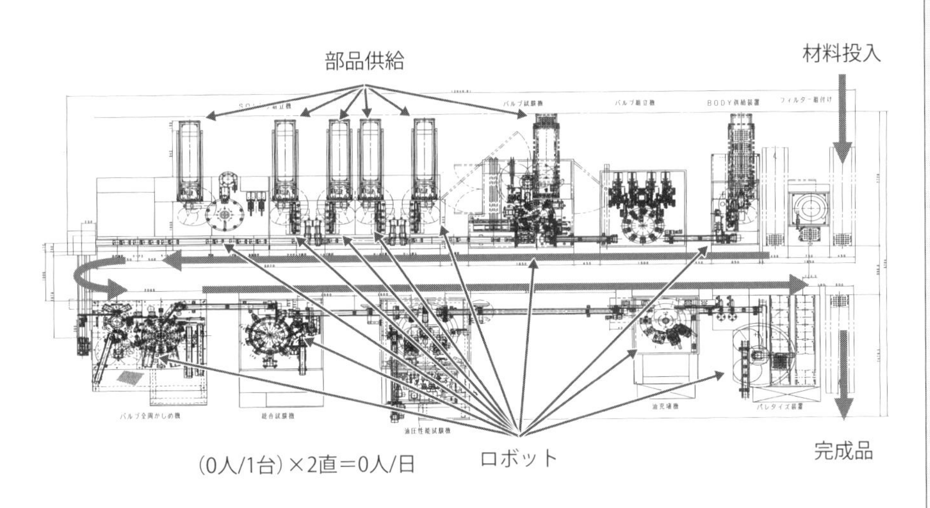

● 組立の自動化設計では部品の供給とロボットで組立補助を行います

6-3 自動化ラインに必要な設備設計の前準備(1)

➤量産品と非量産品を分ける

生産ラインの自動化の検討は、対象とする製品と工程を見極めることです。作業改善により作業工数を低減し少人化を図り、レイアウトを見直しモノの流れを改善し仕掛を減らすことで生産性を上げることができます。生産性を上げるための生産ラインの自動化には、稼働率を低下させない対策が必要です。設備不具合や品質不良の他に、段取り替えによる設備停止は稼働率低下の大きな要因です。

図6.3.1は、生産量の多い順に並べたABC分析です。生産数量が多い製品では、段取り回数の減少、治具の共通化、無段取り化など段取り時間を短縮する方法を検討します。稼働率に影響を与える生産数量の少ない生産品については、非量産対応の設備を用意し、必要な時に必要な量を生産する方法を検討する必要があります。

➤自動化の前に手作業をスリム化する

ロボットを活用した自動化を行う場合は、現在の作業手順や作業時間を調査し、必要な場合は作業を改善することでスリム化し標準化します。また、作業自体を無くせないかといった切り口で、作業の見直しを行います。作業を見直して簡素化し、同じ作業手順と作業時間でできる標準作業に改善したうえでロボットに置き換えることを検討します。**図6.3.2**は、作業のスリム化と作業の標準化の例です。改善前は、A部品とB部品をそれぞれ取り出して治具に取り付けるため、治具への取り付けは2往復です。改善後は、B部品をA部品に組み付け、A部品を治具に取り付けることで1往復の作業となります。

改善後の作業をロボット化する場合は、B部品とA部品のそれぞれをチャックできるハンドでB部品とA部品をチャックすると、1往復で治具に取り付けられます。B部品をA部品に組み付けて治具に取り付けることも可能ですが、双腕型ロボットを活用する場合は、費用対効果など十分な検討が必要です。

図6.3.1　自動化対象部品の分析

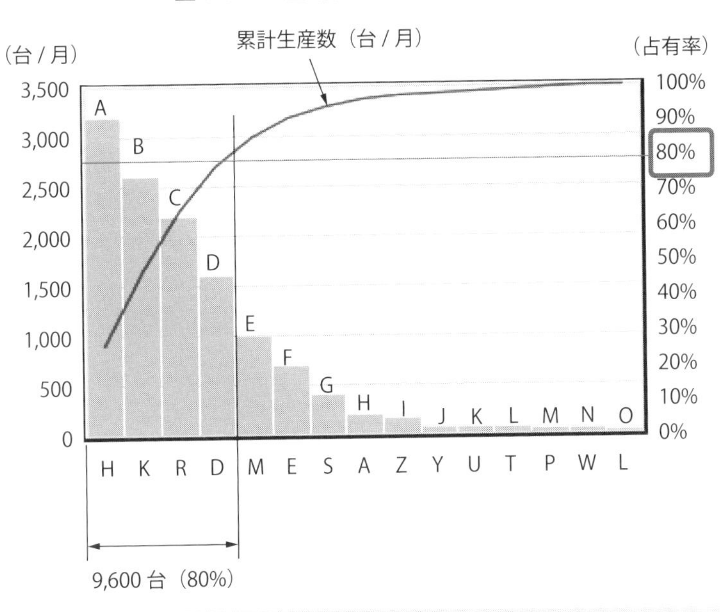

● 自動化は、生産数の多い製品から順に段取りレス化を検討します

図6.3.2　作業改善による手作業のスリム化

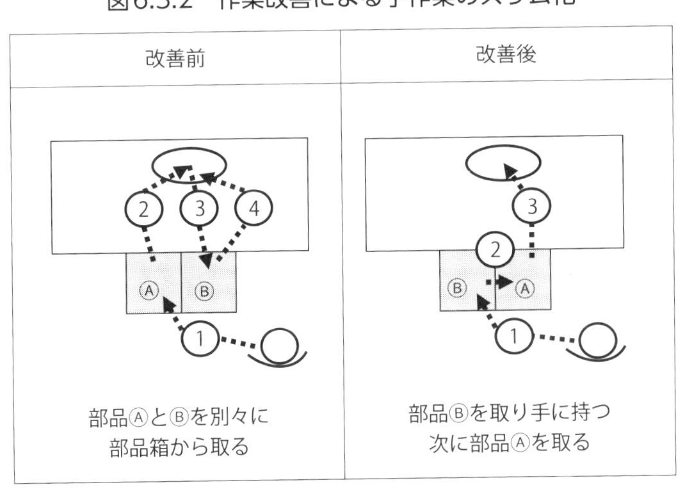

● 手作業の改善の結果がロボット作業に最適か検討します

6-4 自動化ラインに必要な設備設計の前準備（2）

➤1個流し生産で整流化する

労働生産性を上げるために自動化を検討する場合、生産ラインの前後工程のモノの流れを整流化し、1個流し生産にします。自動化対象の工程は自動化できたものの、工程の前後に大量の仕掛品を置いたままでは本末転倒です。

図6.4.1は、レイアウト改善による仕掛品削減の改善前と改善後の図です。改善前は、溶接工程、機械加工工程、組立工程を自動化したものの、工程の前後に大量の仕掛品が置かれています。フォークリフトを使用してパレットで運搬するためパレットに仕掛り在庫を置いています。改善後は、それぞれのタクトタイムを均一化し、レイアウト改善によって工程間を繋ぎ、一個流しの生産に変更しました。仕掛り在庫の一掃を図るためには労力が必要ですが、一個流しの生産に切り替え、工程間をつなげることでモノの流れを整流化できます。

➤工程間の歩行距離を半分にする

生産性の高い生産ラインを考えるためのポイントは、生産効率の高い自工程完結型設備とレイアウト設計です。生産効率の高い生産ラインとは、サイクルの自動運転ができる設備によるライン化です。**図6.4.2**は、設備の改善前と改善後のレイアウトです。1工程から9工程で完成する生産ラインです。サイクルタイムは作業者が各工程のワークの脱着を繰り返し一巡する時間です。すなわち材料投入から完成するまでの時間がサイクルタイムになります。

ワーク脱着時間が同じ場合、歩行時間の長さがサイクルタイムに影響を与えます。改善前の脱着時間が2秒、工程間の歩行時間が4秒の場合、サイクルタイムは6秒×9工程＝54秒です。歩行距離を短くして歩行時間を2秒にするとサイクルタイムは4秒×9工程＝36秒となります。生産性は1.5倍に向上し、大幅な改善になります。図のように設備の横幅を狭くすることで、歩行距離を短縮できます。作業性のよい設備設計とレイアウト設計が生産性の向上につながります。

図6.4.1　レイアウト改善による仕掛品の削減

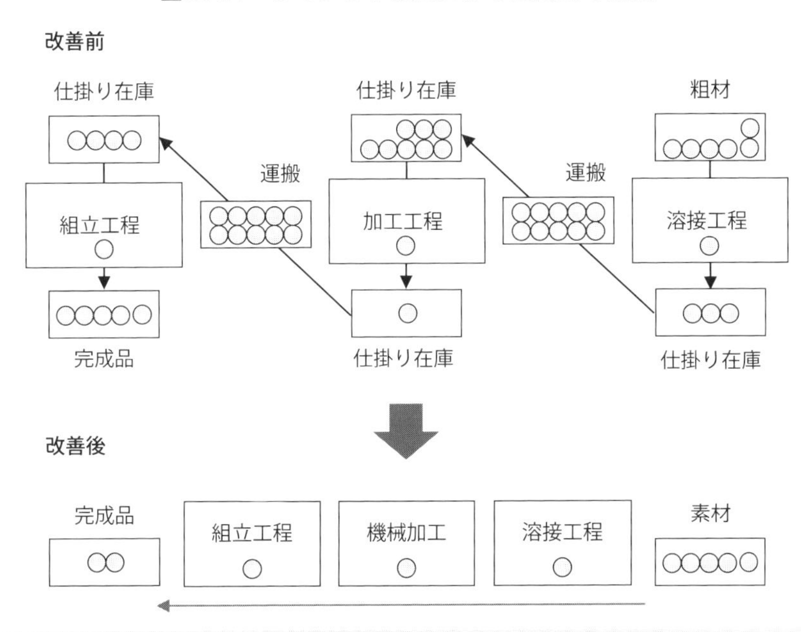

●工程間を近づけることで、工程前後の仕掛品をなくし運搬をやめます

図6.4.2　設備改善によるレイアウト設計

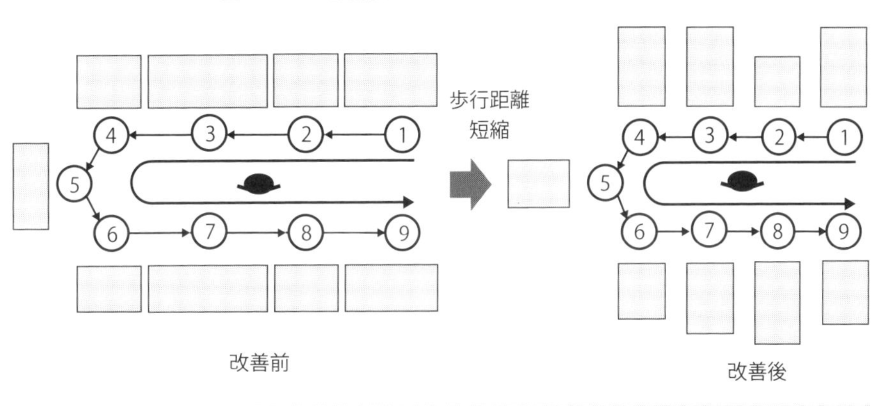

●設備を横長から縦長にして、生産ライン間の歩行時間を短くします

6-5 自動化ラインに必要な設備設計の前準備(3)

➤取り置き3秒の設備にする

機械幅を小さく、歩行距離を短くすることが、作業性がよく作業効率が高い設備設計の秘訣です。それぞれの工程の設備は、「自工程完結型設備」であり、NG品発生時にはサイクル完了後に停止します。作業者はNG品の発生原因を究明し、対策を実施後にNG品の処理を行います。処理が完了することがサイクル運転の開始条件です。この設備仕様を「着々化設備」といいます。

図6.5.1は、組立工程の着々化設備のレイアウト設計です。作業者は、前工程から定位置に定姿勢で①搬送された部品を取り、②治具に取り付け、③移動しながら起動スイッチをONします。NG品発生時は、NG品排出コンベアに投入し機外に排出します。1工程を3つの動作で生産ができる着々化設備は、生産性を極限まで高めた設備仕様といえます。

➤リズミカルな作業ができる設備作り

着々化設備の生産ラインをレイアウト設計する場合、設備設計時に配慮しておくポイントがあります。「取って」「着けて」「移動する」の3拍子でリズミカルに確実な作業ができる設備設計であることです。また、移動しながら起動スイッチをONする作業を容易に行えることです。**図6.5.2**は、着々化のレイアウト設計の設備です。作業者は、リズミカルに同じ位置で同じ作業を繰り返せるように、作業性を重視した以下の設備設計を行うことがポイントです。

1) 作業工程は右から左へ、すなわち反時計回りの移動にする
2) 設備は同じ幅、同じ高さとし、作業ポイントを同一にする
3) 前工程からの部品は、定姿勢で定位置に搬送されている
4) 部品を着ける治具の位置は前後と高さが同一である
5) 治具は、部品の取り付けを容易にするためラフガイドを設ける
6) 起動スイッチは設備の左側の同じ高さに設置する
7) 計器類の点検機器、制御機器はストライクゾーンに設置する

図6.5.1　着々化の設備設計

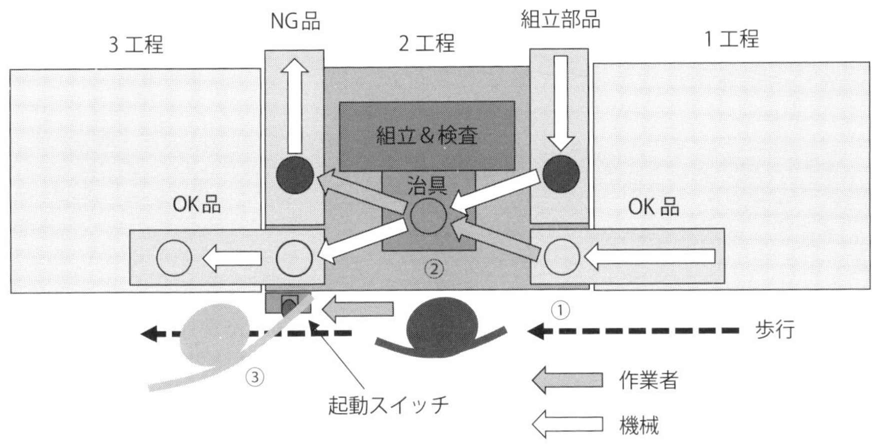

●取って、着けて、スイッチONの動作で生産できる設備にします

図6.5.2　着々化のレイアウト設計

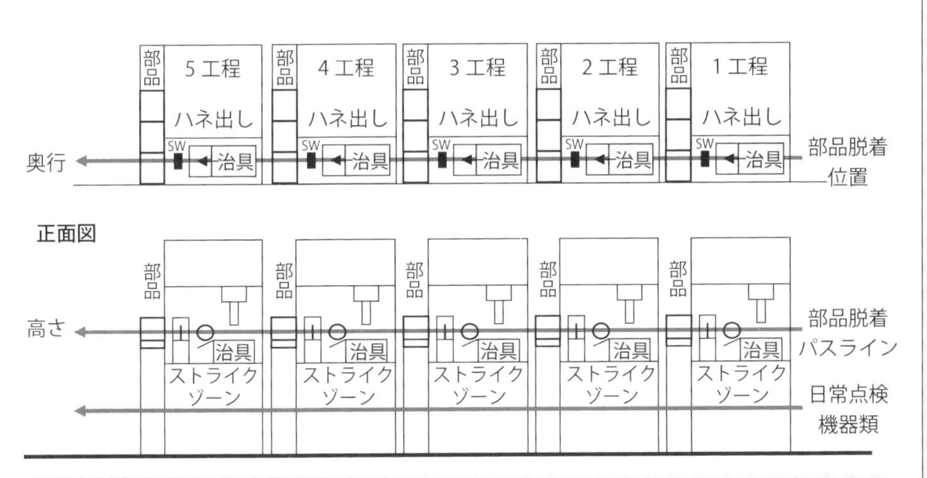

●３つの動作をリズミカルに行うには、すべて標準化された設備で揃える必要があります

6-6 自動化ラインの設備設計のノウハウ(1)

➤品質不良の原因を調査し改善する

自動化設備や自動化ラインを設計するにあたって、三つのポイントがあります。品質を安定させること、故障しないこと、運転が継続できることです。

品質不良は、計画的な生産の遅延を招き、仕損費が原価に影響を及ぼします。品質の規格に対して安定した生産を確認するための指標に「工程能力指数（Cp値・Process Capability Index)」があります。Cp値は、連続したサンプル品の計測値から標準偏差（s）を求め、統計的に処理して規格幅に対するばらつきの状態を表した数値です。Cp値は下記の式で計算します。

Cp値＝規格幅/6S＝(規格の上限値－規格の下限値)/(6×標準偏差)

図6.6.1は、工程能力指数（Cp値）の違いを表した図です。上図は規格幅範囲にばらつきが発生しているCp値1.0、下図はばらつきが抑えられているCp値1.33、です。Cp値1.33以上は工程能力が十分あり品質は安定しています。Cp値1.33未満は全数検査を行い、不良原因の対策をする必要があります。

➤機械停止時間の原因を調査し対策する

設備停止は品質不良と同様に設備稼働率を低下させ、計画的な生産の遅延を招きます。チョコ停などの設備トラブルは、不良品や未加工品の流出につながり、ドカ停は長時間の設備停止をつながります。**表6.6.1**は、設備停止時間の主要因を表しています。異常トラブルの多くは、チョコ停、故障停止など設備の不具合で発生します。対策として、まず発生個所と状況から発生原因を特定し、再発防止対策を行います。また、定期点検、部品交換といった修理などの計画保全活動で設備状態を維持します。さらに、設備設計上の不具合は設備図面に反映させます。付帯作業は、自動運転の前後に行うように改善します。段取り時間の低減は、段取り作業1回当たりの段取り時間の短縮、一発良品化、段取り回数の削減で段取り時間を短縮するなど、様々な方法で対策します。

図6.6.1　工程能力指数（Cp値）の違い

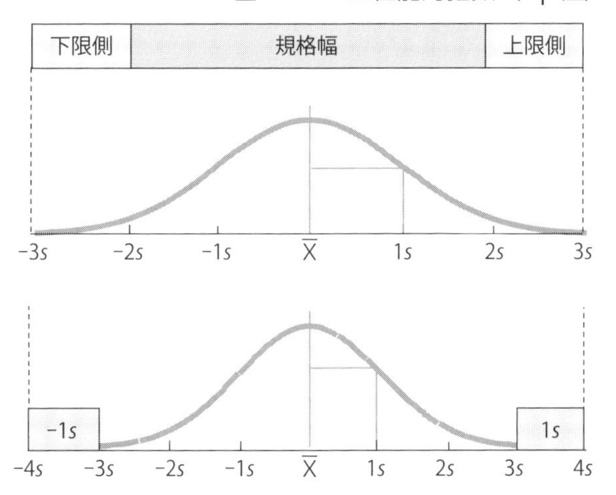

分布幅（6s）と規格幅が同じ場合：Cp＝1.00
不良品の発生：3/1,000

分布の幅（6s）に対して規格幅が 8s の場合
（±1s の余裕分）
Cp＝1.33
不良品の発生：6/100,000

● 工程の品質は工程能力指数（Cp値）で管理し品質保証します

表6.6.1　設備停止時間の分析

項目	分類	区分
頻発停止	異常トラブル	停止時間
ドカ停故障		
部品待ち		
不良		
歩留まりロス		
設備ロス（ハンガー抜けなど）		
生産開始立上げ準備	付帯作業停止	
生産終了処理		
終了時清掃		
点検記録		
定期検査・測定		
部品供給入れ替え		
刃具・電極交換		
稼働中清掃（切粉・スパッター）		
段取り		
稼働時間		

● 設備停止は自動化の敵と心得て、徹底した撲滅対策を図ります

6-7 自動化ラインの設備設計のノウハウ(2)

➤自動化を「事前検証」で確認する

設備の自動化においては、自動化の方法を「事前検証」しておくことが必要です。生産技術者にとって、自動化の工法を検討し設備仕様書に反映することはもっとも重要な業務です。設備設計者においても自動化設備を具現化するうえで、機器選定や機械構造、制御方法を理解しておかなければなりません。**図6.7.1**は、エンジン部品の外周のキズ、打痕、鋳巣などの不具合を自動で検査する設備の仕様を決める「事前検証」の一例です。タクトタイムは12秒ですが、脱着時間3秒を引いて9秒が機械の自動時間です。鋳巣0.25 mmを検出する場合、上下100 mmを9秒で400回転の速度でレーザーセンサーを走査し、形状測定しなければなりません。ピストン部品を回転させるθ軸は毎分2,700回転でレーザーセンサーの走査と同期させ、形状変化部をデータ化させる設備仕様となります。実験機で自動化可否を検証し、測定条件と判定方法を設備仕様に反映しました。

➤加工の品質を「着座検出」で保証する

品質の安定化を図るには治具が重要です。治具は、高精度、高品質、耐摩耗性、脱着容易性、作業性、低価格であることが求められます。加工工程においては、治具上面への切り粉付着による着座不良が加工品質に影響を及ぼし、加工不良を引き起こします。対策として、治具上面の微少な切り粉や切り屑などの異物を検出する方法があります。**図6.7.2**は、治具上面にワーク（加工品）を着けた状態で異物の有無を検出する「着座検出」の一例です。減圧した微少流量のエアーをワークシートに供給し、エアー圧の変化を検出します。ワークシートとワークが密着状態であればエアー吐出口が封止されるためエアー圧は上がりますが、異物がある場合は、ワークシートとワークの間に隙間が発生してエアーが漏れ、エアー圧が下がります。圧力の違いを検出することで、加工開始前に着座状態を検出し品質不良を防止できます。

図6.7.1　事前検証による自動化設備設計

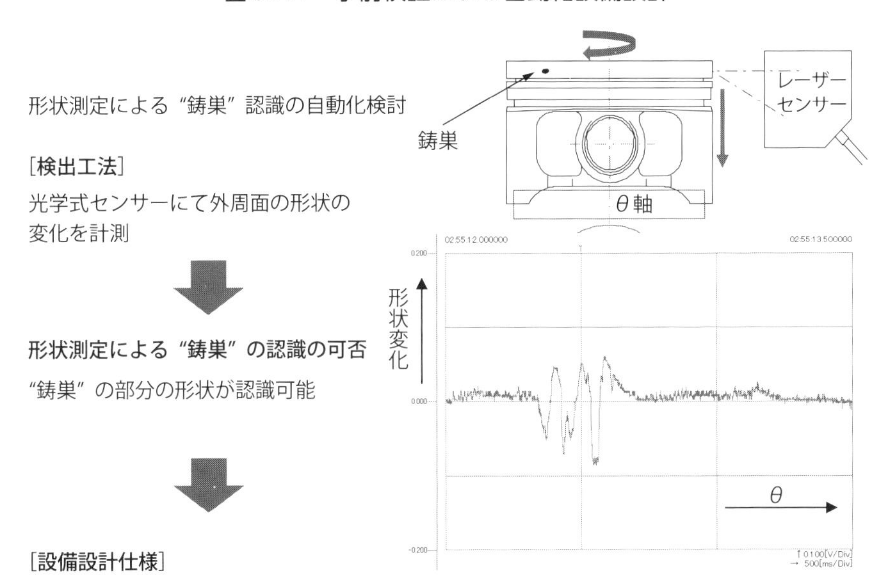

・θ軸回転数：2700rpm
・センサー移動速度：666mm/min
サーボ同期制御

● 自動化できるかできないかは、実験機でトライアルして決めます

図6.7.2　着座検出による品質安定化設計

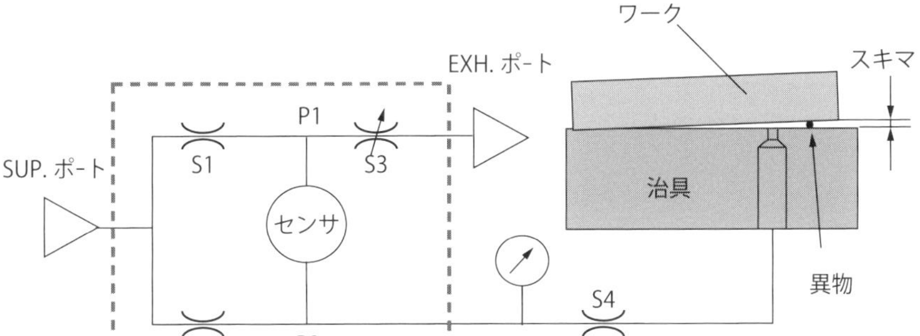

SUP. ポート
EXH. ポート
P1
P2
S1
S2
S3
S4
センサ
検出ポート
ワーク
スキマ
治具
異物

● 治具設計の基本は、精度よく、バラつきなくワークをクランプできることです

6-8 自動化ラインの設備設計のノウハウ(3)

➤ダイヤピンでばらつきを抑える

治具設計の際には、作業を能率的に行うために必要な治具の設計条件を理解し、以下の設計を心がけなければなりません。

- ・治具を使用する作業工程と使用目的を把握し治具設計に反映する
- ・治具の要素や構造に精通した豊富な実例を治具設計に活かす
- ・生産数、精度、コストから総合的な治具設計を検討する
- ・過去のトラブルや不具合について調査し治具設計に反映する

ワークに高精度な位置決め精度を必要とすればするほど、ワークの脱着作業が難しくなります。ワークの位置決め精度が加工精度に影響を及ぼすため、加工の要求精度と基準穴径のばらつきから、治具精度の許容範囲を決めます。**図6.8.1**は、基準ピンによるワークを位置決めする治具設計です。適正なはめ合いで設定した丸ピンを基準に、ダイヤピンによって規制することで、高精度な位置決めとワークの脱着を容易に行います。

➤ロボットで脱着しやすい治具を設計すること

加工品の基準穴のばらつきを考慮した治具設計においては、加工品の脱着を容易にできる治具の構造を検討しなければなりません。作業者による脱着もロボットも同じです。作業者は、ワークを取り付ける際に、手感で微調整することで脱着ができますが、ロボットによる脱着は簡単にはいきません。

要求精度に合った精度で位置決めができて、脱着も容易に行える、相反する治具構造の設計が求められます。**図6.8.2**は、加工品の脱着を容易化する治具設計の例です。加工基準の穴を位置決めする基準ピンの高さを変えた治具の構造です。2本のロケートピンを同時にワークの加工基準穴に挿入する作業は難しく、ピンと穴がかじってしまうことがよくあります。ロケートピンの高さを変え、高いロケートピンに加工品を先に挿入し、これをガイドにして他方を挿入します。これによって、加工品の脱着が容易になります。

図6.8.1　基準ピンによる品質安定化設計

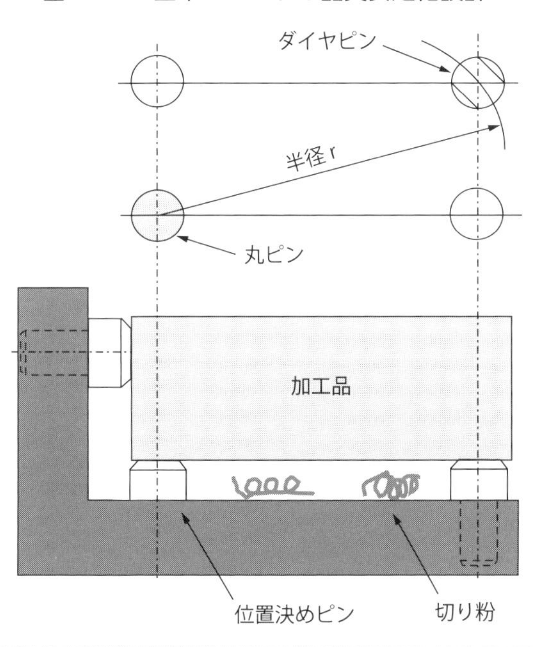

● 基準位置に丸ピン、反対側にダイヤピンを使って治具設計します

図6.8.2　基準ピン長さ違いの治具設計

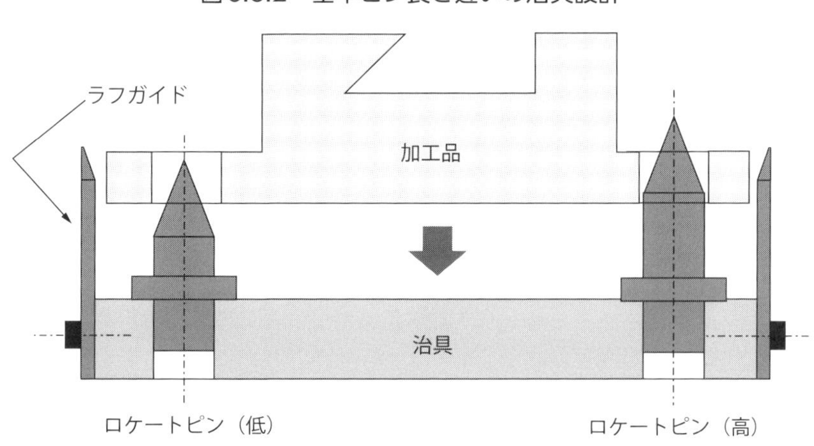

● 基準側を短いロケートピンで脱着を容易にします

6-9 自動化ラインの設備設計のノウハウ(4)

➤段取り替えを短時間に改善する

多品種の生産に対応する場合、工程によっては治具、金型の交換など段取り替えが発生します。手作業の段取り替えや天井クレーンを用いた段取り替えなど様々な段取り替えがあります。段取り替え回数が少なくても、一回当たりの段取りに時間がかかれば生産性を悪化させます。生産計画にもとづき、フレキシブルに多品種に対応するためには、段取り時間の短縮が必要です。

図6.9.1は、段取り作業をスリム化し、段取り時間を大幅に短縮する改善のステップを示した図です。縦軸は段取り作業内容と段取りにかかる作業時間です。設備を止めなければできない作業を内段取り作業、止めなくてもできる作業を外段取り作業に区別しています。調整は、段取り後の品質検査とそれにともなう調整作業です。内段取り作業を外段取り化し、段取り後の一発良品化を図り調整時間を短縮することで段取り時間を大幅に短縮できます。

➤段取りレスの治具を設計する

段取り作業を見直し段取り時間を短縮することで生産性を大幅に向上させられますが、自動化ラインでは、一工程の段取り作業が前後工程を停止させることになり自動化による連続生産が滞ります。自動化ラインでは、工程を止めない方法を模索しています。すなわち、自動化ラインを構築する設備それぞれを、連続自動運転で止まらない設備にしなければなりません。段取り替えを行わないで連続生産が可能な、段取りレス化の設備設計が求められています。

図6.9.2は、マシニングセンタによる多品種対応の無段取り化を考えた治具設計の例です。機械のテーブル上面に固定されたマスター治具と部品を取り付けた治具ベースを使い、パレットクランプ装置で位置決めと固定を行う治具です。治具ベースにはあらかじめ様々な部品を取り付けた治具ベースをロボットでマスター治具に脱着させます。マスター治具の段取り替えを行わず、連続して多品種の部品を自動で生産できる治具設計の例です。

図6.9.1　段取り改善のステップ

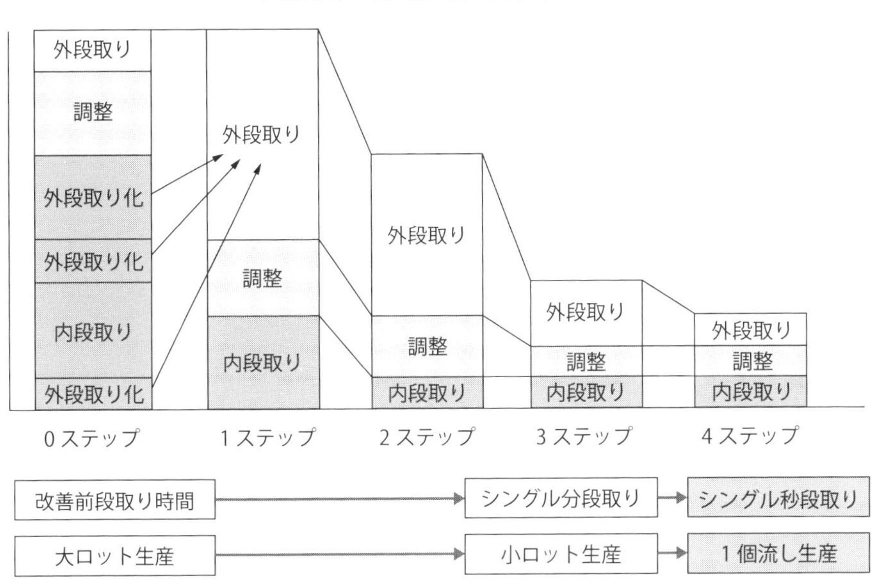

● 段取り回数と段取り時間の削減は計画的に、段階的に行っていきます

図6.9.2　多品種対応の無段取り化の治具設計

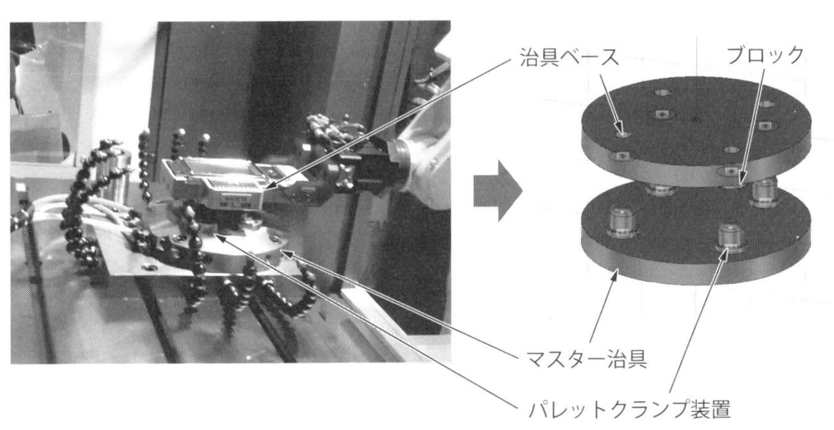

● 段取りレス化では、ワークと治具をセットにすることを考えます

6-10 自動化ラインの設備設計のノウハウ(5)

➤無段取り化のレイアウトを設計する

1個流しの生産をフレキシブルに可能にするためには、多品種少量生産から非量産品の生産など、様々な部品を段取り替え無しで生産する必要があります。トランスファーマシンのパレットクランプ機構やマシニングセンタのツールクランプ機構は、様々な治具パレットやツールホルダーを高精度に位置決めしクランプできます。この位置決めクランプ機構の考え方を活用し、段取りレスで多品種少量生産が可能な自動化が実現できます。

図6.10.1は、自動車部品の無段取り化の自動化レイアウト設計です。昼夜勤連続の自動運転を行っています。ワークをセットにした治具をワークストッカーに収納、マシニングセンタの加工、バリ取り、洗浄、検査、ストッカーへ収納といった各工程をロボットによって全自動で行うレイアウト設計です。生産計画にしたがって、ワークストッカーに治具を多段に整列しておきます。ワークの治具への取り付けは手締めですが、多品種少量生産も試作品生産も治具は外段取り化されています。

➤可動率から未稼働原因を対策する

長時間の連続自動運転で設備が止まってしまえば、元も子もありません。品質対策と同じように、安定した生産のためには、設備が止まらず生産を継続しなければなりません。生産停止は設備故障だけではなく、部品待ち、段取り替えなど様々なトラブルが原因です。発生源対策を徹底して行います。

図6.10.2は、設備の稼働状況を表す指標です。一般的には、稼働率を管理指標として使います。出来高はわかりやすいのですが、設備停止によって発生した生産トラブルの実態を見落としがちです。設備停止の実態を正確に把握するためには、動かしたい時間に対して停止した時間を明確にする可動率を指標管理とするとよいでしょう。停止原因がわかれば、段取り改善は生産技術、設備改善は保全管理、流れの改善は生産管理で役割分担し、すぐに対応できます。

図6.10.1　無段取りの自動化レイアウト設計

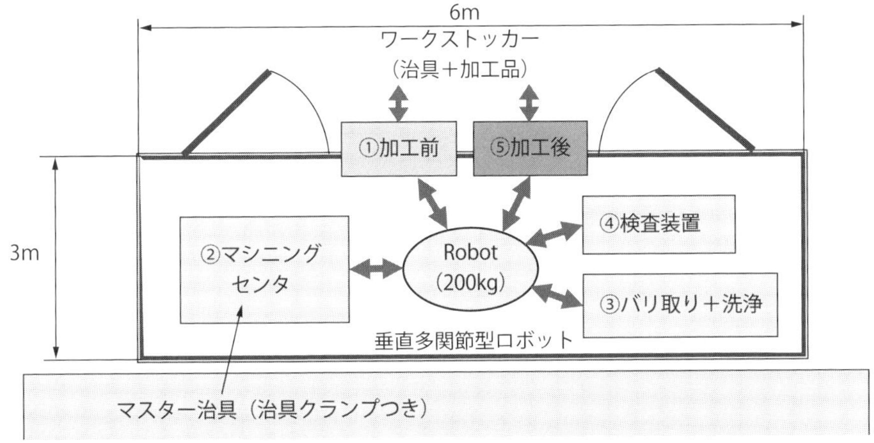

● 夜間自動運転など長時間の自動化は、段取りレスの治具を検討します

図6.10.2　稼働率と可動率の違い

稼動率：定時稼働時間に対して、どのくらい動いたかを見る

定時で終わる予定であったがトラブルで停止したので2時間残業した

段取りで1時間の停止
頻発停止で30分の停止
部品待ちで15分の停止

$$稼働率＝\frac{(8時間+2時間)-(1時間+30分+15分)}{8時間}\times 100=103\%$$

可動率：働かしたい時間に対して、どのくらい働いたかを見る

機械を8時間動かしたかったが、トラブルで停止し動かなかった

段取りで1時間の停止
頻発停止で30分の停止
部品待ちで15分の停止

$$可動率＝\frac{8時間-(1時間+30分+15分)}{8時間}\times 100=78\%$$

● 設備や品質のトラブルは、可動率で原因を究明し対策します

6-11 自動化ラインの設備設計のノウハウ(6)

➤品質データから品質不具合を対策する

加工工程で連続自動運転を行うための課題に、品質の安定化があります。段取りレス化で多品種の加工を行う場合は、加工品の品質保証をタイムリーに行います。不良品発生時には、後工程への流出防止と発生原因の特定、対策を迅速に行わなければなりません。前述の自動化ラインレイアウトに示したように加工後の検査は必須です。この検査は、OK品とNG品の判別を行うだけではなく、検査データを工場内LANのネットワークを通じて上位PCに転送できる機能を持っていなければなりません。**表6.11.1**は、加工品の全数検査で取得したデータから傾向管理を行い、不良の出方を分析するグラフです。品質不良の発生状況から要因を4Mに紐づけて原因を特定できます。品質不良の発生を未然に防ぎ、品質不良発生時に迅速な対応を行うことを目的としています。

➤工程能力指数からばらつきを対策する

長時間の連続自動運転に欠かせないのが品質信頼性の維持管理です。特に、加工工程における品質不良は様々な要因によって発生します。治具や工具の摩耗による品質の変化、折損やチッピングによる突発的な不良、人為的なセットミスなど、品質トラブルを無くすことは不可能です。品質不良の後工程への流出を防ぐためには、全数検査による傾向管理と工程能力指数の管理が不可欠です。**表6.11.2**は、加工工程における穴あけ加工（ϕ10＋0.15/−0.05）の工程能力指数の求め方を示した図です。連続生産によって取得したサンプル数30個から標準偏差を求め、工程能力指数を算出することで加工品質の信頼性を評価します。この場合、Cp値1.78が得られ、ばらつきは小さく不良品が発生する確率は極めて低く、工程能力指数が高いことから安定した生産を継続することができます。さらに、工程能力指数を連続的に管理することで、機械や治具・工具、加工条件の不具合を見極めることが可能となり、不良品の発生前に対策ができます。

表6.11.1　品質不良の傾向管理と発生原因対策

不良の出方	原因系	要因系
散発　↑規格↓	キズ欠陥 （外観特性） 異品混入	材料 （Material）
経時変化　↑規格↓	刃具磨耗	方法 （Method）
ネライ値ズレ　↑規格↓	セッティングミス ・刃具交換 ・段替え	人 （Man）
突発異常　↑規格↓	刃具破損 設備故障	機械 （Machine）

●品質不具合の要因を4Mに紐づけて、再発防止対策を徹底します

表6.11.2　工程能力指数（Cp値）の求め方

検査データ

10.006	10.072	10.019
10.016	10.032	10.039
10.018	10.029	10.041
10.010	10.045	10.018
10.053	10.029	10.046
10.034	10.024	10.028
10.037	10.012	10.052
10.029	10.029	10.012
10.038	10.066	10.019
10.041	10.087	10.033

分布図

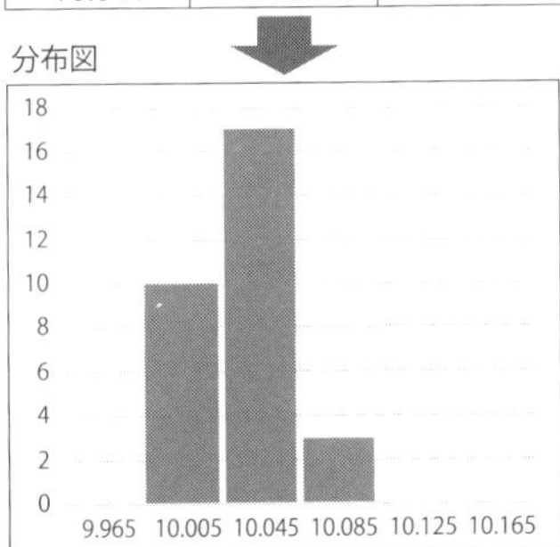

規格値

上限規格限界	SU	10.15
下限規格限界	SL	9.95
規格の平均値	M=(SU-SL)/2	10.05

統計量

項目	計算式	計算結果
平均値	Xbar=1/n*(x1+x2+x3……+xn)	10.03
標準偏差	s=SQRT(v)=SQRT(S/n-1)	0.02

工程能力指数

偏り	K=ABS(M-$_x$bar)/(SU-SL)/2	0.16

両側規格のある場合

工程能力指数			
工程能力指数	Cp=(SU-SL)/6 ＊SQRT(v)		1.78
	Cpk	0<K< 1	1.49
		K≧1 の時	0.00

上限規格だけの場合

工程能力指数	Cp=(S_U-Xbar)/3*SQRT(v)	2.07

下限規格だけの場合

工程能力指数	Cp=($_x$bar-SL)/3*SQRT(v)	1.49

●工程能力指数（Cp値）で品質信頼性を常に監視します

6-12 自動化ラインの設備設計のノウハウ(7)

➤作業時間のばらつきをなくし平準化する

ロボットを活用して生産ラインの自動化を進めるために、工程の平準化を図ります。工程によって作業時間が異なりばらつきがある場合、作業内容や作業手順、作業の動作速度が違うだけではなく、作業時間が平準化されていないことがほとんどです。複数工程では、もっとも時間のかかる作業がラインのサイクルタイムとなり生産性を阻害します。ネックとなっている工程を分析し、ライン全体で作業時間の平準化を図ることが生産性向上に不可欠です。

図6.12.1は、5工程からなる組立作業です。改善前はラインのタクトタイムの15秒に対して第2工程が16秒と長く、他の工程は余裕時間のある作業です。タクトタイムに合わせて作業分担を見直し、作業時間を平準化したことで、4工程で作業を平準化できました。5工程をさらに改善すれば4工程で終わることが見えてきており、ロボットによる自動化計画を進められます。

➤作業のばらつきをなくし作業を標準化する

作業者の作業を自動化する場合に、そのままロボットに置き換えることは、ムダな作業を自動化することになりかねません。現状の手作業をよく観察して分析するとよいでしょう。主体作業と付帯作業を区分けし、それぞれの作業にムダな動きはないか、省略できる作業はないか、簡素化した作業に変更できないかなど作業のスリム化を検討し、作業の標準化を図ります。スリム化した作業をロボットに置きかえることで、投資効果を最大限に発揮します。

図6.12.2は、作業の標準化によるばらつきの改善の例です。作業者によって大きなばらつきがあります。ばらつきが多い作業は、作業標準ができていないと言えます。ばらつき幅を調査し、平均値をサイクルタイムの標準に設定します。誰もが平均値で作業を行えるように作業手順と動作経路を見直し、これを標準作業に設定します。サイクルタイムを、生産ラインのタクトタイム内に設定することがポイントです。

図6.12.1　作業時間の平準化とサイクルタイム短縮

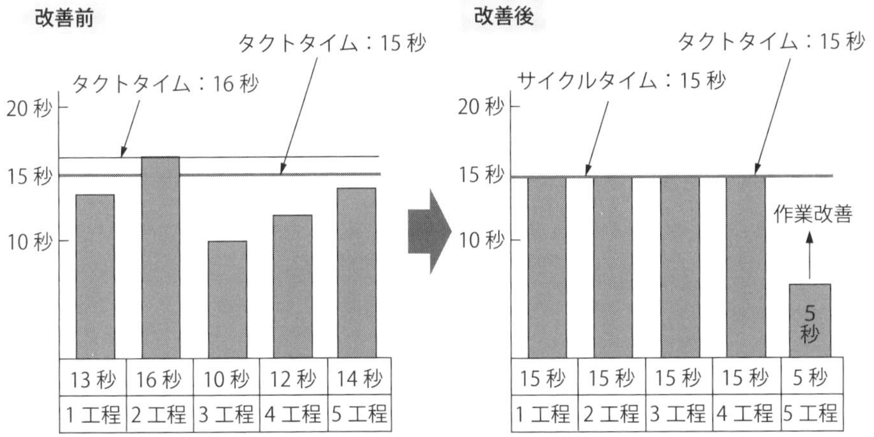

改善前
タクトタイム：15秒
タクトタイム：16秒
20秒
15秒
10秒
13秒
16秒
10秒
12秒
14秒
1工程
2工程
3工程
4工程
5工程
改善後
タクトタイム：15秒
サイクルタイム：15秒
20秒
15秒
10秒
作業改善
5秒
15秒
15秒
15秒
15秒
5秒
1工程
2工程
3工程
4工程
5工程

● サイクルタイムは、タクトタイム以内に設定します

図6.12.2　作業の標準化によるばらつきの改善

ばらつき
能力計算
サイクルタイム
最大値
平均値
最小値

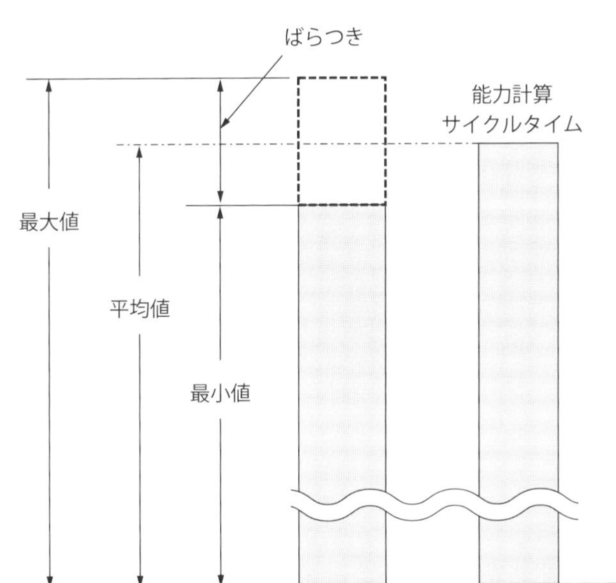

● 作業時間のバラつきの対策を行うことで、作業を平準化します

6-13 自動化ラインに必要な高度な設備設計技術（1）

➤自工程完結型設備でフレキシブルなレイアウト設計

段取り時間が短くても段取り回数が多くなると、結果的に段取り時間が多くなり、設備の稼働率を低下させます。多品種生産に対応した無段取り化を実現することによって生産性を格段に上げることができます。**図6.13.1**は、無段取りで多品種の生産を実現するレイアウト設計の例です。A社製品の生産ラインにB社とC社の製品を投入する計画です。工程別にA社製品との共通化可否を検討し、共通化ができれば設備を共用化します。一方、共用化が難しい場合は、個別に製品に対応した新たな共用化設備を新規に投入します。可能な限り、段取り替えのない設備設計を行います。生産計画に対応した設備で生産を動線で指示することで、段取りレスの生産が可能となります。

➤ロボットを活用したフレキシブルなレイアウト設計

多品種少量品の生産を行う場合、段取り替えを行わず生産する手段としてロボットの活用があります。ロボットは、プログラムを作成しておくことで同じ動きを再現し、同じ速度で作業できます。手順の欠落なく、設定どおりに様々な動作に対応できます。ロボットの使い方次第で、フレキシブルな生産ができる強力な助っ人になり得ます。**図6.13.2**は、機械部品の塗装工程にロボットを活用し、フレキシブル生産を可能にしたレイアウト設計の例です。改善前は前工程から運搬され、塗装ブースの中で作業者がハンガーに掛けた製品に塗装していました。作業者の塗装作業をやりやすくするため、前工程からの製品はロット単位で塗装していましたが、塗装工程前後の仕掛り在庫が課題となりました。改善後は塗装ラインのフレキシブル化に向けて、塗装作業をロボットに置き換え、ハンガーの製品の自動識別により設定したパターンで塗装する自動化システムを導入しました。前工程からの製品を先着順にランダムな塗装が可能となり、塗装工程前後の仕掛り在庫の一掃を図ることができた事例です。

図6.13.1　無段取り生産のレイアウト設計

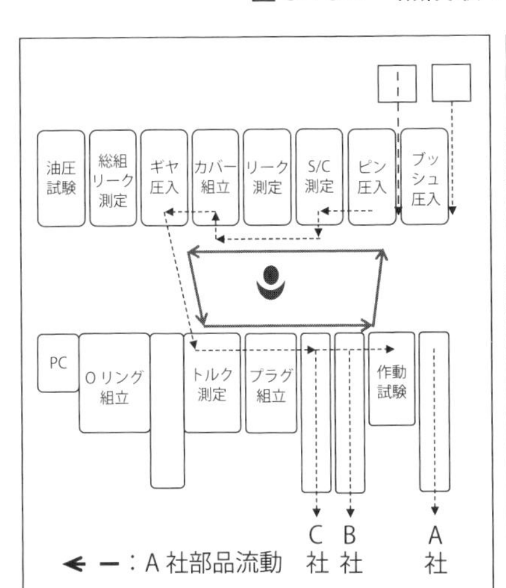

No	工　程	対応	A社	B社	C社	
1	ブッシュ圧入	追加	ー	ー	○	
2	ピン圧入	新設	○	○	○	共用化
3	S/C測定	新設	○	○	○	共用化
4	リーク測定	追加	ー	○	○	
5	カバー組立	新設	○	○	○	共用化
6	ギヤ圧入	新設	○	ー	○	共用化
7	総組リーク測定	追加	ー	○	○	
8	油圧性能試験	追加	ー	○	○	
9	Oリング組立	追加	ー	○	○	
10	トルク測定	新設	○	ー	ー	
11	プラグ組立	新設	○	○	○	共用化
12	作動試験	新設	○	ー	ー	

● 無段取りで生産するには、製品に対応した生産設備を用意します

図6.13.2　フレキシブル生産のレイアウト設計

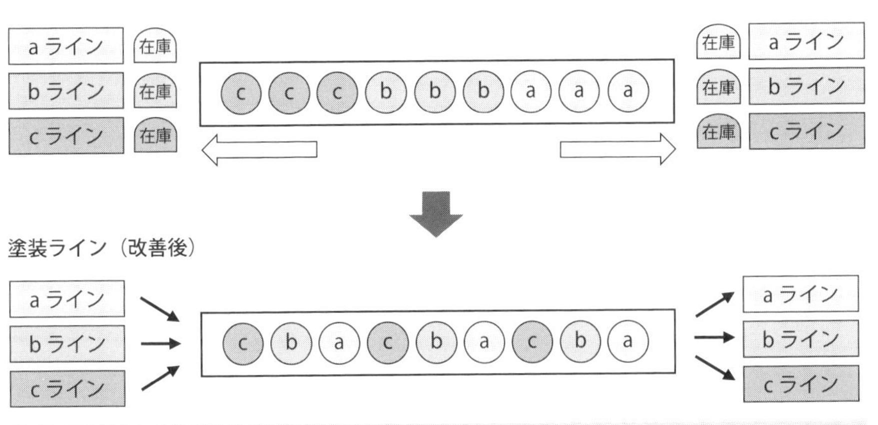

● 無段取りで生産するには、製品に対応した生産をロボットで行います

6-14 自動化ラインに必要な高度な設備設計技術(2)

➤自動加工ラインの工程間搬送の簡素化設計

前述のマシニングセンタ4台、ロボット3台を用いた加工ラインの自動化の工程間を、安価なベルトコンベアを用いて定位置、定姿勢でワーク搬送する方法を説明します。図6.14.1は、マシニングセンタの加工ラインに設置したシャトル方式のコンベアによる工程間自動化搬送システムです。特徴は以下の通りです。

・構造がシンプルであるため安価に製作し設置できる
・工場のレイアウト変更やラインのレイアウト変更に即対応できる
・センサーなど制御機器が少なくメンテナンスフリーである
・クーラント液の飛散や液だれによる汚れを防げる

耐油、耐水性のベルトコンベアのモータをサーボに変更し、高速化と正逆回転制御によるシャトル搬送が可能です。ベルトコンベアの外周はオイルパン構造で床置きします。コンベア上部に透過型センサーを設置し、到着確認でベルトコンベアの駆動とロボットの動作を制御します。さらに、制御回路の省配線・簡素化によって故障レス、メンテナンスフリーを実現できます。

➤加工工程の最適な自動化レイアウト設計

設備構成と搬送方式で自動化ラインのレイアウト構想が決まります。工程間（設備間）の連続した自動運転を行うための搬送はなるべく安価な方法を検討します。図6.14.2は、加工の自動化ラインレイアウト設計と搬送仕様を示した例です。マシニングセンタと計測機をセットにして並置し、先頭工程に部品供給用のワークストッカーをレイアウトします。マシニングセンタの両側に自動開閉ドアを設け、マシニングセンタの加工品の脱着を行うことで作業者との作業領域を分け、安全に配慮したレイアウト設計です。前面から部品の脱着が可能となり、ロボットのダウン時も生産を続行できます。なお、両側ドア開閉仕様はメーカーによっては特殊仕様となるため、マシニングセンタメーカーとの調整が必要です。

図6.14.1　工程間搬送シャトルコンベア搬送システム

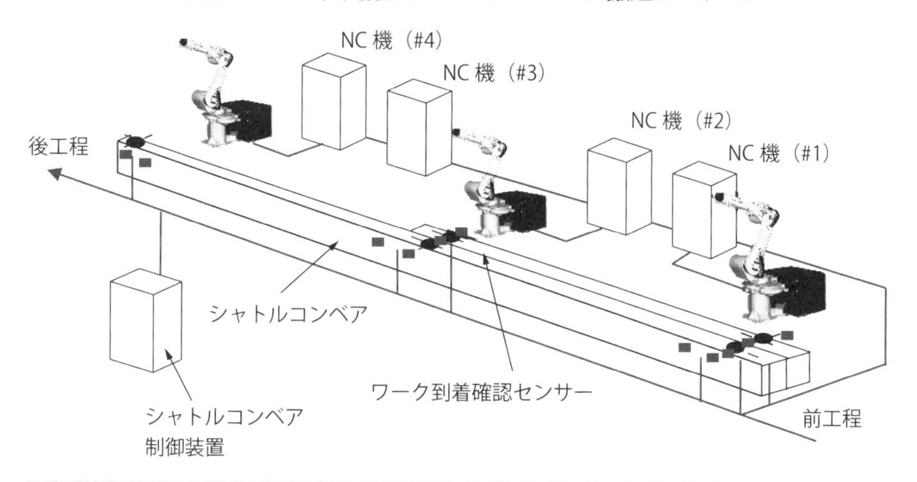

● 工程間搬送は定位置・定姿勢で搬送できるコンベアで設計します

図6.14.2　加工工程の自動化レイアウト設計

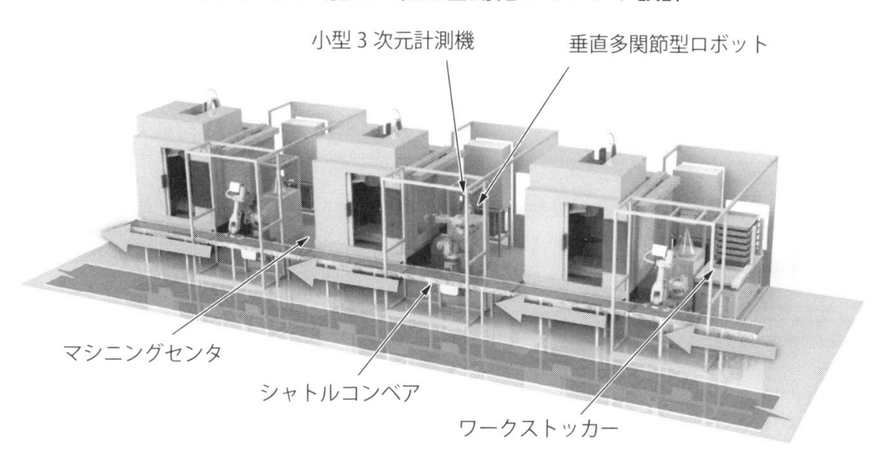

● 自動化ラインは完成度の高い自工程完結型設備の並置で実現します

6-15 自動化ラインに必要な高度な設備設計技術(3)

➤自動化設備を実現するために必要な設備技術

市販のNC機を導入してロボットを用いて自動化ラインを構築する場合、標準機に治具や制御機器など後付けし、自動化対応に改造する必要があります。**図6.15.1**は、マシニングセンタを購入し、自動化に必要な周辺機器の取り付け、配線配管、運転調整を自前化した事例です。機械加工が自動運転できるように自社技術で自前化することを筆者は、「セットアップエンジニアリング」と呼んでいます。セットアップとは、マシニングセンタの自動運転に必要な機器の取り付けと制御回路の追加工事です。機械設計と制御設計の連携が必要ですが、母機メーカーと連携を取ってセットアップで習得した設備技術が自動化ライン構築に重要な基礎技術となります。

➤自動化の設備費を1/3低減する自前化技術

マシニングセンタの立ち上げを自前化することで、様々な経験が得られます。マシングセンタを着々化設備にするために必要な機器や装置は何か、後付けするにはどう改造すればよいかなどの検討が、セットアップ技術を高めることにつながります。加工治具、チップコンベア付きクーラントタンク、自動起動スイッチ、シグナルタワー、副操作盤など後付けします。NC装置で制御するためには技術が必要ですが、マシニングセンタの母機メーカーからアドバイスを受けられます。初号機でトライアルすれば横展開が可能となり、セットアップの自前化技術を蓄積し標準化することでメンテナンスも可能になります。さらに、フルターンキー方式でマシニングセンタを導入する場合と比べて、設備費の大幅な削減につながり、投資効果を最大限に引き出すことができます。**図6.15.2**は、自前化によって設備費を削減した事例です。海外拠点向けに18台のマシニングセンタをセットアップした費用の比較です。治具設計製作から機器の取り付け、制御回路追加、試加工から引き渡し、現地教育までのセットアップを自前化した結果、36%の投資額の低減が図れています。

図6.15.1　自動化設備を実現する自前化技術

セットアップ前

セットアップ後

自動化対応の後付け機器

①シグナルタワー
②安全カバー
③起動スイッチ
④加工プログラム
⑤着座検出装置
⑥治具・ツーリング
⑦操作パネル
⑧払い出し
⑨エアー機器･油圧装置
⑩電源トランス
⑪クーラントタンク

● 標準機に治具設計、機器取付、試加工、精度出しを自前化します

図6.15.2　自前化技術による設備費の削減効果

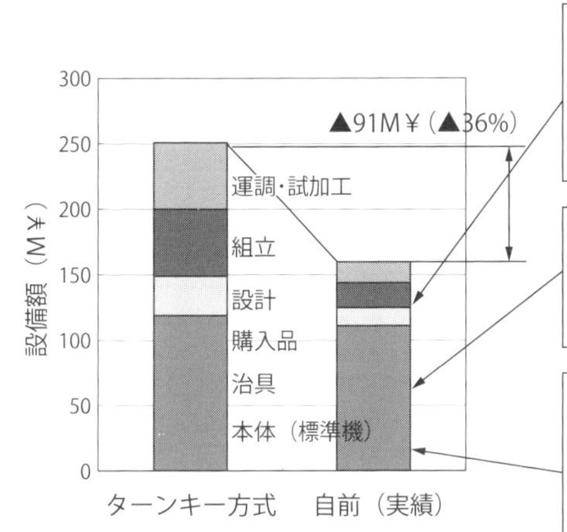

試加工・精度出し自前化
- ツーリング・刃具設計・制御設計
- PMC 回路設計および運転調整
- NC プログラム・試加工・精度出し・OP 教育

治具設計製作の内作化
- 治具標準化・シリーズ化・共通部品化
- 油空圧配管レス構造・段取り替え化

標準機の裸買い
- 廉価設備の選定および標準機購入
- オプション仕様の廃止・内作後付の徹底
- 後付機器の内作および配線配管工事自前化

● 自前化のセットアップエンジニアリングで徹底したコスト削減を行います

Column 6

生産性の高いターンミル加工の活用法

エンドミル工具を使用して面加工を行う場合、加工する材料の材質と切削工具の刃先材質から切削速度を選定し、主軸回転数を決めます。さらに、切削工具の一刃当たりの切込み量を設定することで送り速度を決めます。これが、加工条件を決めるうえでの一般的な方法です。エンドミルを使用したミーリング加工も同様に計算を行います。計算する場合は、下図の計算式を使用します。

ミーリング加工は、被削材を治具で固定してエンドミル工具を回転して加工しますが、ターンミル加工はどのような加工でしょうか？　ターンミル加工は被削材を回転させ、同時に切削工具も回転させて加工する方法です。被削材を旋盤のチャックで固定して回転し、エンドミル加工を行う複合加工です。

本書に記載している卓上型超小型NC機が、ターンミル加工のできる機械です。この機械を使用してエンドミル加工とターンミル加工の表面性状の比較を行いました。φ10の超鋼のエンドミルでφ100のAL材を加工した結果が下図になります。加工時間同一に加工条件を設定して加工すると、ターンミル加工はミーリング加工よりも表面性状が2倍よくなる結果が得られています。表面性状が同じで加工時間を1/2にできることが検証できています。

①切削速度

$$V=\frac{\pi \cdot D \cdot N}{1000}$$

V：切削速度（m/min）
D：工具径（mm）
N：主軸回転数（rpm）

②送り速度

$$F=N \cdot Z \cdot f$$

F：送り速度（m/min）
Z：刃数（枚）
f：一刃当たりの送り（mm/刃）

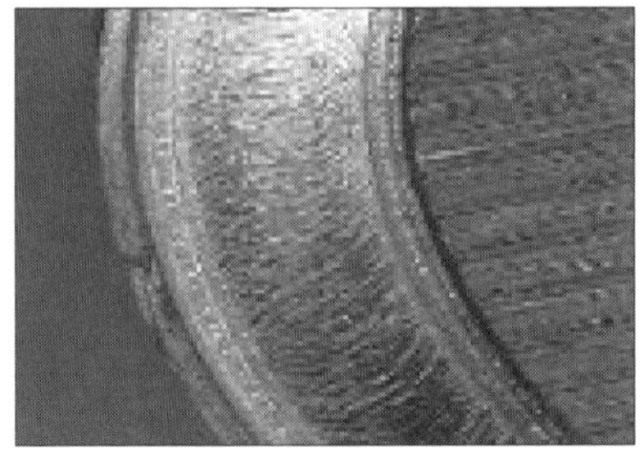

ミーリング加工　Ra0.9

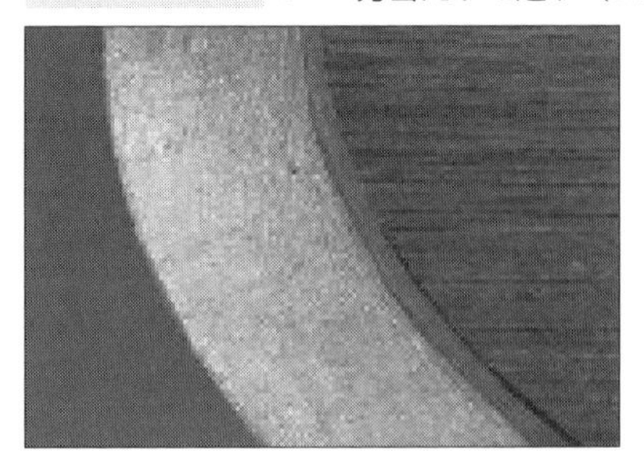

ターンミル加工　Ra0.4

第7章

設備購入仕様書の作成と自動化ライン立ち上げの成功法

ロボットを使って自動化するほどの生産量がない、ロボットを使った自動化は費用がかかるため導入できない、と思われている企業が多いと思います。確かに、搬送だけにロボットを使うことは費用対効果から難しいかもしれません。コンベアやシュート、ローラーなどの安価な方法で自動化ができれば、ロボットは不要かもしれません。一方で、主体作業である人手に代わってロボットを組み込んだ自動化設備は労務費を低減し生産性を上げることができます。

自動化ラインをレイアウト設計する場合、自工程完結型設備を目指して、部品供給から組立、検査、判定、払い出しに対応できるようにロボットを組み込んだ設備仕様にすることがポイントです。ガントリーローダーや天吊り走行ロボットなど大がかりな搬送装置の外付けが不要な設備です。

さらに、設備設計を標準化し、他製品に対応してシリーズ化することで新規設計が不要となり、設備製作コストを大幅に低減することが可能になります。生産性を上げる自動化ラインの構築の秘訣がここにあります。

少量の生産数量の寄せ集めであっても付加価値のある製品であれば、自動化は可能です。そのためには、自動化ラインを構成する一台一台の設備仕様をしっかりと検討する必要があります。

本章では、生産性を上げる自動化設備の設備購入仕様書に準備すべきデータと仕様書の作成方法について、具体的な事例をもとに説明します。

7-1 自社製品用に標準機を開発する

➤自社製品向けの標準機を開発する方法

自社製品の生産性を高めるためには、それに見合った性能でコストパフォーマンスの高い設備の標準化と横展開が重要です。市販の機械や装置は、様々な業種で製品を製造している多くの企業向けに、多機能で高性能な設備として開発されています。一部のユーザーにとっては、高機能、高性能は必要ですが、多くの場合は最小限の機能があれば十分です。自社製品にとって必要最小限の生産設備の機能や性能が何か、その設備を低コストで作るためにはどうすればよいか、いずれも生産設備最適化の課題です。

図7.1.1は、筆者が学生たちと開発した卓上型の超小型NC工作機械です。自動車のエンジン部品は手のひらサイズで6割が穴加工、3割が旋削とミーリング加工、1割が研削加工です。それに対応できるよう、NC旋盤とマシニングセンタの機能を複合化することで、旋削、ミーリング、穴あけ、タッピング、ターンミルの加工を可能とした超小型のNC機です。機械幅300 mmでBT30の主軸を搭載し、パソコンNCで制御します。穴加工も旋削加工もできます。市販の小型マシニングセンタに比べ、専有面積1/10、コスト1/3を実現できています。

➤自動化ラインをレイアウト設計する方法

自社製品に見合った性能と仕様で低コストの設備を標準化し、ワークの脱着と搬送をロボット化することで最適な自動化ラインの構築が可能になります。**図7.1.2**は、双腕型にグレードアップした直交軸ロボットを自律走行させた自動化ラインのレイアウト図です。超小型NC機械を自動化ラインにしたレイアウト図で、専有スペースは2畳です。クーラントおよび切り粉処理やツール交換など解決しなければならない課題があるものの、小型部品の旋削と穴あけ加工、ミーリング加工用に汎用性を持たせており、ライン化は机上では実現可能です。小スペースで安全性、メンテナンス性に優位性のあるレイアウト設計です。

図7.1.1　卓上型の超小型NC工作機械

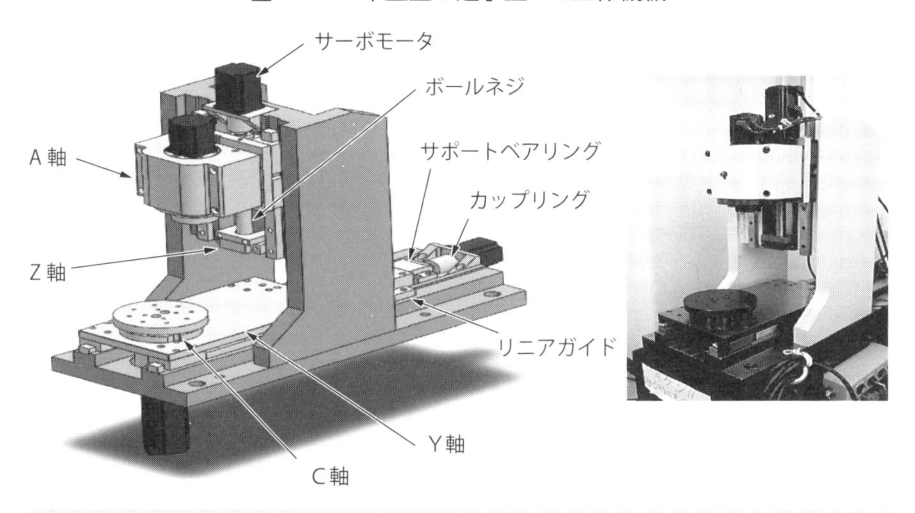

● 自社製品の工程に合わせた生産設備を設計開発します

図7.1.2　超小型NC機械の自動化ライン

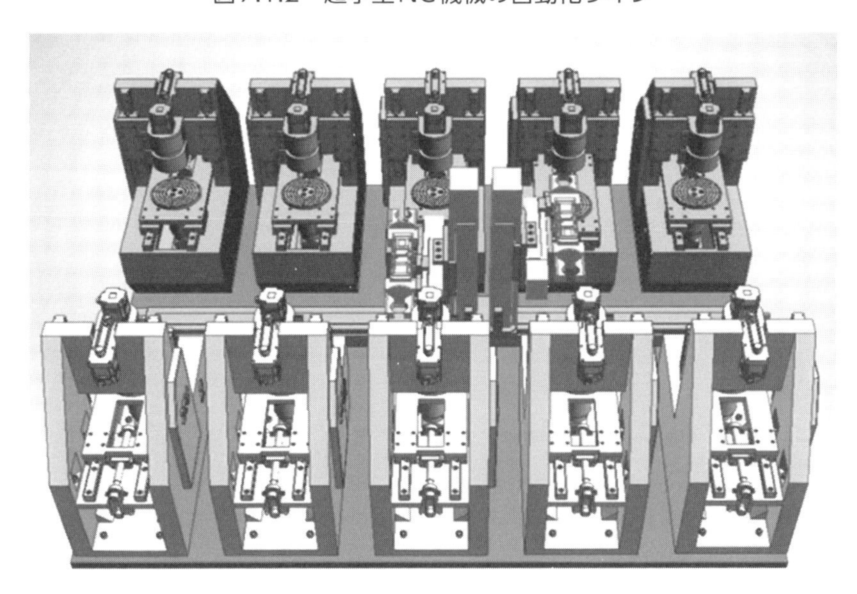

● 生産設備の標準化とロボットによって自動化ラインの設計を行います

7-2 標準機を段階的に自前で自動化する

➤自動化の核となる「自工程完結型設備」を開発する方法

自社製品の生産性を高めるためには、作業改善やレイアウト改善を通じて少ない人員で生産性を上げることが不可欠です。「自工程完結型設備」は、不良品を作らない、流さないという不良品流出防止の考え方にもとづき、品質を自工程で保障する設備です。自動化され、品質不良を出さない生産設備で生産性を上げることが、製品競争力強化につながります。**図7.2.1**は、品質の自工程保障を標準化した自工程完結型の設備開発のステップです。自動化の課題の解決方法と不良品流出防止対策を設備仕様に反映し、基本構造を標準化、ロボットを活用して全自動化します。自工程完結型設備は、機械幅の統一、架台の共通化、検査機器の標準化、設計の共通化によって、集約購買で設備費の大幅な低減が期待できます。さらに、自工程完結型設備を現地生産化することによって、組立技術や運転調整のスキルが向上し、現地でのメンテナンス体制の強化につながります。

➤自動化に必要な「自前化技術」を身に付ける方法

加工工程は、マシニングセンタやNC旋盤を設置しただけで自動運転ができるわけではありません。安定した加工品質を確保するためには、切削油の供給や切り粉処理を行うチップコンベア付きクーラントタンクが必要です。さらに、自動化に必要な装置や機器を制御するための制御回路を組み込み、ロボットとNCプログラムを連動させなければなりません。**図7.2.2**は、マシニングセンタの自動化対応の事例です。標準機を購入してグレードアップする手順です。筆者は、「セットアップエンジニアリング」と呼んでいますが、サイクル自動運転に必要な機器の取り付け、運転調整、自動運転の確認、試加工による加工精度および工程能力を調査し工程の品質保証を行います。加工の自動化に必要な改造工事を自前化することで設備技術を習得できます。ロボットを活用した自動化ラインの構築に不可欠な「自前化技術」であると言えます。

図7.2.1　自工程完結型設備と自動化ライン開発のステップ

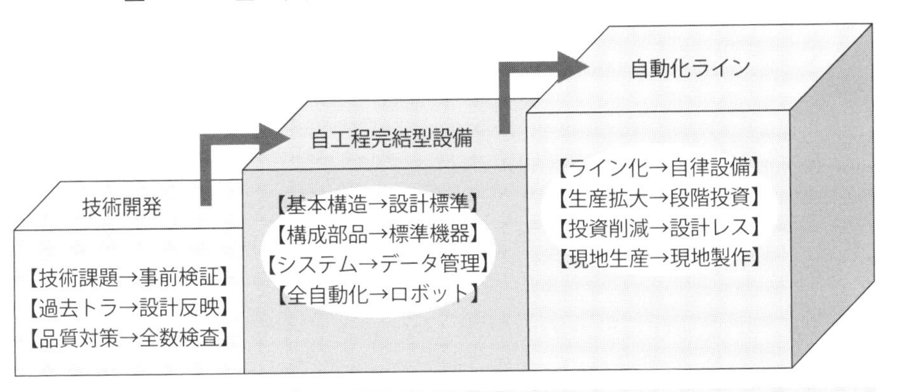

● 自動化ライン構築に際して、自動化の技術開発の結果を設備仕様に反映させます

図7.2.2　マシニングセンタによる設備改造技術の習得方法

設　計

①自動化レイアウト設計・加工条件設定
②治具設計・ツーリング設計・制御設計
③油空圧回路設計・クーラント回路設計
④NC プログラム / 加工シミュレーション

組　立

⑤治具精度検査・静的精度検査
⑥クーラントタンク＆切削油配管
⑦油空圧配管工事＆配線工事
⑧自動運転調整・NC プログラムチェック
⑨静的・動的精度検査・試加工精度出し
⑩工程能力調査・立会い・灰汁出し運転
⑪OP 教育・保守教育・引き渡し

量　産

● 標準機を購入し、自動化に必要な機能を付加できる技術を習得します

7-3 段階投資で自動化ラインの能力増強を進める

➤「安価な設備」で生産能力を増強する方法

生産能力を、必要な時期に必要な設備を必要な量だけ準備する設備投資は、受注の未確定や遅延などによって生じる設備稼働率低下のリスクを回避するための投資計画の基本です。**図7.3.1**は、生産数量の増大に伴う段階投資による生産能力向上の方法です。従来は、生産量の確保が前提で、量産用に多量生産が可能な自動機（専用機）を設計製作していましたが、受注減、機種転換など設備の稼働率が低下することが多々ありました。このような課題を解決するのが、将来の受注量を想定し、3段階に分けた段階投資です。1号ラインの生産能力は受注量から設定し、2号ラインは1号ラインと同じ生産能力、3号ラインも2号ラインと同様の生産能力とします。1号ラインの設備不具合は設備図面に反映することで2号ライン、3号ラインの完成度が飛躍的に高まり、垂直立ち上げと安定した生産が可能となります。完成度の高い、「安価な設備」を必要な時期にタイムリーに投資することで投資効率を高め、生産性の向上に貢献できます。

➤自動化設備を安価に設計製作する方法

設備設計者は、設備仕様書をベースに設備設計を行いますが、見落としや勘違い、設計図面の不備などによって不具合が発生することがあります。設備設計に起因する不具合は都度、設備設計図面を修正し対策を行うことで、完成度の高い設備作りができます。量産開始後の設備故障などトラブルについても同様に、設備設計を対策することで改善されます。このように不具合を反映した最新の設備図面は、自動化設備や自動化ラインの横展開で大きな効果をもたらします。**図7.3.2**は、自動化設備の横展開による設備費の削減効果を示す図です。初号機をベースにしたコピー機は2号機では25％、3号機では35％の設備費削減が可能となります。初号機で発生した設計費は不要となり、さらに、製作購入品原低や加工・組立の習熟で1号ライン比35％の設備費低減が可能となります。

図7.3.1　段階投資による生産能力の拡大の考え方

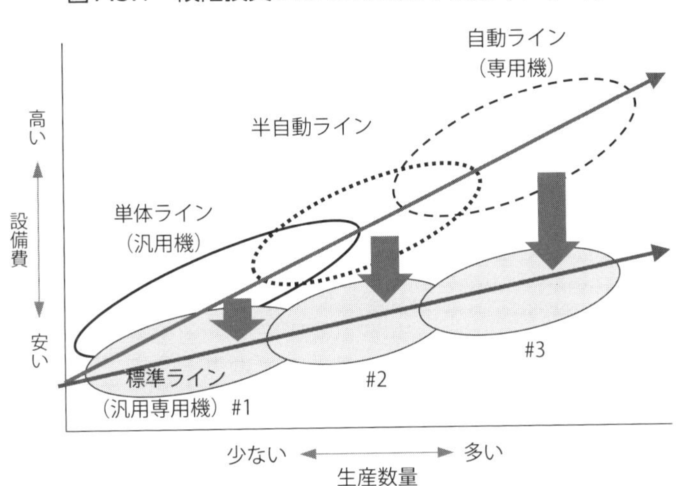

● 1号機の不具合やトラブルの対策を設備設計図面にフィードバックします

図7.3.2　自動化設備の横展開による設備費削減効果

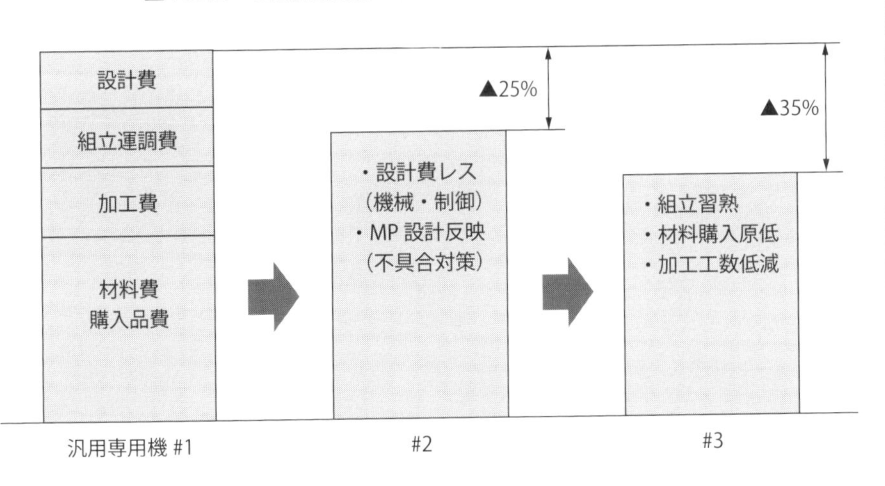

● 初号機の不具合やトラブル対策を設計図面にフィードバックします

7-4 必要な時期に必要な自動化ラインを追加する

➤「設備能力の増強」に段階投資する方法

生産能力を決めるにあたって、設備投資の対象となる製品の受注計画にもとづく生産台数が重要になります。設備投資によって生産能力を決定する場合、生産台数は曖昧であってはなりません。**図7.4.1**は、生産台数に対応した設備投資計画の考え方を示すグラフです。すでに受注が確定している生産台数と4年目以降の受注予測の台数をもとにした生産計画です。4年目以降の受注を想定した自動化ラインを考えていますが、生産性を向上させる秘訣は設備投資計画の原則である「必要な時期に必要な設備を必要な量だけ準備すること」と「自動化ラインの稼働率を最大限に引き上げること」です。「生産能力の増強」はこの原則にもとづき、受注確定の一次と未確定の二次に分けて段階的に投資を行います。一次投資の生産能力は定時間（8時間/直）稼働とし、計画以上の受注増の生産には残業、休出で対応します。自動化ラインは、二次投資にそのまま活用できる標準設備として設計することがポイントです。

➤「自動化対象の製品」を選定する方法

自動化によって生産性を上げるための手作業の改善や品質対策、少人化などの合理化、受注量増大に伴う増産対応による生産設備の能力増強など、設備投資の目的はそれぞれ異なります。目的によって生産能力の設定は異なります。生産台数が受注量によって変化する場合は低い台数で計画しますが、「自動化対象の製品」が多種類の場合は優先順位を決める必要があります。

図7.4.2は、生産台数のABC分析です。自動化すべき対象製品を選定する方法として生産数量の多い順に並べます。図では上位4品目が全体の80％近くを占めています。4品目の月当たり生産台数と、自動化の対象となる製品別のサイクルタイムを積算した合計が月当たりの負荷工数です。月当たりの稼働時間と稼働率から月当たりの保有工数を算出し、保有工数に見合った負荷工数を試算し対象製品を選定します。

図7.4.1　生産台数に対応した設備投資計画の考え方

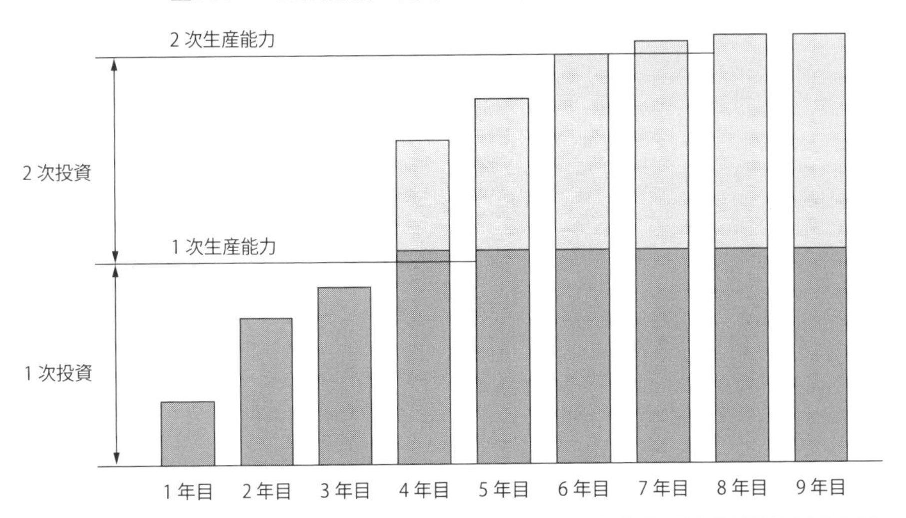

● 受注確定品と受注見込み品の総合計から一次投資の範囲を設定します

図7.4.2　自動化対象製品のABC分析

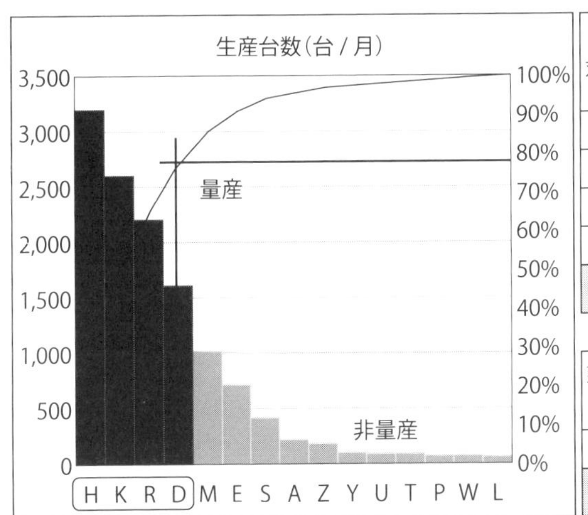

対象製品	サイクルタイム（min./個）	生産数（台／月）	負荷工数（分／月）
H製品	0.90	3,400	3,060
K製品	0.92	2,600	2,392
R製品	0.80	2,200	1,760
D製品	0.85	1,550	1,318
負荷工数　合計（分／月）			8,530

勤務体制	稼働日数（日）	稼働時間（時間）	稼働率（%）
1直	21	8	85
保有工数　合計（分／月）			8,568

● 生産台数、またはサイクルタイムの多い順番から自動化を検討します

7-5 自動化による生産指標を明確にしておく

➤「生産指標の管理値」を設定する方法

工程計画の第一歩は、不良品を作らない、不良品を流さないことです。各工程で品質を作り上げ、品質保証するための仕掛けを設備に設定しておく必要があります。自動化ラインの生産性を維持し向上させるためには、必要となる目標値を設定し、それを維持していく活動が不可欠です。**表7.5.1**は、自動化ラインの「生産指標の管理値」を示した図です。投資計画で設定した原価を達成するための根拠となるQ（品質)、D（納期)、C（コスト）に関わる管理値を設定し約束することが、自動化ラインの成否を決めると言っても過言ではありません。それぞれの管理値は、根拠を明確にしておく必要があります。少人化による配員と同じように、不良品の発生原因を特定し対策を打つことで達成可能な目標値を設定し、工程能力指数の改善を継続します。段取り時間は、直当たりの段取り回数と1回当たりの段取り時間を試算し目標値として設定します。

➤「品質管理表」で不良品流出を対策する方法

品質不良は突発的な変化によって発生することもありますが、多くは品質のバラつきを無くすことで撲滅できます。**表7.5.2**は、製品品質の保証のために製造工程で管理すべき品質のチェックについて取りまとめた「品質管理表」です。「品質特性」、「許容値」、「不良現象」は、製品図面および工程の品質保証として設定する品質管理項目であり、これを管理するための計測手段と計測の頻度を設定した管理表です。ピンの「圧入荷重」は、許容値が0.8〜3 kNです。「ローセル(荷重管理装置)」を用いて、圧入荷重を計測し判定します。圧入時の圧入荷重の全数検査で品質保証を行います。

このように、品質管理項目に対して計測・判定し、不良品の流出防止を図ることが品質不具合対策です。各工程の品質管理値を保証するための品質検査方法を明確にし、設備仕様に反映させることが品質管理表の目的です。

表7.5.1　自動化ラインの生産指標の管理値

管理項目				現状値	目標値
Q	納入不良件数			0件	0件
	加工不良	金額率		—	—
		個数率		0.50%	0.10%
	直行率			99.50%	99.90%
	工程能力	重要項目	1.67≦	31/33	31/33
			1.33～1.67	1/33	2/33
			1.33>	1/33	0/33
D	ネック サイクルタイム	試験工程（分/台）		0.75	0.5
		ネジ締め工程（分/台）		0.71	0.5
	段取り時間	段取り時間（分/回）		10	3
		段取り回数（回/直）		4	2
	チョコ停	発生件数（回/直）		10	3
		復帰時間（分/回）		1	1
	設備故障	LTTR（H/月）		1	0.5
	可動率			85%	92%
C	原価	材料費			2,950
		加工費			2,516
		一般管理費			657
		合計			6,123
	投資額（k¥）				63,000

●Q（品質）、D（納期）、C（コスト）を維持する管理目標値を設定します

表7.5.2　不良品発生対策の品質管理表

No.	品質特性	許容値	不良現象	分類	工程				発生防止（作らない）			次工程流出防止（流さない）			後工程流出防止（流さない）		
				過去トラ	ハウジング加工	ピン組立	ハウジング組立	ボルト締付	品質確認	測定手段	確認頻度	品質確認	測定手段	確認頻度	品質確認	測定手段	確認頻度
1	M8ネジ穴	8-M8×1.25	ネジ穴+/−		■										ネジ穴有無	ギャップセンサー	全数
2	M6ネジ穴	8-M6×1.0深18	ネジ穴+/−		■										ネジ穴有無	ギャップセンサー	全数
3	油路穴	φ6.8貫通	未貫通	☆	■										穴貫通確認	エアー圧	全数
4	ピン高さ	5.3±0.2	ピン高さ+/−			■						圧入高さ	高さゲージ	始業時1回/直			
5	ピン圧入荷重	0.8~3kN	圧入荷重+/−			■						圧入荷重	ロードセル	全数			
6	ピン欠品	欠品無きこと	ピン欠品			■			ピン有無	センサー	全数						
7	ボルト異品	異品組み無きこと	ボルト異品				■					ボルト長さ	センサー	全数			
8	ボルト異品欠品	欠品無きこと	ボルト異品欠品				■					ボルト欠品	カウンター	全数			
9	M8ボルト組み	27.5±1Nm	トルク					■				トルク値	ナットランナー	全数			
10	ボルト締付順序	規定順序組み	順序違い					■				締付順序	設備プログラム	全数			
11	ボルト組み方法	仮締→締→本締	締付不良					■				トルク値	ナットランナー	全数			

■：機械装置、検出器で品質保証　▲：目視、手感など人による品質保証

●品質管理項目はすべての生産工程を対象に検出できるよう設定します

7-6 各工程の工程能力を平準化しておく

➤「工程計画表」で作業分担と作業時間を明確にする方法

「工程計画表」は、先頭工程から最終工程まで、各工程の生産条件と目標値の設定、および測定項目、要求品質を整理した帳票です。計画を立てるうえで、生産方式は手動ライン（作業者主体）か、半自動化ライン（部分的に自動化）か、完全自動化ラインか、自動化レベルについても明確にしておきます。

表7.6.1は、自動車用ポンプ製品の組立工程における工程計画表の例です。工程ごとに組立作業の作業内容、使用する治具や設備、要求品質を明確にします。作業内容から、手作業時間（機械を止めて作業する内段取り時間）と機械の自動時間を試算しサイクルタイム（標準時間）を設定します。標準時間は稼働時間、稼働率、稼働日数から生産能力を計画する基本数値となります。

➤「工程別生産能力表」で生産能力を向上する方法

自動化レイアウトを設計する際には、自動化ラインの各工程が均一のサイクルタイムになるように作業者と設備の作業時間を設定します。「着々化」の基本動作に則り、「部品を取る」→「治具に着ける」→「次工程へ歩行しながら起動スイッチを押す」の作業時間です。設備の自動時間は、起動スイッチをONした後の「起動」→「自動運転」→「OK品の次工程搬出」までの自動運転時間です。この作業者の作業時間と設備の自動時間を合計した時間がサイクルタイムです。

表7.6.2は、10工程からなる着々化ラインの「工程別能力試算表」を示した表ですが、1工程と6工程は手作業で各1名です。2～5工程と7～10工程は着々化設備で各1名、合計4名の配員ですが、サイクルタイム14.0秒、1,851個/日（8h×90％×60×60/14.0）の生産能力です。1工程および6工程は手作業主体ですが、着々化設備に改善することで、3名の配員でサイクルタイム11.7秒（3.5秒×10工程/3人）、生産能力2,215個/日（8h×90％×60×60/11.7）に改善されます。生産能力試算表から対象工程を絞り、改善の効果を試算できます。

表7.6.1　エンジン用製品の工程計画表

機種	WX-T508	部品名称	オイルポンプ		
工程番号		OP-10	OP-20	OP-30	OP-40
工程名称		ボディーにピン圧入	ボディーにシール圧入	＊＊組立	＊＊検査
工程図または 工程・作業内容		図	図	−	−
仕様設備・治具 名称又は番号		QR-A0010	QR-A0011	−	−
費用 (k¥)	設備	4,500	1,500	−	−
	搬送	4,500	1,500	−	−
	付帯工事	−	−	−	−
	治具	−	−	−	−
	ゲージ	−	−	−	−
サイクル タイム	手作業時間	0.05	0.05	−	−
	自動時間	0.35	0.3	−	−
	CT計	0.40	0.35		
人員		1人			
編成標準時間		0.4分×1人（標準時間）＋0.1分（余裕時間）＝0.5分			
能力 8H×21日×90%		60分÷0.5分×0.9（稼働率）×8H（稼働時間）×21日（稼働日数） ＝18,000個/月			
測定項目 要求品質	自動	・ピン圧入荷重：700〜1500N	・シール圧入荷重：1.5〜4.0N	−	−
			・シール圧入位置：15.0±0.5	−	−
	手作業	・ピン抜け荷重：550N以上	・グリス充填量：0.10〜0.15g	−	−
				−	−
課題・懸案事項		・ピン抜け荷重検査	・逆組み検出	−	−

● 工程計画表は、要求品質に対応した作業内容と作業時間を設定します

表7.6.2　工程別の生産能力試算表

				新　改	20＊＊年　＊月　＊日	作成	＊＊年＊＊月＊＊日　発行		1/1
工程別能力表				課長	主任	品番	GT20304050	所属	第3製造
						品名	デュアル	氏名	
						ライン	STT-6Aライン	保有工数(分)	432
工順	工程名称	機番	基本時間			治具		生産能力/直 (台)	配員
			手作業/ 搬送（秒）	自動時間 （秒）	完成時間 （秒）	交換回数 （回）	交換時間 （秒）		
1	ピストン組立	Z1023	13.0	0.0	13.0	0	0	1,994	1人
2	ロッドカシメ	Z2165	3.5	8.8	12.3	0	0	2,107	1人
3	リング組付け	Z1245	3.5	8.5	12.0	0	0	2,160	
4	圧入	A1564	3.5	8.0	11.5	0	0	2,254	
5	給油	Z6533	3.5	7.5	11.0	0	0	2,356	
6	ナット締め付け	A1555	14.0	0.0	14.0	0	0	1,851	1人
7	メイン組立	A5689	3.5	9.7	13.2	0	0	1,964	1人
8	性能試験	T2356	3.5	8.5	12.0	0	0	2,160	
9	スポット溶接	W1562	3.5	9.6	13.1	0	0	1,979	
10	ブッシュ圧入	A2369	3.5	6.8	10.3	0	0	2,517	

● 工程別能力表から生産ラインのボトルネックを明らかにして対策します

7-7 ロボットを活用した自動化仕様を決める

➤「ロボットによる自動化レイアウト」を設計する方法

自動化ラインの設計においては、完全無人化の実現は技術的に難易度が高くなります。一方、OK/NGの判定の品質保証とOK品を次工程まで搬送ができる着々化ラインは実現可能なレベルです。作業者の作業時間を短縮でき、一人で多工程のワーク取付作業が可能となり、労働生産性を高められることから、自動車部品の製造ラインにおいては、着々化ラインのレイアウト設計によって最大限の効果を上げています。

図7.7.1は、ワーク脱着と工程間搬送をロボット化した自動化ラインのレイアウト設計です。改善前は、ワーク脱着を4名の作業者が行う着々化された生産ラインです。さらに、少人化を図り労働生産性を上げるために工程間にロボットを配置したラインが改善後です。先頭工程と最終工程にそれぞれ作業者を配置していますが、それ以外の工程は全自動化しています。低価格の水平多関節型ロボットを活用し工程間のワーク脱着作業を自動化し4名を2名に少人化しています。

➤「ロボットを活用した自動化設備」の仕様を決める方法

ロボットを活用した自動化を検討する場合、作業を見直し、作業をスリム化することは重要です。自動化した設備で段取り替え作業を止めることができず、段取り替えによってライン停止が発生することがよくあります。自動化ラインが設置され生産が始まると段取り替え作業が当たり前となってしまい、ムダな作業であると気づきません。その作業を簡単にする方法はないか見直すことで改善できます。

図7.7.2は、ねじ締め工程にロボットを活用した無段取り化の事例です。改善前は、製品のねじ締めの位置に合わせるため、5軸のナットランナーの位置を変更する治具の段取り替え作業を行っていました。改善後は、1軸ナットランナーを3軸直交型ロボットで位置決めすることで段取り替え作業を廃止しました。1回の段取り替え作業時間が35分、直当たり3回の合計105分/直の段取り替え作業を無くすことで生産性を20％向上した事例です。

図7.7.1　ロボットを活用した自動化レイアウト設計

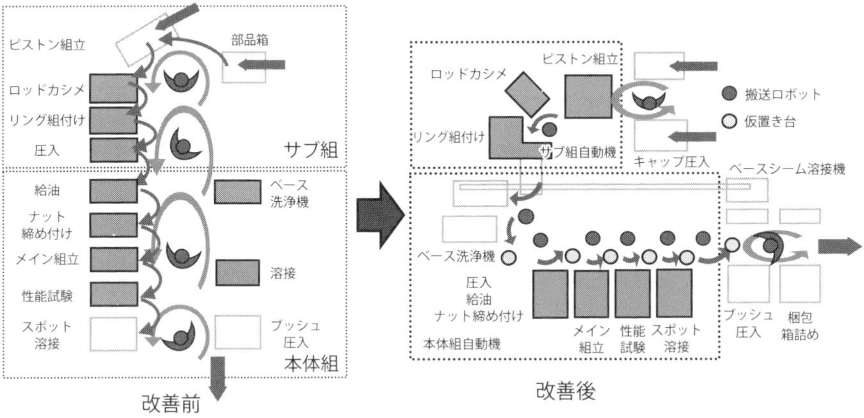

ピストン組立
部品箱
ロッドカシメ
リング組付け
圧入
サブ組
給油
ベース
洗浄機
ナット
締め付け
メイン組立
溶接
性能試験
スポット
溶接
ブッシュ
圧入
本体組
改善前
ロッドカシメ
ピストン組立
搬送ロボット
仮置き台
リング組付け
サブ組自動機
キャップ圧入
ベースシーム溶接機
ベース洗浄機
圧入
給油
ナット締め付け
本体組自動機
メイン
組立
性能
試験
スポット
溶接
ブッシュ
圧入
梱包
箱詰め
改善後

● ロボットによって、着々化ラインを自動化レイアト設計に進化させられます

図7.7.2　ロボットを活用した無段取り化

油圧シリンダー
ナットランナー
(5軸)
直交型ロボット
ナットランナー
(1軸)
位置決め治具
改善前
ねじ締め部品
改善後

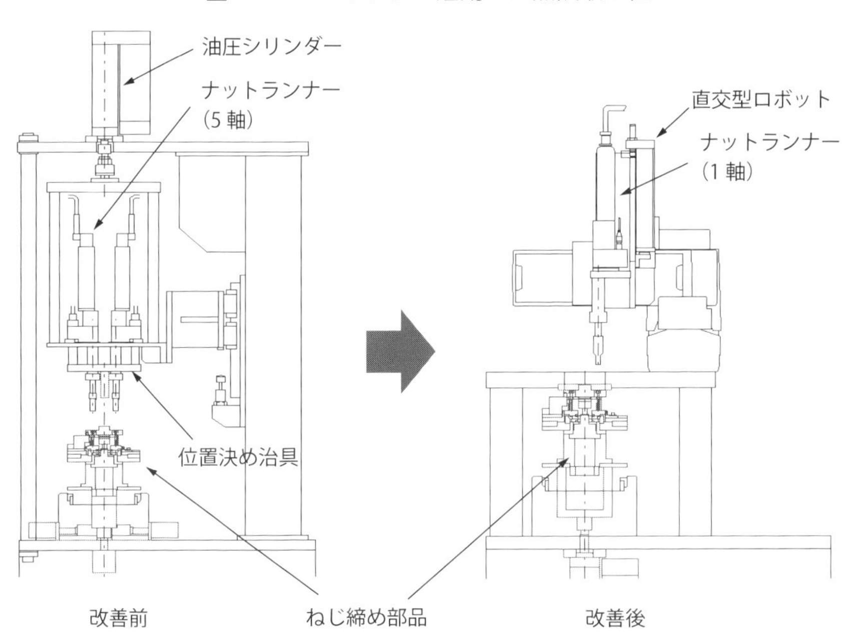

● ロボットを活用し、段取りレスのフレキシブルな生産方式を検討します

7-8 工程設計DRで自動化レイアウト設計を評価する

➤自動化前後の「労働生産性」比較検証する方法

自動化レイアウト設計によって「労働生産性」がどれだけ改善されるかを試算する場合、一人当たり時間の生産数量で評価するとわかりやすくなります。**表7.8.1**は、自動化レイアウト設計によって改善した労働生産性を評価した表です。月当たり21日稼動で2直生産体制、1直当たり4名、サイクルタイムが18秒の場合、生産能力は68,000個/月になります。したがって、一人時間当たりの生産数量は23個となります。改善後（1）は、着々化設備化で2名の少人化を図りました。一人時間当たりの生産数量は45個となり、労働生産性は2倍になります。改善後（2）では、さらに、サイクルタイムを18秒から14秒に短縮し、稼働率を95％に高めると、2名体制で一人時間当たりの生産数量は61個となり、労働生産性は改善前に比べて2.7倍に改善されます。自動化による少人化とサイクルタイム短縮の相乗効果で、労働生産性を各段に改善できることがわかります。

➤「工程設計のアウトプット」検証確認の方法

工程設計では、製品機能と工程機能を結合した生産ライン（システム）を計画・立案します。製品の設計開発からの要求事項に対して工法、技術、設備、搬送機器、冶工具、作業動作の検討をもとに製品のQCDの満足度を向上させることを目的としています。製品設計からのアウトプットとしての製品図面、製品仕様書、設計FMEA、品質信頼性評価、製品設計DRの結果などをもとに工程設計を行います。**表7.8.2**は、工程設計で検討すべき「工程設計のアウトプット」をまとめたものです。工程設計で準備し、整理しておくべきドキュメントです。要求事項を満足するために生産設備や自動化ラインに設備仕様として反映する根拠となるデータです。これは、JIS Q 9000およびJIS Q 9004における「品質マネジメントシステム」の原則を考慮したものであり、顧客要求事項や製品要求事項に対する満足度を評価するための共通のドキュメントです。

表7.8.1　自動化レイアウト設計の効果

項　目	単　位	改善前	改善後（1）	改善後（2）
サイクルタイム	秒/個	18	18	14
稼働率	%	90	90	95
人　員	人/直	4	2	2
直　数	直/日	2	2	2
稼働時間	h/日	18	18	18
稼働日数	日/月	21	21	21
生産能力	千個/月	68	68	92
生産性	個/h・人	23	45	61
生産性比率		1	2	2.7

● 労働生産性で改善前、改善後を評価します

表7.8.2　工程設計のアウトプット

No.	項目	内　容
1	開発計画書	製品構想設計から生産ラインでの量産までの日程計画
2	生産計画	顧客（営業）の生産予測をベースに年間は期ごとの生産数の見込み
3	製品仕様	製品図・設計仕様から類似現行品と新製品の略図・仕様比較
4	目標管理	製品のQDC目標や類似現行品の実力データとの比較
5	内外作分担	コスト・品質・投資を考慮した内外分担案
6	設備投資計画	生産計画や内外作分担にもとづいた投資額や投資時期、設備概要
7	レイアウト	生産ラインの設置場所、工場レイアウト、部品の流れ、作業者の動線
8	工程フロー	製品図と工程順序、設備レイアウトの関連
9	工程FMEA	工程の潜在的故障を抽出し計画段階での対策方法
10	試作結果	試作段階での問題点と対策報告
11	技術課題	難易度の高い工法に対する技術的な課題と対応計画、状況
12	工程条件設計書	新技術や特殊工程の製造プロセスにおける工程条件の設定
13	工程計画	工程ごとの品質・設備・治工具の仕様と費用、作業内容・作業時間

● 自動化ラインの設備投資の評価として工程設計DRを開催します

7-9 自動化ラインは設備購入仕様書を作成する(1)

➤「設備購入仕様書」の記載事項

自動化ラインの見積額を取得するためには、自動化や少人化の具体策を示す必要があります。これが、「設備購入仕様書」です。工程計画で検討した結果を設備仕様として、自動化設備の設計条件や検収条件を取りまとめた書類です。

図7.9.1は、設備購入仕様書の表紙、図7.9.2はメーカーからの提出書類の一覧表です。以下に機械加工設備の内容として記載しています。それぞれの説明資料はできる限り詳しく記載し、見積額の試算に必要な資料を準備します。

①対象部品：名称、部品番号、生産数量、材料、硬度、重量、大きさ
②加工品質：略図、加工箇所、寸法、精度、要求品質
③加工基準：加工基準となる位置、着座確認
④治具仕様：取付基準、クランプ箇所、段取り方法、段取り時間
⑤加工条件：取り代、切削速度、送り、切り込み、ドウェルタイム
⑥加工精度：位置、径、ピッチ、直角度、真円度、平行度、表面性状他
⑦工程設計：作業者とロボットの作業区分、作業時間、段取り時間
⑧サイクルタイム：機械加工時間、手作業時間（またはロボット動作時間）
⑨前後工程：加工略図、加工工程、作業内容、作業時間
⑩レイアウト：設備配置、ロボット動作範囲、配員、動線、モノの流れ、IN（部品投入）/OUT（完成品）
⑪精度保証：工程能力指数Cpk ≧ 1.33、またはCpk ≧ 1.67

自動化レイアウトは前後工程との位置関係や部品の供給を含むモノの流れを明確にし、仕掛り在庫を無くすための方策を盛りこみます。自動化ラインでは、自動化に必要な仕掛り在庫は不可避ですが、サイクルタイムと自動運転時間から、必要最小限に留める工夫をします。また、工程能力指数を評価できない場合は、要求元と事前確認・調整し、合意を得ます。工程能力指数の未達が想定される場合は、工程能力指数の達成のために仕様書で改善・工夫を盛り込みます。

図7.9.1　設備購入仕様書の表紙

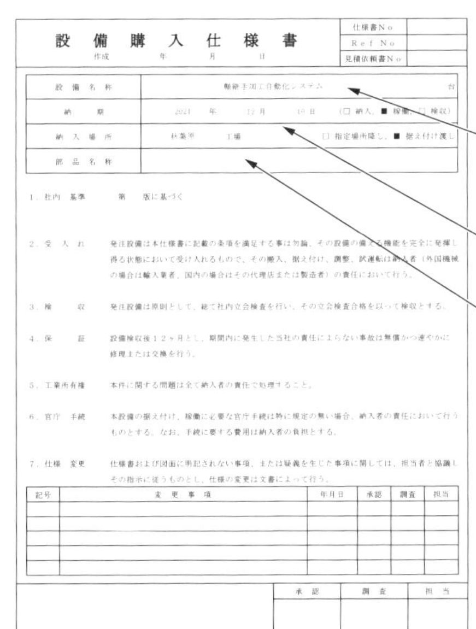

設　備　購　入　仕　様　書 作成　　年　　月　　日	仕様書No	
	Ref No	
	見積依頼書No	

設備名称	軸継手加工自動化システム	台
納期	2021　年　12 月　10 日	(□ 納入、■ 稼働、□ 検収)
納入場所	秋葉原　工場	□ 指定場所降し、■ 据え付け渡し
部品名称		

1．社内　基準　　第　版に基づく

2．受　入　れ　　発注設備は本仕様書に記載の条項を満足する事は勿論、その設備の備える機能を完全に発揮し得る状態において受け入れるもので、その搬入、据え付け、調整、試運転は納入者（外国機械の場合は輸入業者、国内の場合はその代理店または製造者）の責任において行う。

3．検　　収　　発注設備は原則として、総て社内立会検査を行い、その立会検査合格を以って検収とする。

4．保　　証　　設備検収後１２ヶ月とし、期間内に発生した当社の責任によらない事故は無償かつ速やかに修理または交換を行う。

5．工業所有権　　本件に関する問題は全て納入者の責任で処理すること。

6．官庁　手続　　本設備の据え付け、稼働に必要な官庁手続は特に規定の無い場合、納入者の責任において行うものとする。なお、手続に要する費用は納入者の負担とする。

7．仕様　変更　　仕様書および図面に明記されない事項、または疑義を生じた事項に関しては、担当者と協議しその指示に従うものとし、仕様の変更は文書によって行う。

記号	変　更　事　項	年月日	承認	調査	担当

	承　認	調　査	担　当

<u>設備名称</u>
設備使用目的がわかる固定資産名称

<u>納期</u>
設備設置後の立会検収引き渡し時期

<u>納入場所</u>
設備設置引き渡し場所

図7.9.2　設備購入仕様書のメーカー提出資料一覧

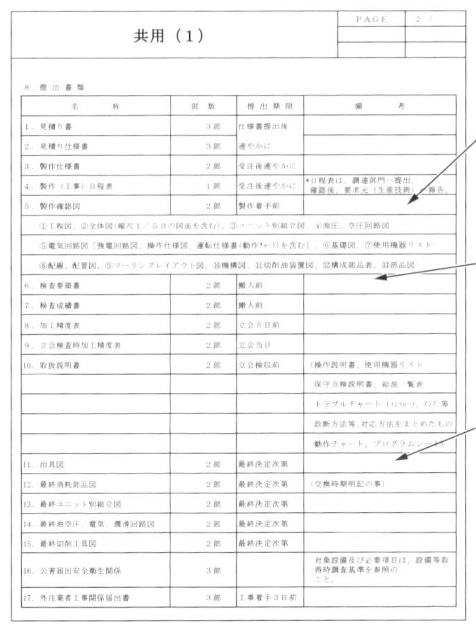

共用（1）	PAGE	2 /

8．提出書類

名　　称	部　数	提出期限	備　　考
1．見積り書	3部	仕様書提出後	
2．見積り仕様書	3部	速やかに	
3．製作仕様書	2部	受注後速やかに	
4．製作（工事）日程表	1部	受注後速やかに	*日程表は、調達部門へ提出、確認後、要求元（生産技術）へ報告。
5．製作確認図	2部	製作着手前	
①工程図、②全体図（縮尺１／５０の図面を含む）、③ユニット別組立図、④油圧、空圧回路図			
⑤電気回路図［強電回路図、操作仕様図、運転仕様書（動作チャート）を含む］、⑥基礎図、⑦使用機器リスト			
⑧配線、配管図、⑨ツーリングレイアウト図、⑩機構図、⑪切削油装置図、⑫構成部品表、⑬部品図			
6．検査要領書	2部	搬入前	
7．検査成績書	2部	搬入前	
8．加工精度表	2部	立会5日前	
9．立会検査時加工精度表	2部	立会当日	
10．取扱説明書	2部	立会検収前	（操作説明書、使用機器リスト
			保守点検説明書、給油一覧表
			トラブルチャート（コントローラ、アンプ等
			診断方法等、対応方法をまとめたもの
			動作チャート、プログラムシート）
11．治具図	2部	最終決定次第	
12．最終消耗部品図	2部	最終決定次第	（交換時期明記の事）
13．最終ユニット別組立図	2部	最終決定次第	
14．最終油空圧、電気、潤滑回路図	2部	最終決定次第	
15．最終切削工具図	2部	最終決定次第	
16．公害届出安全衛生関係	3部		対象設備及び必要項目は、設備等取得時調査基準を参照のこと。
17．外注業者工事関係届出書	3部	工事着手3日前	

<u>確認図</u>
- 図面をもとに設備設計DRを開催し、要求仕様に対して漏れ抜けがないこと
- 要求仕様を満足できる図面であること
- チョコ停防止対策を確認のこと
- 計測機器や購入品は即入手できる部品を使用しているか確認のこと

<u>検査成績書</u>
- 精度検査成績表から工程能力指数値を算出し検収可否を判断する検査結果

<u>最終図面</u>
機械図面、回路図、ソフトなどの図面はすべて提出図として扱い、図面を保管する

7-10 自動化ラインは設備購入仕様書を作成する（2）

➤「設備購入仕様書」を作成する方法

工程設計DRで工程設計が承認されると、自動化ライン導入の準備に入ります。生産設備や生産ラインを設計製作するために必要なドキュメントが「設備購入仕様書」です。製品のQCDの満足度を向上させるために必要な工法、技術、設備、搬送機器、冶工具、作業動作などの検討結果を設備の設計条件として、その仕様を取りまとめたドキュメントです。製品品質の作り込みを最優先に、不良品を作らない、流さない設備仕様やシステムの仕様を明確にした設計指示書といえます。設備設計製作が専門メーカーであっても社内であっても設備設計製作の仕様書のでき次第で自動化設備の良否が決まります。**表7.10.1**は、設備仕様書の表紙の一例です。設備名称、納期、納入場所、対象製品など必要事項と検収条件、納入条件、保証期間について明記します。

➤「提出すべき書類」を明確にする方法

作製した設備購入仕様書をもとに、自動化設備の設計製作専門メーカーへ、設備仕様の検討結果と自動化レイアウト図および自動化設備見積書の提出を依頼します。見積検討結果は、設備設計製作仕様の最終決定であり、発注後の設備完成引き渡しまでのプロセスを計画通りに進めるうえで重要な契約条件です。

表7.10.2は、設備設計製作者側から設備発注者へ提出する資料です。見積書と見積仕様書は見積時、製作日程表は発注後、製作承認図は設備設計開始後、検査報告書は立ち合い前、検収検査報告書は検収時、取説や設備設計図面（組立図・部品図・部品表・回路図・ソフトなど）は立会検査前に受領します。

設備設計図面は、部品図の最終図面を入手し図面管理しておきます。設備稼働後の不具合発生時に対策を設計図面に反映させ、常に最終図面にしておく必要があります。これによって、次に製作する自動化ラインは、不具合対策の反映後の最終図面で製作することで完成度を高められます。

表7.10.1　設備仕様書の表紙の例

<table>
<tr><td>1</td><td>設備名称</td><td colspan="3">□□□□□□□□□□□□□□□□</td><td colspan="2">台数___台</td></tr>
<tr><td>2</td><td>納期
(年月日)</td><td colspan="3">□□□□年□□月□□日</td><td>時期</td><td>□ 納入 □ 稼働 □ 検収</td></tr>
<tr><td rowspan="2">3</td><td rowspan="2">納入場所</td><td>工場</td><td colspan="4"></td></tr>
<tr><td>場所</td><td colspan="4"></td></tr>
<tr><td>4</td><td>対象製品</td><td>製品名</td><td>□□□□□□□□</td><td>製品
図番</td><td colspan="2">□□□□□/□□□□□/□□□□□</td></tr>
<tr><td rowspan="2">5</td><td rowspan="2">設備設計
製作基準</td><td>基準書番号</td><td colspan="4">基準書名称</td></tr>
<tr><td>□□□□□□□□</td><td colspan="4">□□□□□□□□□□□□□□□□</td></tr>
<tr><td>6</td><td>納入条件</td><td colspan="5">設備は本仕様書に記載されている全ての仕様を満足し、要求されている機能を発揮できることを、発注者が確認してから納入するものとする。</td></tr>
<tr><td>7</td><td>検収条件</td><td colspan="5">発注設備は、納入場所において発注者による立会検査を行い、その合格により検収を行う。</td></tr>
<tr><td>8</td><td>保証</td><td colspan="5">設備検収後12ヵ月を原則とし、期間内に発生した発注者の責任にない故障は、納入者が無償かつすみやかに修理または交換を行うこと。</td></tr>
</table>

● 設備購入仕様書は、生産技術部署からの設備設計指示書です

表7.10.2　設備設計製作専門メーカーからの提出書類

<table>
<tr><th>提出資料</th><th>部数</th><th>提出期限</th></tr>
<tr><td>1.見積書</td><td rowspan="6">2</td><td rowspan="6">仕様確認後すみやかに</td></tr>
<tr><td>（1）設計費</td></tr>
<tr><td>（2）設備製作費</td></tr>
<tr><td>（3）梱包/輸送費</td></tr>
<tr><td>（4）設置/立ち上げ/教育費</td></tr>
<tr><td>2.見積仕様書</td></tr>
<tr><td>3.設備製作日程表</td><td>1</td><td>発注後すみやかに</td></tr>
<tr><td>4.設備製作承認図</td><td rowspan="12">2</td><td rowspan="12">設備製作開始前</td></tr>
<tr><td>（1）設備全体図</td></tr>
<tr><td>（2）ユニット別組立図</td></tr>
<tr><td>（3）ユニット別部品図</td></tr>
<tr><td>（4）油圧・空圧・潤滑油回路図</td></tr>
<tr><td>（5）切削油回路図</td></tr>
<tr><td>（6）電気回路図（強電回路図、操作盤仕様図
（動作チャート図、ソフトウェア含む）</td></tr>
<tr><td>（7）配線、配管図</td></tr>
<tr><td>（8）購入機器リスト</td></tr>
<tr><td>（9）治具図</td></tr>
<tr><td>（10）ツーリングレイアウト図</td></tr>
<tr><td>（11）設置場所基礎工事図</td></tr>
<tr><td>5.設備納入検査報告書</td><td>1</td><td>納入前</td></tr>
<tr><td>6.設備検収検査報告書</td><td>1</td><td>作業着手3日前</td></tr>
<tr><td>7.取扱説明書</td><td rowspan="6">2</td><td rowspan="6">立会検査前</td></tr>
<tr><td>（1）操作説明書、機器取扱説明書</td></tr>
<tr><td>（2）保守点検説明書</td></tr>
<tr><td>（3）給油一覧表</td></tr>
<tr><td>（4）トラブルシューティング説明書</td></tr>
<tr><td>（5）予備部品表と購入連絡先</td></tr>
<tr><td>8.設備図面（構成部品表、部品図含むすべて）</td><td>2</td><td>立会検査前</td></tr>
<tr><td>9.切削工具図</td><td>2</td><td></td></tr>
<tr><td>10.消耗部品図</td><td>2</td><td></td></tr>
</table>

● 生産技術部署は、設備メーカーからすべての必要書類を受領します

7-11 自動化ラインは設備購入仕様書を作成する(3)

➤「生産能力」と「工程能力」を説明する方法

自動化ラインの設計製作を依頼する場合、「生産能力」と「工程能力」を確保できる自動化ラインを完成させることが重要です。チョコ停などの機械トラブルによる機械停止、品質不具合の調査や対策による機械停止などで生産計画に支障が出る自動化ラインでは投資効果は見込めません。また、対象製品が多種で生産の切り替えに時間がかかる場合も、自動化ラインを導入しても投資効果は上がりません。段取り回数と段取り時間は設備稼働率に直結するため、直当たりの回数と時間の条件を明確にします。自動化ライン導入後の製造現場では生産を優先するため、生産能力の対策を打つことが難しくなります。**表7.11.1**は、計画段階に検討すべき「生産能力」と「工程能力」の必須事項です。機械停止時間の内訳を検討し稼働率生産能力を計画しておきます。工程能力は、不良率と直行率も合わせて試算し計画に盛り込みます。

➤「加工諸元」で設備設計条件を説明する方法

設備購入仕様書には、自動化ラインで生産する製品の工程別の加工や組み立ての詳細を説明する必要があります。前述の工程計画プロセスで説明したQA表（品質保証管理表）や、管理工程図の品質保証に対応した設備設計に必要な設計条件に関わる詳細説明です。加工や組立を行う際に必要な生産条件は機能や性能を保証するために必要な設計条件であり、明確にしておく必要があります。強度や剛性、耐久性が不足すると安定した工程能力を維持できません。一方で、工程能力を極端に高くすると設備コストの上昇を招きます。

設備設計者は、加工条件をもとに設計条件を決め、適正な工程能力で生産できる設備設計を行います。**表7.11.2**は、設備設計を行ううえで必要な「加工諸元」を示しています。保証しなければならない加工寸法および加工精度の品質管理値と工程能力を保証するための加工基準や加工条件、さらに品質精度を保証する工程能力指数などは、設備設計に不可欠な設計条件です。

表7.11.1　生産能力と工程能力

設備生産能力				定 義
(1)	サイクルタイム		sec/個	製品1個を生産する時間（手作業時間含む）
(2)	稼働率		%	サイクルタイム×良品数/稼働時間
(3)	段取り時間		分/回	ツール、治具を交換し、最初の良品が出るために必要な時間
(4)	段取り回数		回/直	上記の段取り時間に該当する直当たりの段取り回数
(5)	生産能力		個/月	稼働時間基準×稼働率/サイクルタイム
(6)	その他			
工程能力（要求品質）				記 事
(1)	寸法精度	公差精度	Cpk	
	a)	Cpk		
	b)	Cpk		
	c)	Cpk		
(2)	不良率		%	
(3)	直行率		%	

●自動化設備の完成度は生産能力と工程能力指数で評価します

表7.11.2　加工諸元

加工諸元		
(1)	対象部品	名称、部品番号、材料、硬度、重量、概略の大きさ（寸法）
(2)	加工箇所	略図、加工箇所の明示
(3)	加工寸法	位置、径、長さ、その他
(4)	主な前（後）工程	略図、加工工程、作業内容
(5)	加工基準	基準の位置明示、寸法、精度
(6)	加工条件	切削速度：m/min、送り：mm/rev、切込み：mm
		電流値、電圧値
(7)	加工工程又は作業内容	各加工図と作業内容（自動、手作業とも）、(6) 項と同時記入可
(8)	加工精度	位置、倒れ、径、ピッチ、直角度、真円度、平面度、平行度、表面形状
(9)	精度保証	当社生産技術部門が必要に応じ下記を指示する。 Cpk≥1.33　（連続____個加工）（要求元が数を設定） Cpk≥1.33　20小グループ（ロット違い）以上（n＝5×20） 1）要求精度との関係でCpkで評価できない内容については、要求元（当社生産技術部門）と事前確認・調整し合意を得ること。 2）要求元はCpk≥1.33を達成させるために見積仕様書内で改善・工夫を盛り込むこと。

●加工諸元は設備設計を行ううえでの設計条件であるため、漏れがないようにします

7-12 自動化ラインは設備購入仕様書を作成する(4)

➤「工程概要」で作業内容を説明する方法

自動化ラインの各工程の設備と作業を検討するうえで、工程について説明する必要があります。

図7.12.1は、工程と作業について説明する「工程概要」です。まず、工程名称と作業内容について説明する必要があります。該当する工程は、製造ラインのどこに位置づけされている工程なのか、前後の工程はどのような工程なのか、工程設計で作製した工程計画や工程フローで明確にします。作業内容は作業時間に直結するため、作業者が行う作業と機械側で行う作業を区別します。作業内容にもとづいて作業時間の試算を行う前提条件となるため、作業者の作業と自動化設備の作業範囲を明確にします。

さらに、対象製品の加工内容、加工寸法、加工精度、作業内容を示す必要があります。自動化設備の検討を行う場合、設計条件の元になる資料です。工程概要を作成するうえで、特に自動化設備で生産する対象製品についてはあらかじめ決めておく必要があり、対象となる製品図面の外形図、当該工程の加工前、加工後の加工寸法（組立工程の場合は組立前と組立後の図面）を用意します。材質と加工内容から加工工程を設定し、工具と加工条件を検討します。これによって加工時間が決まり、自動時間（サイクルタイム）を試算します。組立設備も同様に対象製品となる製品の全点に対して、加工品質とサイクルタイムの保証の可否を確認し、要求仕様に合致するように検討します。

このように、対象製品全点の図面情報は、自動化設備を検討するうえで重要な資料です。特に加工寸法図は、当該工程の加工内容がわかるように図面を簡略化した絵、または図で外形寸法や加工寸法、公差などの要求品質を明記しておく必要があります。対象製品によって加工内容や要求品質が異なる場合は、それぞれ対象の製品別に要求品質がわかるように準備しておくことが大事です。

図7.12.1　工程概要

工程概要	PAGE	/

工程 No　　OP3

工程名称　　軸継手リーマボルト穴加工

作業内容
（設備）軸継手３種類の穴加工をマシニングセンター（BT30）を使用して
ワークの供給から治具脱着、加工、検査、排出までを８時間連続加工を
垂直多関節型のロボットにより全自動で行う。
加工前軸継手を自動で取り出し、完成品はＯＫ品をストッカーに収納する。
（作業者）ストッカーに加工前軸継手をストッカーにセット、加工完了軸継手を
ストッカーから取り出す。

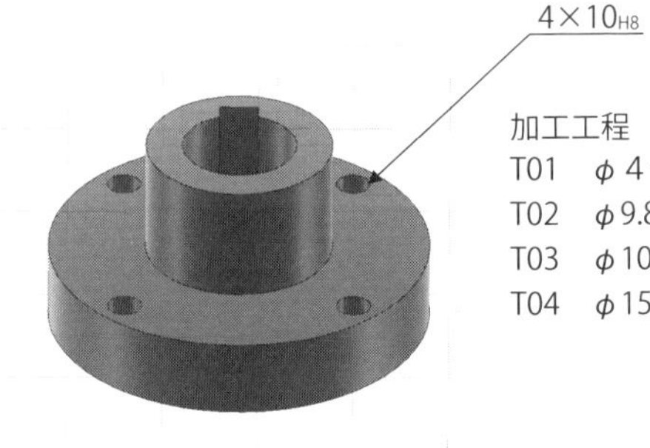

4×10H8

加工工程
T01　φ４センタードリル
T02　φ9.8 超硬ドリル
T03　φ10 超硬リーマ
T04　φ15 面取りドリル（表裏）

詳細寸法は部品図参照のこと

対象部品

No	部品名称	部品番号	重量	材質
1	軸継手	KJT-202108-001A	1.5kg	S45C
2	軸継手	KJT-202108-002B	1.5kg	S45C
3	軸継手	KJT-202108-003C	1.5kg	S45C

特記事項および要求品質
1）穴の径：φ10H8
2）穴の表面性状：Ra3.2
3）穴端部の面取り：C0.5

● 機械と作業者のそれぞれの作業を明確にしておきます

7-13 自動化ラインは設備購入仕様書を作成する(5)

➤「機械概要」で自動化設備を説明する方法

図7.13.1は、マシニングセンタによる自動化設備の「機械概要」です。機械加工工程の自動化レイアウトとして、機械構想図と取付具の構想図を記載しています。マシニングセンタを使用して自動化する場合は、自工程完結型の設備仕様にすることで連続した自動運転が可能になります。ロボットを活用して、加工対象品の供給から加工、検査、払い出しまでを自動化するシステムを検討し、機械構想図を作成します。自動化には、ワークを保持し固定するための取付具の他に、ワークの供給と脱着、完成品排出、移載用にロボットが必要です。本事例は、部品供給用のワークストッカーと検査装置をマシニングセンタの近くに設置し、ワーク脱着用に垂直多関節型ロボットを使用した事例です。マシニングセンタとストッカーおよび検査装置を連動させて連続生産を可能とした自工程完結型設備の計画です。本構想図によって自動化レベルを明確にし、ストッカーや検査装置の設備仕様を検討できます。

しかし、構想図だけでは、自動化システムを設計できるわけではありません。対象製品の加工内容から切削工具の折損対策、切粉処理、ワーク着座不良対策、適正なクーラント処理など、自動運転に対応した自動化を実現するためには、それぞれの技術課題に対して個別に検討し解決していく必要があります。

自動化に向けた課題については、日進月歩、新たな技術が開発されています。自社で培ってきた技術をもとに、工作機械メーカーや工具メーカーの技術を活用することで、安定した品質で継続的な生産ができる自動化レイアウトを設計し推進します。なお、取付具の構想は、対象製品の加工基準面の設定および取り付け姿勢を図で表し、チャックやツメ、クランプ治具など固定方法が確立していれば明記します。本事例では、対象製品の大きさや高さ違いの多種製品の形状から多品種のNCプログラムの作成を容易化するために、Z軸方向は対象製品の下面に、XY軸方向は対象製品の中央に加工原点を設定しています。

図7.13.1　機械概要

機械概要	PAGE	/

一般事項　①各機構の動作時ショック微妙なこと。
②稼動中の機械騒音微少なこと。（発生源より 1mかつ床上 1.5mで 80dB 以下）
③稼動中の振動なきこと。
④安全対策に万全を期すること。（等価騒音レベルA特性にて１分間測定）
⑤全ての消耗品は互換性を有し、現物合わせは行わないこと。
例：ロケーションパット、ロケートピンなど。

機械構想図（全体図）

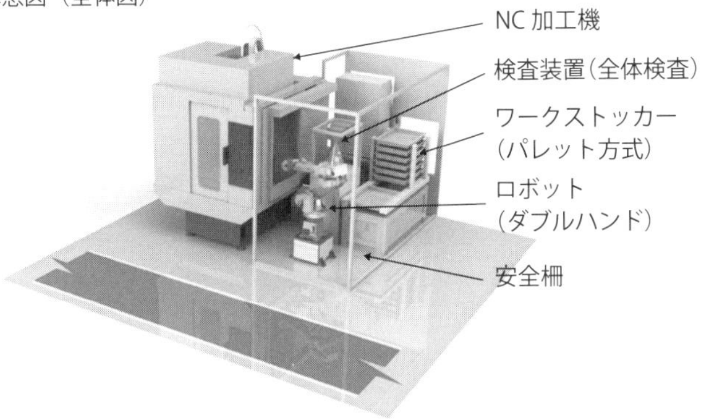

NC 加工機
検査装置（全体検査）
ワークストッカー
（パレット方式）
ロボット
（ダブルハンド）
安全柵

取付具構想図

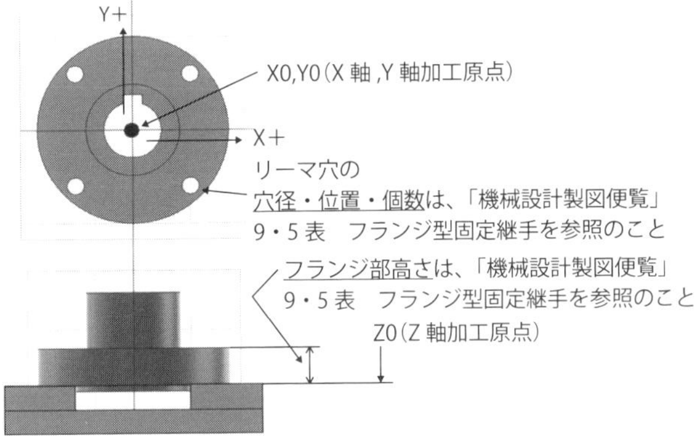

Y＋
X0,Y0（X 軸 ,Y 軸加工原点）
X＋
リーマ穴の
穴径・位置・個数は、「機械設計製図便覧」
9・5 表　フランジ型固定継手を参照のこと
フランジ部高さは、「機械設計製図便覧」
9・5 表　フランジ型固定継手を参照のこと
Z0（Z 軸加工原点）

● 無段取りで生産するには、製品に対応した生産をロボットで行います

7-14 自動化ラインは設備購入仕様書を作成する(6)

➤「見積条件」と「施工範囲」を明確にして見積を取得する方法

自動化レイアウトおよび設備仕様書が完成した後は、設備投資計画の準備に向けて自動化設備の見積書を取得します。**表7.14.1**は、設備の「見積条件」と「施工範囲」を示した表です。市販の汎用機でも、設計製作の専用設備でも、見積取得の条件は明確でなければなりません。見積書の明細は、設計、製作、組立、施工（輸送、現地設置含む）が一般的で、海外拠点へ向けの設備であれば、梱包、海上輸送、陸送、開梱、設置の費用が加算されます。したがって、自動化設備の設計から製作、組立、運転調整、出荷前立ち合い検査、搬出、現地設置、立ち上げ、検収、引き渡しのプロセスに関するすべての費用に関して、見積の範囲と条件を決めておくことが肝要です。特に、自動化ラインの設備は、立ち上げ時の灰汁出し生産や量産トライアルによる品質確認など、自動化設備以上の運転調整工数が見込まれます。工程能力調査、オペレータ教育など、立ち上げ計画を双方で確認し準備しておく項目を明確にし、見積書を取得します。

➤「見積明細書」にもとづいて見積書を取得する方法

自動化設備の見積書を取得する際に、設備本体や周辺機器、自動化するために必要なロボット関連費用など、「見積明細表」を作成するよう指示します。

表7.14.2は、自動化設備の見積書の例です。固定資産化する設備単位または装置単位で見積書を分け、個別に見積明細を取得します。設備や装置は、ユニット別（組立図単位）に項目を分けて、見積金額がわかるように明細表を作成しておくとよいでしょう。リピート設備を追加製作する場合、設備費低減の検討に活用できます。機械設計費や制御設計費の明細は、リピート製作時に削減可否を検討するうえで必要となります。組立・運転調整、運搬据付費、現地運調費も同様に、習熟を考慮して削減対象として検討できるため、設計費と同様に見積書の明細を入手します。設計図面は組立図、部品図、治具図、回路図、構成部品リストなど、全点にわたって最終図面を入手します。

表7.14.1　見積条件と施工範囲

見積範囲（設計・製作・組立・施工）範囲		
1	設備本体	設計、製作、納入場所までの 輸送、搬入、据付、調整、試運転までのすべての費用
2	塗装	設備本体、制御盤は指定色とする 指定色マンセルNo（　　　　　　） ただし、汎用機（マシニングセンタ、NC旋盤など および標準の制御盤・操作盤・一般購入品は変更不要
3	基礎工事	基礎工事をしない設備を原則とする ただし基礎工事を必要とする場合は事前に協議のこと
4	配線配管工事	二次配線工事および二次配管工事はすべてに責任を持つこと
5	その他	(1) 工業所有権や監督官庁の手続きに要する費用 (2) 安全柵などの付帯工事費用 (3) 作業者および保全員への事前教育、実地教育費用

● 見積範囲は設備本体の設置条件から施工範囲を明確にします

表7.14.2　見積書明細

No.	費用区分	項　目	見積額（千円）
1	設備本体	本体関係	
2		ユニットA･B･C……	
4		取付具・治具関係	
5		油圧・空圧・潤滑回路関係	
7		電気制御関係	
8		機械設計	
9		電気設計	
10		組立・運転調整	
11		合計（a）	
12	周辺装置 （ロボット） （検査装置） （ストッカー） 個別に作成のこと	本体関係	
13		油圧・空圧・潤滑回路関係	
15		電気制御関係	
16		機械設計	
17		電気設計	
18		組立・運転調整・OP教育	
19		合計（b）	
20	運搬据付費	出荷準備（断線・断菅・解体・養生）	
21		日本国内輸送・荷卸し	
22		開梱・現地据付	
23		合計（C）	
24	現地運調費	二次側の配線・配管・レベル出し	
25		IOチェック・単独運転・自動運転確認	
26		安全教育・品質確認・引渡し	
27		合計（d）	
28	総合計（a）＋（b）＋（c）＋（d）		

● リピート機の製作時に費用低減できる項目がわかるように細かく指示します

7-15 開発から生産技術まで関係部署が連携して立ち上げる

➤自動化ラインを成功させる部門連携の方法

自動化ラインをレイアウト設計する際に、製品設計DRや工程設計DRを通じて、不良品を作らない仕掛けが適正か、出来高や稼働率など生産指標の目標値との整合性が取れているかなど、あらゆる角度から審査を行い、不適合があれば再検討、再審査する必要があります。生産準備プロセスにおいて、製品開発（製品設計者）、生産技術（工程設計者）、設備開発（設備設計者）の3部門の設計者で連携することが、課題解決にきわめて有効です。

図7.15.1は、3部門の主要プロセスのつながりを示したサイマルテニアスエンジニアリングの図です。製品設計DR情報、FMEA検討情報から生産技術者が設備購入仕様書に落とし込み、設備設計者が自動化設備を設計製作で具現化します。このように部門が同時進行することで、製品開発から量産開始までのリードタイムの短縮につながり、信頼性の高い自動化ラインを具現化できます。また、前注機の故障や品質不良など設備や製造条件に起因する不具合情報は、きわめて重要です。設備設計段階で設計に反映することで完成度を高められます。

➤自動化ラインの完成度を高める「MP設計」の方法

新規設備の設計製作における製作組立時、設備立ち上げ時および稼働後の不具合の対策を設備設計に反映することで再発を防ぐのが「MP設計」です。**図7.15.2**は、設備設計製作の主要プロセスを表した図です。自動化設備の設計において、品質信頼性が高く、止まらず、故障しない完成度の高い設備造りが最重要課題です。そのためには、設備設計においては、設備仕様の厳守、チョコ停対策、前注機のMP情報の反映によって設備設計を行うMP設計が自動化設備の完成度を高めます。設備設計の設計審査会において、設備原価見通しや技術課題の検証結果、チョコ停対策、MP情報の反映状況を確認し評価します。

図7.15.1　サイマルテニアスエンジニアリング

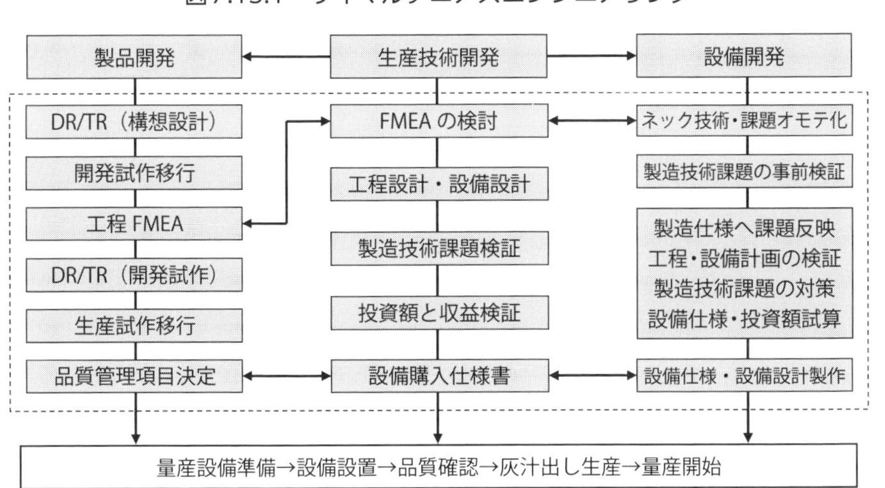

● 工程FMEAと工程設計DRで横連携が取れるようにサイマル活動を進めていきます

図7.15.2　設備設計製作のMP設計

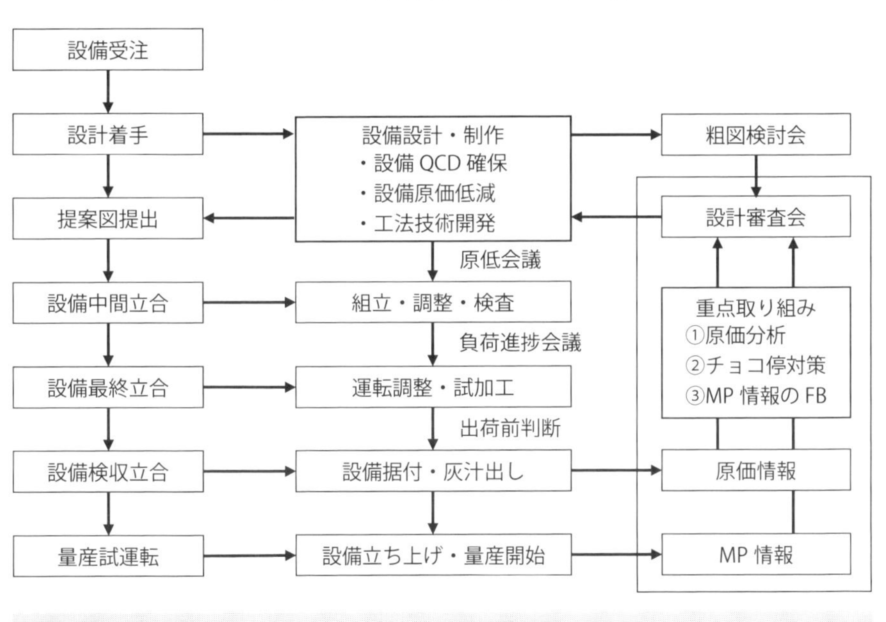

● 設備設計の良否によって自動化ラインの成否、完成度が決まります

7-16 投資計画はリスクを加味した投資計算書を作成する

➤「投資回収期間」を「FCF」で試算する方法

自動化ラインの投資効果を確認するには、投資額回収までの期間（Payback Period）を試算することで投資の適正化を判断することができます。

表7.16.1は、「投資回収期間」の試算表の例です。投資額1.55億円で設備償却8年の投資CF（キャッシュフロー）の試算表です。本計算書は、NPVの計算書にもとづき試算していますが、将来のリスク分（WACC）は加味しておらず、資本コスト（割引率）は考慮しないで計算しています。営業CFは税引後利益と減価償却費の合計金額です。投資CFと営業CFから累計FCFを計算し、回収期間を試算します。本試算では、設備投資の3年後に投資額を回収する計画です。

売上高と税引前利益は、原価計算の数値と同じ数値を使います。売上高は投資計算の基本となる数値であり、信頼性の高い数値でなければなりません。したがって、数値の出所や根拠を明確にしておく必要があります。

➤リスクを加味した「投資回収期間」の試算の方法

投資計画を立てる場合、様々なリスクを考慮しなければなりません。NPV（Net Present Value：正味現在価値）の計算は、リスクとしてWACC（加重平均資本コスト）を設定し、収益性を確実に確保するためのハードルを高めた手法です。NPVは、投資から生み出される正味のキャッシュフローの現在価値の総和から投資額を引いたものであり、所定の期間でNPV＞0となれば資本コストを上回るリターン（収益）があると判断できます。NPVは、キャッシュフローを用いることで、会計基準に左右されず、資本コストを用いれば将来のリスクを投資の判断に加えられます。**表7.16.2**は、リスクを反映した累計FCF現在価値の試算表です。WACCを5.3％に設定した例です。前述の投資CF試算表のWACCを考慮しない状態とWACCを5.3％に設定した場合の違いが明確に表れています。投資回収期間が同じ3年でも、WACCを考慮した場合は、累計の現在価値の増分が少なくリスクを加味していることがわかります。

表7.16.1　投資CF試算表

No	項目	単位	計算条件	定数	0年	1年	2年	3年	4年	5年	累計
					24年度	25年度	26年度	27年度	28年度	29年度	
①	売上高(増分)	百万円/月				51	117	86.5	79.5	74	408
②	税引前利益(増分)	百万円/月				3.1	10.8	9.3	8.5	8.3	39.9
③	利益率	%	②/①			6.10%	9.20%	10.70%	10.70%	11.20%	9.80%
④	税引前利益(増分)	百万円/年	②×12か月			37.2	129	111	102	99.6	478.8
⑤	税金	百万円/年	実効税率（%）	38		14.1	49	42.2	38.8	37.8	181.9
⑥	税引後利益	百万円/年	④−⑤			23.1	80	68.8	63.2	61.8	296.9
⑦	減価償却費	百万円/年	償却率（8年）	0.13		19.4	19.4	19.4	19.4	19.4	96.9
⑧	営業CF	百万円/年	⑥＋⑦			42.5	99.4	88.2	82.6	81.2	393.8
⑨	投資CF	百万円/年	出金をマイナス		-155						-155
⑩	FCF	百万円/年	⑧＋⑨		-155	42.5	99.4	88.2	82.6	81.2	238.9
⑪	FCF現在価値	百万円/年	WACC（%）	0	-155	42.5	99.4	88.2	82.6	81.2	238.9
⑫	NPV（累計FCF現在価値）	百万円/年			-155	-112.5	-13.1	75.1	157.7	238.9	—

● 原価明細表と投資CF試算表を作成し根拠を明確にします

表7.16.2　リスクを反映した投資CF試算表

No	項目	単位	計算条件	定数	0年	1年	2年	3年	4年	5年	累計
					24年度	25年度	26年度	27年度	28年度	29年度	
①	売上高(増分)	百万円/月				51	117	86.5	79.5	74	408
②	税引前利益(増分)	百万円/月				3.1	10.8	9.3	8.5	8.3	39.9
③	利益率	%	②/①			6.10%	9.20%	10.70%	10.70%	11.20%	9.80%
④	税引前利益(増分)	百万円/年	②×12か月			37.2	129	111	102	99.6	478.8
⑤	税金	百万円/年	実効税率（%）	38		14.1	49	42.2	38.8	37.8	181.9
⑥	税引後利益	百万円/年	④−⑤			23.1	80	68.8	63.2	61.8	296.9
⑦	減価償却費	百万円/年	償却率（8年）	0.13		19.4	19.4	19.4	19.4	19.4	96.9
⑧	営業CF	百万円/年	⑥＋⑦			42.5	99.4	88.2	82.6	81.2	393.8
⑨	投資CF	百万円/年	出金をマイナス		-155						-155
⑩	FCF	百万円/年	⑧＋⑨		-155	42.5	99.4	88.2	82.6	81.2	238.8
⑪	FCF現在価値	百万円/年	WACC（%）	5.3	-155	40.2	89.1	74.9	66.4	61.8	177.5
⑫	NPV（累計FCF現在価値）	百万円/年			-155	-114.8	-25.7	49.2	115.6	177.5	-

● WACC（加重平均資本コスト）は拠点先の情況に合わせて設定します

7-17 検収立合いで自動化ラインの完成度を評価する

品質保証レベルを高める「設備設計DR」の方法

図7.17.1は、設備の設計審査のチェックシートです。要求品質を満足しているか、チョコ停や故障を起こさないか、前注機や類似機の不具合対策を反映したか、製造技術課題の解決策を反映したか、予算内で製作できるか、日程計画通りにできるか、設備設計の完成度をチェックするのが「設備設計DR」です。

品質保証としてのポカミス防止、FP対策、品質確認、不具合品流出防止、操作性、メンテナンス性、安全対策、環境配慮などの対策が求められます。

「工程能力指数」で設備信頼性を評価する「立会検査」の方法

設備設計DRが反映されているか「立会検査」で確認し、不具合があれば設備出荷前に対策します。サイクルタイムや段取り替え時間は出来高に直結します。自動化設備で保証すべき品質に関しては、実作業から得られた品質をチェックします。

図7.17.2は、「工程能力指数」の調査結果です。穴加工の連続生産30個のサンプルの穴径を計測したデータです。$\phi 10+0.15/-0.05$の公差に対して工程能力指数を計算した結果は、$CP=1.78$になります。偏りを加味して$Cpk=1.49$です。$Cp=1.67$以上は品質信頼性の極めて高い設備として評価できます。

「リスク評価基準」で安全対策を徹底する方法

ロボットや自動化機構を使用した自動化設備において、誤作動、誤操作による誤動作が発生する可能性を排除しておかなければなりません。**表7.17.1**は「労働安全衛生法」および「労働安全衛生規則」の「機械の包括的な安全基準に関する指針（平成19年7月31日　基発第0721001号）」に具体的な安全対策の方針として記されている「リスク評価基準」です。設備設計者はこの指針にもとづき設計を行います。生産技術者は設備設計者と連携して、指針に対して労働災害のリスクを見積り、不備がないか実機を確認し、確実に対策しておく必要があります。

図7.17.1　設備設計審査チェックシート

設備設計DR（審査）チェックシート

SER NO. 2003001
年　04 月　23 日

審査重点内容：　溶接強度の確認（試験）設備としての判定検出機構
FR、RR を含んだ段取り方法

受審者（設計者）：
□新設機　□リピート機　□改造機　対象設備製造番号：

受審時	部長承認	課長	調査	担当

年　月　日

最終時	部長承認	課長	調査	担当

製造番号：　00267	対象商品：　プロペラシャフト（4 種）	納入工場：
見積番号：　02041	導入目的：　新規組立ライン導入	客先担当：Tel
設備名称：　溶接強度確認機	設備納期：	担当者：
設備金額：	設備形態：試験機	

設備概要：　前工程にてフリクション溶接された SUB ASSY TUBE の溶接捻り強度を確認し合否判定するものである。またモード選択により、検査用の破壊トルク測定を行うものである。

段取り箇所：　1）FR, RR 用の治具段取り（手作業）
2）長さ違い 4 種類段取り（自動）

段取り時間：
・客先仕様：　1.0 min.
・予測時間：　1.0 min.

サイクルタイム（仕様）：0.8 min.（ライン値：手作業含む）
サイクルタイム（計算）：0.35 min.
品質管理項目：
Fig.

	設定 1	設定 2
荷重	2070kgf	2190kgf
角度	（165kgf.m）	（175kgf.m）
	0～3°	0～3°
ストローク	0.01～4mm	0.01～4mm

（Q）現行機（前注機）の不具合箇所・MP情報

不具合情報	対策実施内容	判定
溶接バリの回収困難	カバー・回収トレイの設置	OK

工法開発・事前トライアル状況

アイテム	トライアル実施内容	判定
油圧荷重一定速上昇	電磁比例制御弁のトライアル実施	OK

（Q）設備品質保証対策――着眼点：ポカミス防止・FP 対策・品質確認・不具合品流出防止・操作性・メンテナンス性・安全性・環境

	何の目的で		何を	どうする	どうやって	判定
1	異種品の混入防止	1-1	異なる部品が	取り付かない	○治具形状が異なっている	OK
		1-2	異なる部品を	組み付けられない	○ワークシートが異なるため組み付け不能	OK
2	工程能力の確保	2-1	要求品質を	確保できる	△客先要求品質を再度確認する。現有機の機構確認のこと。	NG
		2-2	判定機器の品質精度を	維持できる	○計測機器破防止対策実施（偏荷重回避、ストッパなど）	OK
		2-3	異常処理を	明確にしている		OK

図7.17.2　工程能力指数の調査結果

計測データ

10.006	10.072	10.019
10.016	10.032	10.039
10.018	10.029	10.041
10.010	10.045	10.018
10.053	10.029	10.046
10.034	10.024	10.028
10.037	10.012	10.052
10.029	10.029	10.012
10.038	10.066	10.019
10.041	10.087	10.033

18 16 14 12 10 8 6 4 2 0
9.965　10.005　10.045　10.085　10.125　10.165

規格値

上限規格限界	SU	10.15
下限規格限界	SL	9.95
規格の平均値	M=(SU-SL)/2	10.05

統計量

項目	計算式	計算結果
平均値	Xbar=1/n*(x1+x2+x3……+xn)	10.03
標準偏差	s=SQRT(v)=SQRT(S/n-1)	0.02

工程能力指数

偏り	K=ABS(M-Xbar)/(SU-SL)/2	0.16

両側規格のある場合

工程能力指数	Cp=(SU-SL)/6 ＊SQRT(v)		1.78
	Cpk	0<K<1	1.49
		K≧1の時	0.00

上限規格だけの場合

工程能力指数	Cp=(SU-Xbar)/3*SQRT(v)	2.07

下限規格だけの場合

工程能力指数	Cp=(Xbar-SL)/3*SQRT(v)	1.49

表7.17.1　リスク評価基準

リスク評価基準					
	危険の頻度	日常レベル	数月レベル	数年レベル	数十年レベル
	可能性	可能性高い	可能性ある	可能性低い	ほとんどない
ケガの程度	危険度	a	b	c	d
死亡・重症	A	16	14	11	8
休業	B	15	13	10	6
軽症	C	12	9	5	3
赤チン	D	7	4	2	1

● 設備設計DRで確認した品質と安全に対して、設備の完成度を評価します

7-18 量産開始後は投資計画の検証と対策を行う

➤投資前後を「原価明細表」で比較しチェックする方法

自動化設備や自動化ラインの投資効果を試算するために原価明細は不可欠です。**表7.18.1**は、設備投資後の3年後とN年後の「原価明細表」です。生産数量と売上高は変化しない前提で試算しています。3年後には、材料費の単価見直しにより1,650千円を1,500千円に低減、自動化設備投資で償却費が500千円から900千円にアップ、直労費は自動化による少人化で800千円が400千円に半減し、総原価で4,200千円が4,050千円となります。N年後では材料費と労務費は変わりませんが、償却費が500千円まで下がり総原価が4,200千円から3,650千円となります。月当たりの利益は1,050千円へと拡大し、利益率は10.6％から22.3％に大幅に改善しました。自動化投資による効果を確認できます。

➤投資CF計算で投資回収を「自己管理」する方法

設備投資をして量産が始まった1年目、2年目に、投資計画通りに収益が上がってきているか、生産技術者は確認しなければなりません。**図7.18.1**は、設備投資の「自己管理」の方法です。縦軸に投資額とFCFの累計額、横軸に投資後の経過年数を表します。FCFは前述の通り、投資CF試算表で計算した年次の計画値で、累計FCFは年次の累計です。1.55億円の設備投資額をFCF累計で3年目に回収できる計画です。年度ごと、可能であれば半年ごとに累計FCFに対して結果と見通しをフォローします。投資回収期間が伸びる原因は、売上や利益の未達です。売上の未達は、営業の販売力または製品の競争力が原因です。台数を確保できなければ代替え製品の生産を検討すべきです。利益の未達は、要因を究明し対策を早急に打たなければなりません。材料費の上昇、人員計画が未達、または、電力、ガス、油脂などの経費の増加など原因が考えられます。数値をもとに関係する部門全体で原因究明を行い、早急に対策を打たなければなりません。

表7.18.1　自動化前後の原価明細表

利益
一般費
工場管理費
償却費
製造経費
直労費
材料費

現状　1年後　N年後

（千円）

項目	現状	3年後	N年後
数量	470	470	470
売価	4,700	4,700	4,700
材料費	1,650	1,500	1,500
直労費	800	400	400
製造経費	500	500	500
償却費	500	900	500
工場管理費	500	500	500
一般費	250	250	250
総原価	4,200	4,050	3,650
損益	500	650	1,050
利益率（%）	10.6	13.8	22.3

● 原価明細表は設備投資計画の根拠です。関係部署と精査します

図7.18.1　投資の自己管理

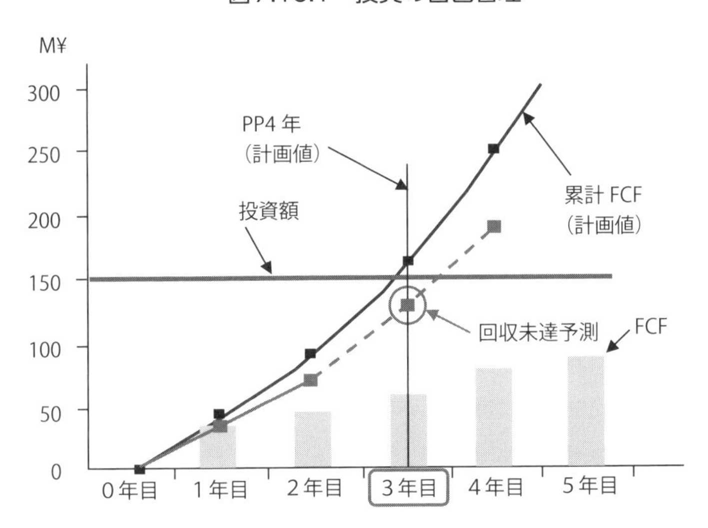

PP：Payback Period（回収期間）：投資金額の回収に要する年数（月数）

● FCF累計の計画に対して1年後の未達は、全社をあげて徹底した対策が必要です

Column 7

ねじの締結不具合を判別する検査の方法

本書ではネジ穴の加工不良の検出方法について解説しました。これは、ネジ穴の加工不良を流出させない方法として、加工の直後に行う検査の事例です。

一方で、加工後のねじ山がすべて良品あっても、締結のトラブルが原因で重大事故が発生することがあります。ねじの締結力が不十分な場合や締結後の軸力低下が原因でねじが緩み、部品の脱落やねじの破損によって重大事故を引き起こすことがあります。車の脱輪や車軸の破断などが該当します。

ねじの締結状態を確認する方法としては、ハンマリング法と呼ばれるハンマーでねじの頭部を叩いて、音を耳で聞いて判断するのが一般的です。他にも、マーキング法や測長センサーで計測する方法もありますが確実ではありません。近年では、超音波を使った機械インピーダンスを計測することで、ねじのゆるみ状態を高精度に計測する方法の研究が加速しています。圧電素子に高周波数電圧を印加し、超音波振動をインピーダンスメーターにより計測する検査法（特許第7061468号および特許第7118115号取得済み）です。

下図は、軸力が低下すると緩みの現象が発生するメカニズムと緩み検出を計測したデータをグラフ化した図です。M10六角ねじの締結状態の正常な軸力を100％とした場合、67％、50％、0％のそれぞれを識別できます。ねじのハンマリングやねじを緩めることなく、六角ねじの頭部に特殊なセンサーを当てて計測するだけでねじのゆるみ状態を判別できることが、データから明らかになっています。

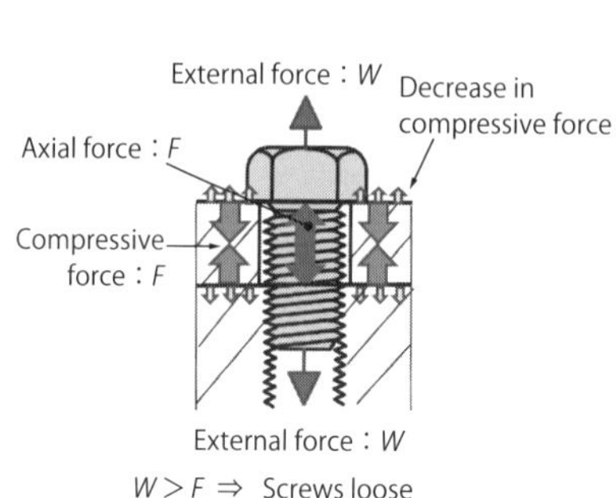

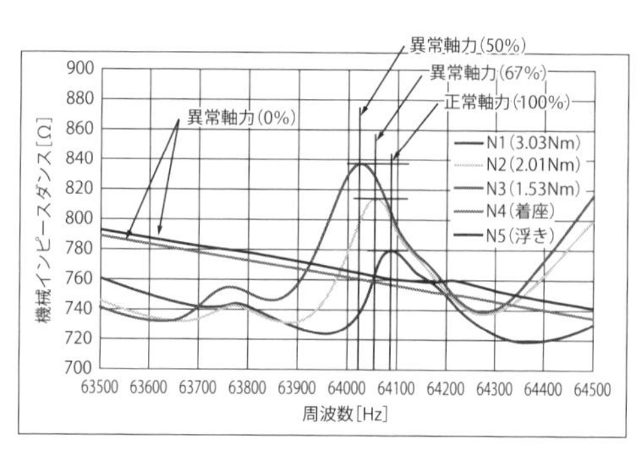

おわりに

自動化は手段であり、「企業における生産性向上のツール」の一つです。ロボットを活用した自動化で少人化を図り固定費を下げることは、生産性を上げるために不可欠です。さらに、信頼性の高い、安価な自動化設備で自動化ラインを構築し、投資費用の早期回収を図ることが生産性向上の秘訣です。

しかし、自動化した工程がボトルネック（作業工程の中でもっとも悪い影響を与えてしまっている工程のこと。ネック工程ともいう）になってしまっては本末転倒です。自動化ラインには良品を計画通りに継続的に生産するという、高いレベルが求められます。本書では、完成度の高い自動化ラインを構築するために、製品開発、工程設計、設備設計の3部門のサイマル活動が重要であることを説明しました。これら3部門の連携が自動化ライン構築の計画と具現化、さらに生産工場の革新的な変革に不可欠であることは言うまでもありません。他社を凌駕する生産性の高い自動化ラインに必要な、取り組むべき課題は何でしょうか。

一つ目は、自動化する作業を改善し、スリム化しておくことです。今の作業の代替としてロボットを導入し自動化しても、ムダな作業を自動化することになってしまうことがあります。ロボットを導入して自動化する前に、この作業は必要なのか、もっと簡素化できないか、他に方法はないかなど作業を見直し、改善することでスリム化しておくことがロボット導入の成功の秘訣です。

二つ目は、製品や生産の自動化のネックとなる技術を事前に解決しておくことです。連続して安定した品質を維持できる自動化ラインを作るには、製造上の課題を事前に解消しておくことが不可欠です。さらに、製品設計および工程設計で検討した不具合流出対策を設備仕様にフィードバックする必要があります。

三つ目は、自動化レベルの目標を立て、実行計画に落とし込むことです。自動化を検討する際には、工場の将来像を描き自動化の青写真を作ります。現状の自動化レベルに対して、何を、いつまでに、どのように自動化レベルを上げていくのか、そのための課題は何か、何をしなければならないかを考え具現化します。

四つ目は、安定した品質で連続した生産が可能な自動化設備の仕様を作り込むことです。品質を保証し、チョコ停がない完成度の高い自動化設備は、設備仕様書の中身で決まります。工程計画に対応した信頼性の高い設備造りで、投資計画通りに投資回収するためには、設備仕様書で要求仕様を明確にし完成度の高い設備作りが求められます。

五つ目は、標準化設備、標準化ラインを意識して取り組むことです。設備の信頼性は、標準化された設備をPDCAによって完成度を高め、より高い信頼性の設備に進化させることで獲得できます。自社製品に適した標準設備を作り込み、シリーズ化することで自前化技術の向上が図れ、品質が安定した、故障やチョコ停レスの設備に進化させることにつながります。さらに、標準化設備の自前化によって設備費の大幅な低減が可能になります。

六つ目は、生産能力と工程能力を量産開始前に高めておくことです。自動化設備の信頼性は、工程品質と可動率によって決まります。量産後の品質を安定的に維持し、計画通りの出来高を確保するためには、量産開始前の十分な生産による灰汁出しと、徹底した不具合対策が不可欠です。

七つ目は、量産開始後に設備投資の効果をチェックし対策することです。工程設計DR、設備設計DRで計画した自動化ラインは投資計画で認可され量産を開始します。投資計画通りに投資回収ができているか、半期または通期ごとにFCFの試算値に対する実績把握が必須です。計画と何が異なるか、生産数量、配員、稼働率を調べ、未達であれば全社を挙げて対策しなければなりません。

人手を確保できず事業を縮小せざるを得ない企業、生産性を高めさらに生産を拡大したい企業。立場は千差万別ですが、共通しているのはロボット化、自動化が遅々として進まない切羽詰まった現実です。本書を、多くの方々がロボット化や自動化の一歩を踏み出すための教本として手に取って活用していただき、さらに日本の産業の発展に少しでもお役に立て生産性の向上に貢献できれば、これほどうれしいことはありません。本書を執筆するにあたり、今まで自動化の苦楽を共にした関係者の方々をはじめ、特に、セミナーや勉強会の企画を通じてロボット化や自動化の教育活動に尽力しておられる日刊工業新聞社事業推進部の野寺陽介様には大変なご支援、時にはアドバイスや励ましをいただき、大変ありがとうございました。また、著作の出版にあたり日刊工業新聞社出版局の宇田川勝隆局長、岡野晋弥様には大変なご協力をいただき心より感謝申し上げます。

2025年3月
村山省己

索　引

た

な

は

ま

や

ら

■著者略歴

村山省己（ムラヤマ・セイキ）

TSF自動化研究所 代表

山口県生まれ。萩高校、東海大学卒業。1975年にアマダ、1983年に厚木自動車部品入社。NC工作機械・自動車部品生産設備の設計開発に従事し、数々の自動化設備設計に携わる。国家技能検定試験「機械・プラント製図」の検定員を長年務め、主席検定委員を歴任する。2003年日立製作所工機部長、2013年日立オートモティブシステムズ投資計画部長。

2016年に東海大学工学部特任教授、2019年から東海大学工学部非常勤講師。同年にTSF自動化研究所を創設し、工場の自動化を支援している。東京都中小企業振興公社・デジタル技術アドバイザーも務める。

著書に『グローバル自動化ラインの基礎知識（加工・組立ライン編）』ほか多数。国内海外向け自動化ラインなど、投資の最適化について幅広い生産技術の知見を有する。自動車技術会、日本設計工学会、日本機械学会、精密工学会に所属。実務経験を活かし、日立アカデミーや各社中堅技術者教育セミナーの講師として活動。

専門分野は設計工学、機械工学、ロボット工学、自動化システム、生産技術、投資計画。

ロボットによる工場自動化教本
最適な自動化ラインの設計から立ち上げまで

NDC 548.3

2025年3月31日　初版1刷発行　　定価はカバーに表示されております。

©著　者　村　山　省　己
発行者　井　水　治　博
発行所　日刊工業新聞社

〒103-8548　東京都中央区日本橋小網町14-1
電話　書籍編集部　03-5644-7490
　　　販売・管理部　03-5644-7403
　　　FAX　03-5644-7400
振替口座　00190-2-186076
URL　https://pub.nikkan.co.jp/
e-mail　info_shuppan@nikkan.tech

印刷・製本　新日本印刷株式会社

落丁・乱丁本はお取り替えいたします。　2025 Printed in Japan
ISBN 978-4-526-08384-6　C3053